東大卒、農家の右腕になる。

小さな経営改善ノウハウ100

佐川友彦
ファームサイド株式会社代表／
阿部梨園マネージャー

ダイヤモンド社

農業の現場は課題山積。
それでも、日本の農業は万策尽きていない。
課題という伸びしろを、希望に読み替える話。

思い切って農家で働いてみたら、
自分の働き方とやりがいを見つけ、
社会貢献まで志してしまった、
キャリアを脱線した、自分探しの話。

机上の空論や間接支援ではなく、
現場に人生を投じて寄り添い、
現場で答えを見つけ、
現場から声を上げる意義を伝える話。

はじめに

2014年9月1日。私の阿部梨園でのインターン初日がはじまりました。

1年の収穫量のうち約半数が一気にとれる幸水の収穫期間は最もハードで、収穫も出荷も接客もピーク、まさに繁忙期です。短期スタッフの出入りが多いタイミングなので、梨園の人も、きっと「また新人が来た」としか思わなかったのでしょう。これといった歓迎もありませんでした。

レインコートを着て朝から収穫をしていたみんなは疲れた様子で、男性スタッフは休憩室で煙草をスパスパ。話しかけづらい雰囲気が印象に残る、薄暗い雨の日でした。

収穫・出荷・接客・電話応対・注文管理などが入り乱れ、まさにカオス。それでも、寝食を削って山場を乗り切ろうとしている最中とのことでした。事務所は雑然としていて、趣味の雑誌やら伝票の束やら物品やらが乱雑に積み上げられています。**すべてが改善点の山に見えました。**

代表の阿部は、このような状況を、後にこう表現しています。

「バスケットボールで言えば、オフェンスをしているか、ディフェンスをしているかすら、わからない状態」

「家業から事業へ」というスローガンを掲げ、気鋭の梨園の経営変革プロジェクトと聞かされて申し込んだはずの私は、少々面を喰らっていました。インターンを募集するくらいなのだから、整った余裕のある農園で、色々用意してくれているだろうと想像していたからです。

それは私の勝手な思い込みでした。この変革以前の状況で、何ができるというのでしょう。インターンがなにかもよくわかっていなさそうな農園で、実りの少ない数か月を過ごすことになってしまったら、何が残るのだろう。不安に思って阿部の顔を覗いてみると、緊張している様子にも見えました。

そんな折、休憩に出された試食の梨をつまんだときに、視野が明るくなりました。


「え、おいしい」


梨ってこんなにおいしかったんだっけ。大きくて、甘くて、みずみずしい。農家で直接とれたての梨を食べたのは初めてでした。私のその声を聞いて、阿部の話は止まらなくなりました。

なぜ大きい梨作りにこだわっているのか。

どれほど管理作業に工夫を施し、手間をかけてきたか。

わざわざ梨園に足を運んでくださるお客様に満足してもらえるよう、どれだけの責任感を持って、妥協せず梨作りに打ち込んできたか。先代から受け継いだ梨作りの良さを「守り」ながら、自分の代でも新しいチャレンジを重ねて農園を「変えて」きたか。

曲がったことの多いこの世の中で、こちらが嬉しくなるほど、清々しく感じられました。

そういえば、車で乗りつけて梨を買っていくお客様が、なかなか途切れません。しかも、贈答用で5箱も10箱も注文して帰っていきます。

それだけの価値があることを、お客様はわかっているんだ。だから、森に囲まれ目立たないこの農園に、ひっきりなしにお客様が来るんだ。大学の農学部で「大局」しか学ばなかった私にとって、すべてが新鮮で、手触り感がありました。

こんなに熱意ある園主が、こんなにおいしい梨を作っていて、こんなにお客様に愛されている。それとは対照的に、無秩序な現場。このギャップはなんなんだろう。

「そうか。課題の山は、可能性の山なんだ」

そう気づきました。まだやっていないことがあるなら、やれば良くなるだけだ。課題が多ければ多いほど、成長の伸びしろがあるんだ。これはポテンシャルと言っていいのではないか。

そう考えると、事務所も作業場も軒先直売所も、すべて宝の山に見えてきました。改善点も、ざらに100箇所は挙げられそうです。

そして、平均的な農家であれば、きっと、大なり小なり同じ状況だろう。梨園の課題は業界共通の課題かもしれない。ならば梨園が良くなれば、業界にも好影響を与えられるかもしれない。大学の教室からは見えなかった景色が広がって見えました。**イノベーションや制度改革などという前に、膨大で明らかな「やり残し」が、現場にはある。**


阿部さんと一緒に小さな経営改善をしよう。

果たして、この農園はどこまで変われるのだろう。

次に梨園に行くまでに、提案内容をまとめよう。


雲行きのあやしかったインターンが俄然、楽しみになって、私は机に向かいました。闘病と自分探しで何年もストライキしていた自分の心と頭が、再び回り始めた瞬間でした。まさかその後に、エンドレスな改善マラソンを続けることになるとも、「農家の右腕」と呼ばれて全国の愉快な生産者さんたちと一緒に課題解決を進めることになるとも、思いもしないで。

◉

はじめまして。「東大卒、畑に出ない農家の右腕」の佐川友彦です。

この本は、私が阿部梨園という個人経営の梨農園で経験した、ユニークであろう知見をまとめたものです。あまり先行事例のない非常識な無茶だからこそ、業界や同業の農業者さんにとってお役に立てるものがあるのではないかと、新鮮なメッセージを取り出そうと筆を持ちました。

成り行きにまかせて「農家の右腕」を受任した結果、想像もしなかったような無数の新しい発見がありました。とにかく、「思い切って農業の現場に飛び込んでみたら、課題という名の巨大なポテンシャルがあり、同じ船に乗って荒波を乗り越えるうちに、課題が解決して希望が見えた」ということに尽きます。

昨今の日本の農業は、明るい話題が多くありません。高齢化が進み、担い手が減り、耕作放棄地は増え、食料自給率は地を這っています。しかし、**現場に立って見渡せば**、まだ改善できる余地が膨大にあり、自信をもって「万策は尽きていない」と言えます。

この「現場に立って見渡せば」が肝心です。本当に現場に降り立って、すべてを知り、心の底から気持ちを理解し、自分の人生すら預けることで見えてくる風景を体験した人は、どうやらそう多くないからです。

不確実性の海に自分の人生を賭けてしまえば、うわべだけの一般論も、突き放すような批評も、他人事のような楽観も、すべて一瞬で視界から消え去ります。そんなものは生き残るためには不要で、何かをつかもうと必死に足掻くのみだからです。

この必死さが、人生も境遇も変えます。

本書ではまず、阿部梨園と私の経験をとおして、**①必死になる希望と勇気**をもっていただきたいです。次に、それが徒労に終わらないために、**②正しく効果的な必死さ**とは何かをお伝えします。そして、本人だけでなく、行政やすべての事業者など、**③業界全体として必死になる必要性**も訴えたつもりです。

全員に火がついて何も起こらないほど、農業は絶望的な状況ではないと思っています。しかし、火が大きくならないままで将来が安泰なほどの余裕も、ないはずです。

また、阿部梨園から起こった小さな革命は、他業界他業種でも応用していただけるものがあると思っています。レガシー産業の旧態依然な硬直性、小規模事業だからこその未熟な経営体質、本当に必要な情報の過疎。それらは、どんな業界でも大なり小なり抱えている課題のはずです。私たちの拙い事例が、産業の壁を超えて、一人でも多くの方のお役に立てれば幸いです。

「畑に出ない農家の右腕って、何をする人？」
「個人農家の経営改善って、どうすること？」
「農家の経営改善事例を公開するクラウドファンディングって、何？」

この本をそっと閉じられてしまう前に、簡単に本書の内容をダイジェストします。

畑に出ない「農家の右腕」とは？

私は「農家の右腕」として、栃木県宇都宮の阿部梨園で経営改善を提案し、推進してきました。外から経営分析や戦略立案をするような「コンサルタント」ではありません。従業員として毎日現場に常駐し、チームの輪の中に入り、自ら実行主体として頭だけでなく手を動かし続ける、そんな働き方です。自分の生活もキャリアも農園にすべて賭け、同じ船に乗って一蓮托生の挑戦を続けてきました。

結果として、現場目線で農家の気持ちや悩みに深くシンクロできるようになり、最終的にはその気持ちが自分に憑依するようにして、理解と協力を求めて切実な声を張り上げるまでになりました。

畑に出て梨は作らなくとも、バックオフィスや経営管理、販売促進から接客まで、現場班と同じ責任感で張り合ってきました。ときには補佐役、ときには先導役を務め、アメもムチも、理論も感情も駆使しながら難局を乗り越えてきたつもりです。

そんな農家の右腕という働き方から、参謀役の勘所とエッセンスを紹介します。

個人農家の経営改善とは？

現場目線で見渡すと、課題の山が、圧倒的な解像度で目の前に迫ってきます。忙しさに追われて未着手だった、やるべきことが山積しています。私たちはその未開の山を伸びしろ、ポテンシャルの塊としてとらえ、課題を処理しつつ、利益と事業の持続性を追求してきました。派手な設備投資やブランド・リニューアルなどではありません。むしろ、既にある良いものを大切にして、今日の業務をちょっとでも良くできる工夫はないか、農園に必要な小さくチャレンジできる新しいアイデアはないか、そんな事を考えて実践し続けた部分最適の積み上げです。

これは農業に限らず、大半の産業が抱えている難題です。技術や文化を守り存続させる意識は大切ですが、そのためには、経営や商売など、時代に即してスタイルを変えていかなければいけない部分も多々あります。まさに阿部梨園のスローガンにもある、「守りながら、変えていく」姿勢が必要です。

色々足りない超零細の個人経営農家でもこれだけ変われたなら、他の産業では、私たち以上に状況が好転する可能性があるはずです。そう考えれば、阿部梨園の事例は他産業にとっても、何らかの希望になり得るかもしれません。実際に、私たちの事例をタネにアクションを起こしている方々が、農業界外にも現れつつあります。

経営改善事例を公開するクラウドファンディングとは？

経営改善に着手した当時、参考になる情報がなく暗中模索、悪戦苦闘した経験から、私たちの経営改善実例をインターネット上の「阿部梨園の知恵袋」というサイトで無料公開しています。これはクラウドファンディングをとおして、330人から約450万円もの支援金を制作費として預かって実現されました。

クラウドファンディングを通して、仲間と話題を業界から一挙に集める方法、特に**「初期費用を支援金でまかないつつ、業界の暗黙知をオープン化する新しいギミック」**は、予想以上に大きな成果を生み、小さな社会運動のようになりました。プロジェクト終了後も、理解者や賛同者が増え続け、活動の輪が広がっています。

転じて、現場からゲリラ活動的に社会に問題提起するアプローチと、レガシー産業でのノウハウオープン化の強力な可能性についても、読み取っていただけるのではないかと思います。

「成功する農業経営」の共通項とは？

農業経営について論じられるとき、それぞれのイメージする「理想の農家像」が食い違っているために、議論が深まりにくいように感じられます。生産者当人だけではなく、行政や企業、消費者も含めて、話が散逸してしまっているように思います。それぞれに好き勝手を言っていて、同じ言葉を使っていたとしても、指すものが違っていたりもします。これでは、迷子や脱落者が出るのは無理もありません。

今後存続できる農業経営体の共通項、共通のベストプラクティスを最大公約数的にまとめれば、最低限の必要条件がはっきりします。農業特有の条件というわけでもなく、一般的な「仕事ができる人」「経営者」に求められる資質です。

今回は、僭越ながらそのような目的で、私が阿部梨園に関わる中で見つけた、農業経営のあるべき姿をまとめました。これらをおさえておくだけでも、時代の変化に適応しながら事業を存続していけるのではないかと考えています。

脱線してから新しく得た「個人のキャリア」の話

私は東京大学を卒業し、大企業に勤めながら、うつ病からの休職、退職、無職を経験し、3年ほど社会から遠ざかった期間があります。まともな人間活動や社会復帰さえ見えませんでした。自分を見失い、自分探しもこじらせました。

しかし現在は、紆余曲折を経てたどり着いた梨園を手伝うことになり、健康を整え、社会復帰を果たし、やりがいある仕事を好きな仲間と続け、自分の能力を存分に発揮し、人に求められ感謝され、社会的に意義のあるプロジェクトに昇華させながら、家族と田舎でのんびり暮らしています。もちろん苦労もありますが、結果的に、一度失ったものを以前の何倍も大きいかたちで取り戻すことになりました。

このような経験を通して、当時の私のように、社会貢献の意思がありながら社会にフィットできず、将来を見失ってしまっている方のための励ましにもなることを願っています。行き当たりばったりですが、この程度の努力でもこれほど面白いことが起こるんだと、元気を出してもらえればと思います。

農家と、その右腕の間で起きた「人間関係」のドラマ

弊園代表の阿部と私は、知り合って以来5年間ずっと、目を逸らすことなく真正面から理想の梨園を目指して邁進してきました。お互いへの敬意を欠かすことなく、破綻させないよう擦り合わせに最大限の注意を払いながら取り組みを続けてきたつもりですが、元々全く違うタイプの人間です。梨園の個性的なメンバーも含めて、数々のドラマがありました。日々押し寄せる悲喜こもごものイベントを、共に喜び、共に泣きながら乗り越えてきました。

阿部梨園に経営改善がもたらされたのは、不器用でも不十分でも、**「人対人」の関係に逃げずに向き合ってきたから**だと思っています。人間関係に難しさを感じていたり、他人への踏み込み方をいまいち掴めず困っている方の、お役に立てるのではないかと思います。

本書の行間には、阿部側の苦労や気遣いが込められています。そこからも、農家の右腕という私の存在を「受け入れる側」の事情や思いを、読み取ってもらえるはずです。

経営改善の事例集、ノウハウ集

先述のクラウドファンディングによって生まれたウェブサイト「阿部梨園の知恵袋」から、100件を抜粋して本書にまとめました。ランダムに羅列していますが、私たちの実施したことをできるだけ網羅的に復元しました。順番に読んでいただいても、目に留まったものから読んでいただいても結構です。

直接的にお役に立てるものがなかったとしても、私たちの通った道を疑似体験しながら、何かしら、経営改善の目線や原理原則について学んでいただけるのではないかと思います。

本書の特徴は、**ストーリー部と実務ノウハウ部が両面Aシングルになっている**点です。はじめはどちらかだけの本にしようと考えていたのですが、両方を一冊にまとめました。内容もリンクしていますので、相互に参照しつつ、お好きな方から読み進めてください。

お待たせいたしました。

農園の話に入る前に、まずは私の辻褄が合わない来歴から紹介させてください。

もくじ

東大卒、農家の右腕になる。
小さな経営改善ノウハウ100

その8　おせっかいを極める

その9　右腕業に徹する

小さな農家のための「農業経営9箇条」

その1　合理主義

その2　小さいことに忠実に

その3　民主主義経営

その4　従業員ファースト

その5　計画先行

その6　計数管理

その7　顧客目線

その8　家業から事業へ

その9　守りながら変えていく

第2部 小さな経営改善ノウハウ100

CHAPTER1

経営

CHAPTER2

総務

CHAPTER3 会計

CHAPTER4 労務

CHAPTER5

スタッフ

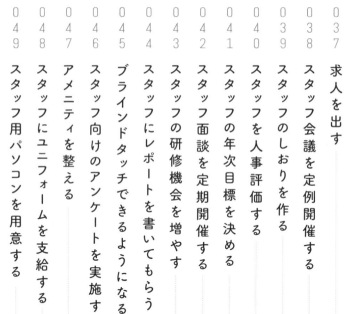

CHAPTER6

生産

CHAPTER7
商品

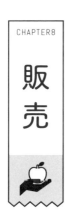

CHAPTER8
販売

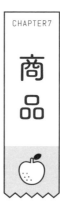

CHAPTER9

PR

第1部

東大卒、農家の右腕になる。

「なぜ東大卒なのに、個人農家の従業員になったのか?」

「農家の右腕としてあらゆる業務に対応するスキルは、どこで身につけたのか?」

初対面の人と話しても、メディアの取材を受けても、よくいただく質問です。

まずは、私の来歴を通して「なぜ農家の右腕になったのか」を説明させてください。

また、梨園の経営改革では一人何役もこなしているので、一見、色々なスキルを持ち合わせているように見えます。一つひとつは素人に毛が生えたアマチュアレベルなのですが、それらが身を助け、経営改善の推進力になったことも事実です。私が梨園にたどり着くまでの過程を紹介しながら、拾い集めた武器(=スキル)を、あわせて紹介したいと思います。

「自分語りはいらない」という方は、第2部から読んでいただいても結構です。

この第1部から読んでくださった方とは、いい友人になれそうです。

第1章

理想どおりの人生、その歯車が止まるまで。

国際会議に参加するため中国へ。順風満帆のはずだった。

将来の夢は環境大臣。ガリ勉で東京大学へ

私は公務員の父、専業主婦の母の長男として生まれ、群馬県館林市で育ちました。野心のない、のどかな地方都市です。あだ名は「口から生まれた佐川くん」。どこのクラスにも一人いるような、周りに構わず口うるさくしゃべるヤツです。

◉拾った武器：話すのが好き、得意

人生最初の転機は小学3年生のときに起きました。『地球のともだちエコーマン』(タイトルうろ覚え、インターネットではもはや見つけられませんでした……)という環境問題を扱った絵本を読んだのです。地球に寿命があるかもしれないという事実は、当時のわたしにとって衝撃でした。化石資源が残り40年分しかない、と言われていた時代です。

それ以来、将来の夢は地球を守ることになり、具体的には環境庁長官を夢見るようになりました。3年生当時の文集に、大臣として国際会議に出席する20年後の自分が物語調で書き残されています。「大臣は政治家がなるものだ」と親に言われ、「政治はちょっと……」と思った私の将来の夢はその後、環境庁「副」長官となりました。

中学校は漫然と過ごし、さえない卓球部の一人部長でした。反抗期で親に逆らうために勉強を遠ざけ、大学へ行かないことも検討しはじめた中学3年の春、早くも人生2度目の転機が訪れます。廃部しそうな卓球部の顧問に、県で一番熱血な中体連の委員長が赴任してきたのです。惰性

で続けていたところに、新顧問から県大会出場を命じられ、残り4ヶ月を卓球に捧げました。県の強化大会やら合宿やらに引っ張り出され、場違いで恥ばかりかかされましたが、一生懸命に打ち込みました。

数ヶ月頑張ったといって成果が出るほど甘い世界ではありません。あと一歩のところで敗退します。しかし、何かに夢中で打ち込んだことのなかった私は、経験したことのない充実感を覚えました。その後の人生で**充実感ジャンキー**になったのは、このときの影響だと思います。

◉拾った武器：本気になって熱中すること、充実感

熱中することの味を知った私は、部活の悔しさを高校受験にぶつけました。成績は順調に伸び、地区の進学校、県立太田高校へ進学します。勉強が楽しくてしょうがなかったので、高校生活をガリ勉として満喫します。先生や友人にも恵まれ、「永遠にこの受験勉強が続いてほしい」と思うほど幸せでした。夢だった環境問題を勉強しようと、苦手な理系に無理やり進学し、目標は高いほうがいいだろうと東京大学を志望するようになりました。

前期試験は農学部に進学できる理科Ⅱ類を受験して、惜しくも不合格。あきらめて浪人する気満々だったところ、後期試験で奇跡的に理科Ⅰ類に合格しました。物理・化学の科目選択では後期試験で理科Ⅱ類が受けられず、理科Ⅰ類しか出願できなかったからです。

◉拾った武器：学力、勉強する習慣

「環境問題クイズ5000問」の国家プロジェクト

東大には理工系の理科I類で入学しましたが、実は理工系の雰囲気に肌が合いませんでした。早々に方針転換し、自然から環境にアプローチしようと農学部に進学しました。入学後に学部や専門を選び直せるのは東京大学の素晴らしいところです。

ある日、文系から進学してきた変わり者の同級生が「環境問題について勉強・実践する活動をしよう」と言い出して、仲間を募り始めました。幼い頃の夢を忘れていたわけではなかった私もその話に乗り、サークルを6名で結成します。

この頃、環境省と東京大学、そして携帯コンテンツ企業の三者が協力して、環境問題についてクイズ形式で学べる携帯サイトを作る企画が発足していました。環境問題のクイズを東大生が5000問作り、「エコトレ」という環境省の公式サイトで一般向けに配信するプロジェクトでした。クイズ作成の受け皿になる学生団体を探しているとのことで、私たちのサークルで手を挙げることにしました。

6人で5000問作成は不可能です。学内の仲間を募ることにしました。1問600円で受託したクイズ制作費を元手に、「環境クイズ作成バイト募集！　1問300円！」という貼り紙を学内中の掲示板に展開しました。簡単な4択問題を量産すればいいので、東大生にとっては割のいいアルバイトになります。

バイト代をエサに東大生にも環境問題を学んでもらおう作戦。卒業後に社会の様々な分野で影響力をもつであろう東大生に、アルバイト感覚で環境問題について関心を持ってもらう。クイズを解く人だけでなく、作る人も学ぶ。そんなコンセプトでした。友人の発案ですが、面白いことを考える人がいるのだなぁと私は感心しました。

こんな自由なアイデアが出てくるような奔放で創造性のある同級生に恵まれ、影響を受け、常識にとらわれない課題解決を学びました。ちなみに、差額の300円もピンハネしたわけではなく、諸々の運営活動費に充てました。

◉拾った武器：自由な発想、常識にとらわれない課題解決

何はともあれ学生が100人近く集まり、私たちのサークルが運営事務局になって、環境クイズ作問委員会が組成されました。私はシステム担当を拝命し、インターネットブラウザがあれば、いつでもどこからでも作問者がクイズを投稿、閲覧、編集できるウェブシステムをゼロから作りました。2006年当時は今ほど便利なファイル共有システムやグループウェア、SNSなどはなかったので、自作する必要があったのです。なぜ私が担当かと言うと、趣味でホームページを作ったことがあったからというだけでした。

プログラムもろくに書いたことがないのにゼロから勉強し、丸1ヶ月没頭し続けて、なんとか機能するシステムを作りました。いま思えば低レベルなコードの山でしたが、プログラムのいろはと、ウェブデザイン、ITの有用さをここで学びます。それから2年半、この委員会用サイト

の改良と機能拡張を続けました。**何かを創作することと、それによって人の役に立つことが、純粋に楽しかったからです。**

◉拾った武器：プログラミング、ウェブデザインの経験、創作の楽しさ

「エコトレ」は大ヒット……とはなりませんでしたが、1万人ほどのユーザーに楽しんでもらえました。当時環境大臣だった小池百合子氏も、お気に入りで活用してくださったと伝え聞いています。ちなみにクイズは、確か4000問強で納品中止になりました。終盤はマニアックな難問ばかりでつまらなくなってしまったからです。

ゼロからの運営体制構築。大人とのはじめての仕事。多数のユーザーが見込まれるビジネス。学生の私たちにとっては初めてのことばかり、いきなりの実戦でした。この経験を通して、プログラミングやデザインだけでなく、企画や交渉、プロジェクトの進行管理など、大学では教えてもらえない実践的なスキルが身につきました。

クイズのプロジェクトに3年を費やすかたわら、研究室ではバイオマスエネルギーを専攻し、大学院の修士課程に進学します。バイオマスエネルギーは当時、エネルギー問題を解決する有力な手段のひとつとして、世界的なブームだったのです。

◉拾った武器：企画運営スキル、研究スキル、論理的な思考

外資系企業へ入社。新卒で会社の代表になる

公務員志望だった私は、修士1年まで、ビジネスや経済について全くの無頓着でした。同級生が業界研究を始めたり、インターンに参加したりしていても、別世界のことのように聞き流していたくらいです。それでも社会経験のためにとしぶしぶ民間の就職活動を始めたところ、私は自分の大きな間違いに気づきます。ビジネスや経済の話がとても面白かったのです。まさに食わず嫌いでした。

世の中には無数の面白いビジネスがあること。経済が価値を循環させること。当たり前のことですが、世間知らずの私は知りませんでした。学生気分のままでは社会の役に立てないと悟り、就職活動に本腰を入れることにします。

何も知らない私は手始めに大手就活サイトで「環境」と検索しますが、ヒット数は予想よりはるかに少ないものでした。環境をビジネスにしている企業はほとんどないことを思い知らされます。環境（Ecology）と経済（Economics）は相反するので、なかなかビジネスになりません。

ただ、その検索結果の中に、初任給がダントツで高い企業が目を引きました。その会社は再生可能エネルギーに関するビジネスにも力を入れていて、願ったような仕事ができそうにも見えました。過去には世界1位の化学メーカーだったこともある、ナイロンやテフロンを発明したことでも有名な米国DuPont社の日本法人、デュポン株式会社です。

工学部や理学部の出身ではなかったので、化学メーカーに就職できるとは考えていませんでしたが、ものは試しでデュポンに応募したところ、採用がトントン拍子に進み、環境やエネルギーに関わる技術開発をしないかというオファーをもらえたので、就職することに決めました。環境を仕事にできる、幼い頃からの夢が叶ったわけです。公務員試験は見送りました。外資系就職は若いうちから成長できるともっぱらの噂で、魅力的に見えたのは言うまでもありません。

晴れて社会人になり、宇都宮にある先端技術研究所配属になりました。事業部を技術支援する社長室下の遊撃部隊です。新卒1～2年目のうちからプロジェクト担当者になることが多く、若手のうちから責任ある仕事を経験できる部署でした。デュポンは外資系とはいえ保守的な雰囲気で、真面目な会社です。マニュアル運用や安全管理など、製造業の基本が徹底されており、モノづくりの哲学を学びました。

◉拾った武器：外資系企業の働き方、製造業の考え方

私の担当は太陽電池パネルの部材でした。会社としては太陽電池に使われる製品を多数保有しており、特に主力のフィルム製品は、当時業界シェア1位でした。それらの製品を別々の事業部が保有し、別々に営業活動していたので、取りまとめる技術担当が必要だということで私が立てられたのです。

時を同じくして経済産業省が、太陽光発電の長期信頼性をテーマにしたコンソーシアム（企業連合）を立ち上げます。各社の技術力を結集して、日本発の長寿命パネルを生み出そうというわ

けです。太陽光発電の研究を長年リードしてきた経産省下の産業技術総合研究所（産総研）が母体になり、**１００社を超える企業が結集して共同研究することになりました。そこにデュポン社も加わり、新卒の私は会社の代表としてこのプロジェクトを任されました。**

私は各社から派遣された研究員の中で一番の若手でしたが、グループリーダーを務めるなど、張り切って活動しました。研究活動そのものよりも、多様なメンバーが集まったチームでプロジェクトを進める過程に熱中しました。同じ製造業とはいえ、参画企業のアプローチや社員さんの雰囲気がそれぞれ違ったため、「百社百様」の働き方を学べたのは後の大きな財産になりました。

◉拾った武器：１００社の多様な働き方、ビジネスとしてのプロジェクト管理

私生活では社会人2年目に結婚しています。長年の夢を叶え、早々に責任のあるカッコいい業務を任せてもらえて、家庭も持ち、人生を満喫している。何を成し遂げたわけでもないのですが、理想通りの人生だと悦に入っている節があったと思います。

プロジェクトが座礁。責任と重圧でうつになる

しかし、2年間の成果報告をするタイミングで大きな問題が発生しました。研究成果が芳しくなかったのです。科学の結果に良いも悪いもありませんし、全て思い通りにできるわけではないのですが、ビジネスの研究開発としてはナンセンスです。順調に見えていたプロジェクトが座礁

し、まだ経験の浅い私は、とんでもないことをしてしまったと、押しつぶされそうな責任を感じました。

米国本社と日本法人、そしてコンソーシアムという利害が異なる三者の目論見が合わず、担当者の私は板挟みになっていました。プロジェクトを立て直すために、残業や休日出勤を重ね、私は少しずつ追い込まれていきます。

いま思えば「仕事ができない若手社員」だっただけです。プロジェクトの目的地や着地点がはっきりしないまま、「報・連・相」も少なく、会社側が困るのも無理はありませんでした。

また、根本的には化学の勉強が足りず、太陽電池の長期信頼性や、自社製品の技術的な方向性に対して、見当がつかないまま闇雲に実験を重ねていたことも大きな問題でした。学生時代に化学の履修が少なかった私は、太陽電池パネルやその材料の化学反応という目に見えないミクロな世界のことが想像もつかず、頭を悩ませました。要は、門外漢で能力不足だったのです。

私の能力不足もさることながら、プロジェクトを好転させる材料も見当たりませんでした。そんなプレッシャーが重なり、業務量が増え、デスクに向かうたびにストレスで胸が詰まるようになります。**ある週末、自宅でパソコンに向かっていたら、涙が止まりませんでした。**妻が異変に気づき、その日のうちに心療内科に連れて行かれました。

診断結果は適応障害、うつ病でした。

◉拾った武器：仕事の大失敗

第2章

夢を捨て、農家と出会った。

気分転換に登った筑波山すら、中腹で挫折した。

医師からは休職を言い渡され、私はあれだけ背負い込んでいたプロジェクトを放り出すことになりました。しばらくは布団から出られず、テレビやインターネットも見られないほどでした。人と話をしたり、会ったりできるようになるまでも時間がかかりました。

仕事を首尾よくまとめられなかった敗北感。

上司をはじめ関係者に迷惑をかけてしまった罪悪感。

うつ病患者になってしまったというショック。

目の前に壁があっても、全力で努力して乗り越え、望んだ結果を手に入れる。それが通用しなかった。人生はじめての大きな挫折でした。

二度目の休職、退職、そして無職

休養と治療のおかげで少し快方に向かったので、3ヶ月休んで復職しました。働きすぎないよう負荷を抑える対策を立て、産業医や上司とも相談した上での復帰でした。

ところが、プロジェクトはさらに状況が悪化しており、迷走の末に私の負担は休職前よりも重くなってしまったのです。周囲も余裕がなく、誰がつぶれるかという状況で、私はまたも体調を崩しました。二度目はダメージも深く、一度目よりもさらに長い休職になってしまったのです。

休職中は常に体調が悪く、生活するエネルギーも乏しかったので、低空飛行で不毛な日々でした。二十代後半という働き盛りの時期に二軍暮らしが続いて焦るばかりです。

1年後には休職期間の上限に達し、退職することになりました。プロジェクトに難があったのは否めませんが、会社やお世話になった同僚のことは本当に好きだったので、恨む気持ちもなく、ただ悲しいだけでした。もちろん転職先なども決めていません。

退職する少し前から、心療内科が運営している復職支援のショートケアサービスに通いました。同じように休職している人たちが週に数回、社会復帰に向けて準備をする医療ケアです。

社会復帰の準備といっても、「好きな本を読む」「ペーパークラフト」「ゲームや軽い運動をする」といった具合です。「いい大人がこんな幼稚園みたいなことをするのか……」とはじめはショックでした。しかし、同じ境遇の利用者さんと仲良くなり、病気との向き合い方やつらい気持ちを共有できたことが、その後のメンタルケアの大きな支えになりました。

うつ病は、認知や判断が鈍り、自分で状況を打破するエネルギーもなくなる、八方塞がりの状態です。家族に自分の率直な希望を伝えても、どれも「現実を直視できていない無茶な願望」だと思われて、主体的に決断することができませんでした。職を手放しましたから、キャリアや生活に対する不安も重なります。**たまに友人や知人と会って話しても、私は腫れ物のような気遣いの対象で、ギクシャクした雰囲気になってしまいます。**順調だった人生の全てが暗転し、あれほど存在感のあった私のプライドは雲散霧消してしまいました。

◉拾った武器：折れたプライド、謙虚な気持ち

発症から2年、ITベンチャーへ復職

退職後はすぐに他社でフルタイム復帰できるような体調でもなかったので、失業給付を受けながら自由な時間を過ごすことにしました。自分探しで世界一周旅行に行ったと思えば、1年くらいはいいだろうと考えることにしたのです。

好きなことを勉強したり、知人が経営する全寮制の英語学校に通ったりした後、そろそろ社会復帰をしようと転職活動をはじめます。はじめてうつになってから2年が経とうとしていました。「環境問題」にまだ執着していた私は、転職エージェントに何社か紹介してもらい、シンクタンクなど数社の内定をもらいました。

並行してインターネットでも面白そうな求人がないかと探していたところ、インターネットサービスの業界で有名な起業家が新しい会社を創業して、人を募集している記事をたまたま見つけました。フリーマーケットアプリ、つまりユーザー同士が物を売買できるサービスです。

「フリマ……エコだな！」

フリマが私の頭の中で「環境」と結びつきました。前出の環境クイズプロジェクトでウェブシステムを作って以来、IT業界をウォッチし続けていたので、ITベンチャー企業なるものが躍進目覚ましいのも知っていました。そんなスタートアップの知見は今後のキャリアにきっと役立つだろうと、お問い合わせフォームから連絡し、仕事をさせてもらうことにしたのです。病み上

がりのリハビリを兼ねたアルバイト程度から始めようということで、インターン採用でした。ここまで読んで想像がついた人もいるかと思いますが、**この会社は後のメルカリです。**

メルカリで学んだベンチャー戦術と体力の限界

当時まだ社員が十数人のメルカリを手伝うようになって、衝撃を受けました。会社の質、社員の質、そして業務の質が想像よりはるかに高かったのです。

起業経験者同士が集まってできたベンチャー企業なので、会社づくりが実にハイレベルでした。明確なビジネスモデルとビジョンのもとに一致団結できていて、社員一人ひとりの生産性が高く、業務やコミュニケーションにも無駄がない。デュポンもいい会社でしたが、正直全く違うレベルだったので、社会人として大きく出遅れたと感じました。もちろん創業初年度なのでカオスでしたが、できて半年の会社がこんなにすごいとは思わず、カルチャーショックを受けます。その後、同社は日本国内でも稀に見る快進撃を続けユニコーン企業の筆頭になり、わずか数年で上場していますから、私がそう感じるのも無理はなかったかもしれません。

担当した主な業務は人手不足のカスタマーサポートでした。ユーザーの不満足やトラブルに対応し続けるのはなかなかに精神が削られましたが、不特定多数の顧客と誠実に向き合うことの大切さを学びました。

メルカリは最高に素晴らしい会社だったのですが、ここでも誤算がありました。私の体力はまだ、スタートアップの成長期についていけなかったのです。当時住んでいた茨城県のつくば市から東京の六本木まで片道2時間強かけて電車通勤するのも負担でしたし、ITベンチャーの夜型サイクルにも合わせられませんでした。急な東京への引っ越しはまだ考えていませんでした。

結果、業務が増えたところですぐ、またも体調を崩してしまったのです。それ以上は迷惑をかけられないので、退職させてもらいました。**私も家族も大変がっかりしましたし、こんな調子ではまともな就職はできないと、社会復帰が遠くの霞のように見えました。**

◉拾った武器：顧客対応スキル

大した貢献もできずに離れてしまいましたが、同社から学んだことは計り知れません。プロダクト開発、ビジネス展開、カルチャー、組織づくり、採用教育、業務管理、社内コミュニケーション、全てに筋が通っていて、まさに企業経営の理想を見させてもらいました。大企業という空母に乗っているのとは違う、**創業期のベンチャーにおける少数精鋭の良さを活かした戦術は、梨園の経営改革でも助けになっています。**

◉拾った武器：ベンチャー企業の生産性

夢を捨てて、栃木へ出戻る

また無職に戻って途方に暮れた私は、ある決断をします。**「やりがい」基準で仕事を選ばないことです。**ここまでは、自己実現を追って高いハードルを求め、越えられずに挫折してしまうループが続きました。一人前に働く体力もないのだから、「やりがい」よりも「安心できる環境で無理なく働き続けること」を優先しなければならないと、観念することに決めたのです。

私にとっての「やりがい」とはまさに、「環境問題の解決に貢献すること」でした。環境に貢献できる仕事は数少ないので、余計に条件面で無理が生じてしまいます。環境問題について考えることは封印しよう。誰かもっと優秀な人に夢を託そう。前線を下げて、戦場から撤退しよう。

「夢はあきらめる」

うつになって以来の日課だった当時の日記に、そう書き綴っています。やりがいを捨て、生まれ変わろう。無理なく働ける優しい職場を見つけて身を寄せよう。そう決心しました。

茨城県に住む理由もなくなったので、仕事の前にまずは転居を考えました。選んだのは出身の群馬ではなく、新卒で最初に配属された栃木県宇都宮市です。前回住んだときに、宇都宮に地元の友だちがたくさんできました。**つくばに引っ越してから苦しむ私達夫婦に対して、彼らがいつも遠方から励ましとラブコールを送ってくれていたのです。**

仕事の内容よりも、苦楽を分かち合える友だちのそばにいるほうが、ヘルシーな人生を送れるのではないか。そう考えて宇都宮に戻ることにしました。東京で仕事を探すことも頭を少しよぎ

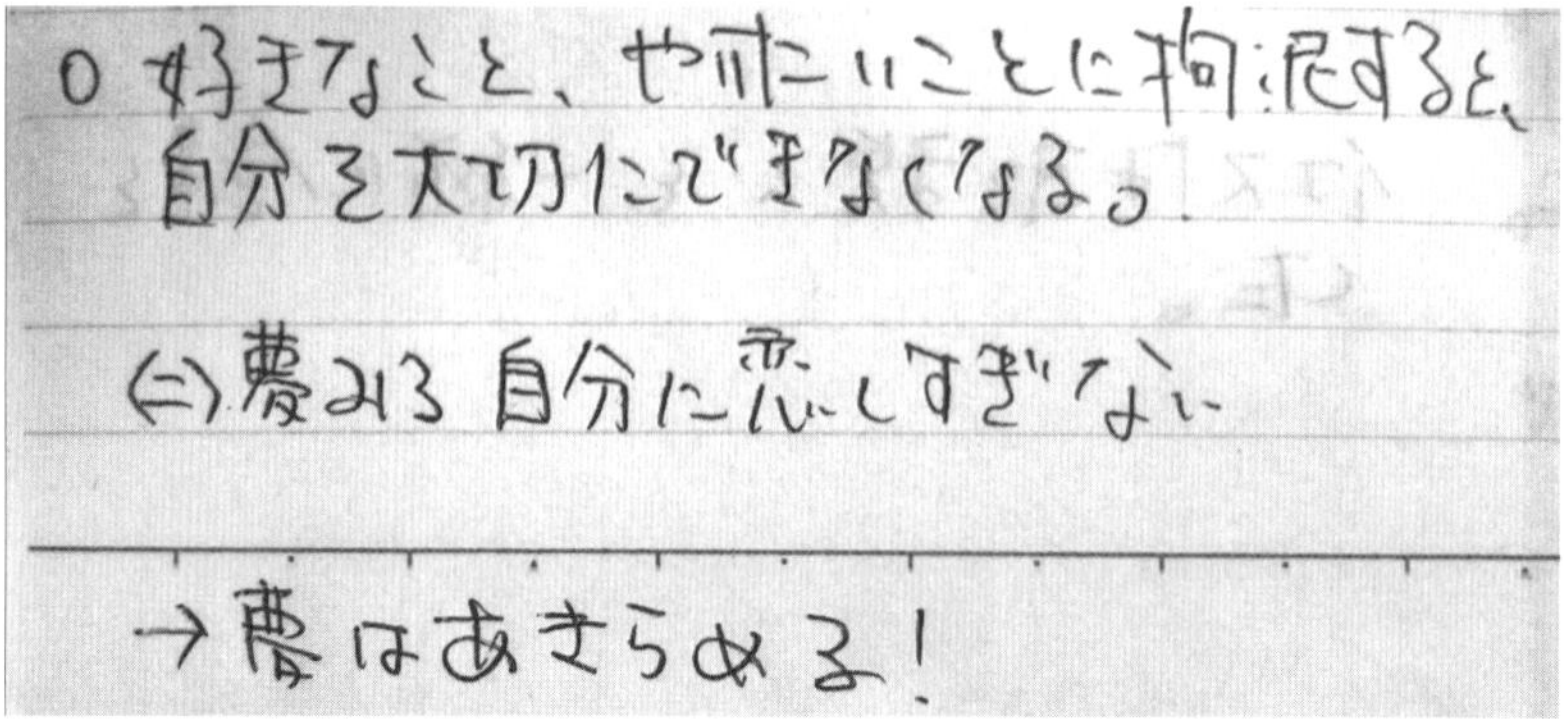
○好きなこと、やりたいことに拘泥すると、
自分を大切にできなくなる。
(二)夢みる自分に恋しすぎない
→夢はあきらめる！

りましたが、競争に近いところに身を置くことは、当時の私にとって「環境問題」と同じくらいプレッシャーに感じられたので、見送ったまま今に至っています。

妻が常勤で働いていて、私は失業給付を受けながら無職。家長どころか、お荷物でした。無収入で口を出せることはほとんどありません。極限まで肩身の狭い期間は続きます。

この間、何がいつ役に立つかわからないと、闇雲に勉強だけは続けていました。TOEIC、ウェブ制作、プログラミング、そして、いずれ必要になるであろうビジネスや経営についても集中的に学びました。MBAの書籍を取り寄せたり、簿記の試験を受けたりしました。**本当のところは、勉強をしていないと不安だったのです。**これらの知識は後の梨園改革で大いに役立ったので、どんなときでも勉強は裏切らなかったと自信をもって言えます。後づけでは。

◉拾った武器：ウェブ制作、プログラミング、経営全般、簿記の知識、英語

宇都宮では家賃が激安、築40年超の訳あり物件を借りました。経済的な余裕がなく家計を全て見直した結果です。**保険や**

積立を解約したり、固定費をすべて見直したり、ギリギリまで切り詰めました。友人の旅行の誘いを「お金がないから」と断ったときは惨めな気持ちになったものです。

「貧すれば鈍する」は言い得て妙の辛い言葉で、わずかな出費が気になってしまう新たなストレスで、心まで貧しくなりました。それでも、ここで生活費を最低限に抑えたおかげで後に梨園へ就職するという挑戦ができたわけなので、これも必要な試練でした。後づけでは。

◉拾った武器：倹約マインド、庭付き一戸建て

「とちぎユースサポーターズネットワーク」との出会い

栃木に戻って職を探そうにも、県内の求人には面白そうなものがありませんでした。転職エージェントからは、前職と同じような製造業の技術職しか紹介されません。研究開発で折れた私の心はもちろん「NO！」でした。わがままの極みですが、**自分の心を大切にすることでしか未来を考えられませんでした。**

しかたがないので自分の足で面白い会社、面白い仕事を見つけるしかないと、インターネットで調べていたら、とあるNPO法人が目に止まります。「とちぎユースサポーターズネットワーク」（以下、ユース）という、若者の力で地域を活性化させることを目的にした団体です。様々なプロジェクトを実施しているようだったので、まずはユースとつながってローカルな情報を仕

入れようと、連絡をとりました。

程なくして面会した理事長の岩井さんや事務局長の古河さんは私と同世代、地域と若者に対する熱意ある方々で、初対面から意気投合しました。はじめて私が自力で、宇都宮で地域と関わる糸口をつかめた瞬間です。

◉拾った武器：地域のネットワーク

ユースは地元企業と若者を3～4ヶ月間のインターンシップでつなぐ「ゲンバチャレンジ」（通称ゲンチャレ）という事業を行っていました。若者は職業体験と課題解決プロジェクトでの成長を手に入れ、企業には若者の新鮮な風で組織の活性化がもたらされるというスキームです。

このゲンチャレが本格的な社会復帰に向けたリハビリに良いのではないかと考え、私はユースに相談しました。この手のインターンは通常、大学生向けで、既卒でもせいぜい20代半ばまでというのが一般的です。当時私は29歳でやや規格外でしたが、確認したらOKをもらえました。

当時のゲンチャレは「六次産業化」「コミュニティスペース」「保育園」などの案件があり、それぞれ面白そうだったので、社会復帰のリハビリになればどれでもいいと考えていました。

農家にも、経営に必要な要素がすべて詰まっている

岩井さんと話をしているうちに、ある話を切り出されます。

「少し先の話ですが、私の先輩の梨農園がゲンチャレでインターン募集するんですけど、佐川さん、農業どうですか？　農学部出身ですよね？」

「敢えて選ぶならコミュニティスペースがいいですかね〜。町おこしっぽくて！」

岩井さんの返答はというと……

「コミュニティスペースはタイミングが合わなくて難しいです！　佐川さんはぜひ農業を！」

やんわり断られました。それ、不動産屋が見せ玉物件をあきらめさせる常套文句じゃないですか。そして農園に対するあやしいほどのゴリ押し。

ただ、私はリハビリになればテーマはこだわらないつもりだったので、農園の案件を遠慮する理由もありませんでした。たしかに農学部出身です。その割に農業の現場を知ることなく卒業してしまったことは少し後悔していました。


大学では立派な講義を受けたけど、足元では農業は衰退し続けている。理論と実践にギャップがあるのだ。そのギャップは現場にあるのではないか。ギャップの正体を現場で見つけられれば、面白い経験になるかも。


そう考えると、ちょっと興味が湧いてきました。

インターンの内容はすでに用意されていて、農業体験プログラム「1day梨仕事」や農業ボランティア募集「土日農家」などの集客企画が挙げられていました。学生でも応募できるように作られた内容なので、肩慣らし程度でこなせそうに思えました。

それよりも目を引いたのは、**「家業から事業へ」**というインターンのキャッチコピーです。

「家業の事業化ってどうしたらいいのだろう」

「農家の経営レベルってどのくらいなんだろう」

企業経営は日進月歩なのに対して、現在の農業経営はあるべき姿なのだろうか。農家の孫でありながら、そんなことを真剣に考えたことはありませんでした。

そして、法人化していないような農家であっても「経営体」であることはたしかなので、拡大解釈すれば**「農家には経営に必要な要素がすべて詰まっている」**と言ってもいいだろう。集客イベントを手伝いながら、農園で経営分野についても勉強しよう。そんな結論に至りました。

技術職からキャリアチェンジするために、いつかは経営管理やバックオフィスの実務経験を積んでみたいという思いがありましたが、一般企業ではなかなか未経験者に任せてもらえるものではありません。でも、農家なら関わらせてもらえるかもしれない。

ユースが長年かけて地域に種をまき続けてくれたおかげで、阿部梨園と私はつながることができたのです。本当に感謝しかありません。

第3章

梨農家が三代守ってきたもの、その限界。

阿部梨園にインターンで入った頃。左が代表の阿部。

阿部梨園は、栃木県宇都宮市にある個人経営の梨農園です。家族経営で受け継がれてきた農家で、現代表の阿部英生は梨栽培を始めてから3代目に当たります。

「量より質」の生産方針を掲げ、生産量を追い求めず、手間をかけて特別な梨を作ります。1本の樹あたりの着果量が少なければ少ないほど、1つの実あたりに配分される栄養が増えるため、他所よりも多めに間引いて、大きくておいしい梨を作ります。100％人工授粉、手の込んだ剪定や枝管理など、品質へのこだわりはとても紹介しきれません。これらはすべて、寝る間を惜しんで管理作業をしたり、雇用を増やしたりすることによって実現しています。

宇都宮市の郊外で、軒先販売を中心に、直売に力を入れてやってきました。先代の頃から直売に着手しておいしいと評判だったため、20年来、30年来になる常連のお客様を中心に、シーズンには多くの方が来店されます。販売時期は8～12月。贈答でのご利用が大半です。非公式の独自調査では、2012年頃から現在に至るまで、宅配便での梨発送件数はずっと栃木県内1位です。梨生産高全国上位の栃木県でこの成果ですから、当時から既に実績があったと言えます。

26歳で事業承継した阿部英生

私と出会った頃、代表の阿部は37歳でした。県の農業大学を卒業後、そのまま実家である阿部梨園で就農しています。阿部梨園の事業承継は極めて早く、**阿部は26歳のときに両親から経営権**

を譲り受けて事業主になりました。一般的には親子二代でも大変な業務量なので、息子一人ではパートさんなどの雇用を増強しないと梨作りもままなりません。

「すべて任されるなら、好きなようにやろう。」

ここで当時の阿部は燃えました。**親の指示通りに進めるだけだった仕事が、自分の裁量で創意工夫できる城になった**、と考えたのです。

まず、埼玉にいた全国的に有名な梨栽培の先生に弟子入りし、父親から受け継いだ栽培方法に、先進地の技術を「接《つ》ぎ木」しました。そして、直売にも力を入れるべく、知り合いのプロに頼んでホームページ、リーフレット、オリジナルの贈答用パッケージ、さらにはお店の陳列セットまで作ってもらいます。郵便局のカタログギフトや、地元の東武百貨店などで新たに取り扱ってもらえるようになり、販路も開拓しました。

これらの施策に力を貸してくれたのは、阿部の趣味である社会人バスケットボールの人脈です。取引を開いてくれた郵便局長も、農園案内の制作も、パッケージの制作も、ウェブサイトの制作も、アルバイトの助っ人も、みんな社会人バスケ仲間です。趣味が実益を兼ね、手を貸してくれる友人に恵まれていることは、阿部の人柄を端的に表していると思います。

なお、早々に梨園を息子に預けて手を引いた阿部の両親は、新たに野菜畑を拡げました。親子で梨と野菜に分業しつつ、店頭では一緒に販売できるという相乗効果も期待してのことです。**早期の分業は、親子間トラブルを回避しつつ、子世代の自立を促せる**という点において、賢明な判断だったと思います。

梨作りに熱中するだけでは、人はついてこない

阿部は温和な性格で情に厚く、人から好かれるタイプの人間です。流行りもの好きでミーハーなところがありますが、自分が目立つことは苦手で望みません。いわゆる典型的な「いい人」です。梨園もその雰囲気が反映されていて、ストレスや無理のない、おだやかな職場です。

そんな人柄でありながら、梨作りでは並々ならぬ情熱が隠せない男でもあります。梨作りに関しては、人の見ていないところでも一切、妥協しません。おいしい梨をお客様に喜んでもらうための新しいアイデアがあれば積極的にチャレンジします。梨作りのこだわりについて熱く語りすぎたあまり、面接中のパート勤務希望者さんに「ついていけない」と逆にお断りされてしまったこともあるくらいです。それだけ、梨農家であることにプライドをもっています。

理想の梨作りを追い求めるのであれば、戦力増強が必要だろうということで、私が加わる少し前から、通年雇用を始めました。最初に手を貸してくれたのが熱心な若者だったので、阿部もさらに燃え、期待しました。普通の梨農家は従業員に任せない高難易度の剪定作業まで任せました。苦楽を共にできる仲間を得て、発展する農園が目に浮かぶ瞬間です。

ところがある日、彼に退職希望を告げられてしまいます。端的にいうと理由は条件面でした。

通年雇用と言っても、最低賃金と大差ない時給払いで、退職金や有給休暇はおろか、手当や社会保険もありませんでした。せっかく梨作りで心を一つにできて、梨技術も覚えてもらっても、条件が整わなければ、袂を分かつことになってしまう。阿部は大きなショックを受けました。

「梨作りや販売に熱中するだけでは、人はついてこない。経営に向き合おう。」

阿部が、「経営課題」と初めて対峙した瞬間でした。穴が空いてしまった労働力をカバーするべく、周囲に協力を仰ぎました。その中のひとりが、地元の後輩が理事長を務める「NPO法人とちぎユースサポーターズネットワーク」だったのです。

代表理事の岩井さんに相談に乗ってもらい、中期の実践型インターンシップで若者に阿部梨園へ入ってもらう企画を立ち上げます。もちろん、繁忙期の人手も足りていなかったので、労働力としての期待も多少はありました。そこへ私が応募し、2つの話が合流します。

「経営」に必要な情報が、ない。

インターン初日の印象は、「はじめに」の冒頭で書いたとおりです。さて何をさせてもらえるのかと楽しみにしていたら、することは特に用意されていませんでした。インターンといえば担当の社員がいて、進め方もある程度用意された上で、その枠の中でインターン生がプログラムに取り組むのが一般的です。とりあえず持ち込んだパソコンを使える環境を整えたりしながら、私は気づきました。

「あれ、どうやらインターンの段取りが用意されてなさそうだぞ?」

「阿部さん忙しそうだし、どうやって一緒に進めたらいいんだろう」

「もしかして阿部さんは、インターンがどういうものかわかっていないのでは……」

私の予感は的中していました。阿部をはじめ全員が繁忙期の作業に追われていて、インターン生の面倒を見てくれるモードではなかったのです。初月の予定に入っていた現場研修も、「手が足りないところを手伝ってくれると助かる」という感じで、おおむね「佐川くんがやりたいことを好きなようにやっていいよ」でした。

しかも、インターン中に阿部が何度も口にした言葉が、これです。

「佐川くん、何でも教えてよ! 阿部梨園に反映して成長するよ!」

もしかしたら私の履歴書を見て、経験豊富だと解釈したのかもしれません。気を遣ってくれていた部分もあったと思います。積極的に意見を取り入れてくれるのは嬉しいことですが、教える側と教えられる側が逆転していて、これはもはやインターンではないなと頭を悩ませました。この調子だと、きっと「1day梨仕事」も「土日農家」も、何でもいいよ程度の「ごっこ」で終わってしまいそうです。

ひとしきり考えた結果、このままではこのインターンで実りある成果を得られないと危機感をもち、私はインターン生ながら、自ら手綱を握ることを決意します。「1day梨仕事」も「土日農家」も一旦白紙に戻して、阿部梨園の経営にとってベストなプランをこちらから提案しよう。そうすればきっとお互いにとって実りの多い4ヶ月になる。覚悟を決めました。

梨の選果や梱包といった現場体験をするかたわら、手始めに、阿部梨園の経営について教えてもらうことにしました。経営コンサルタントならこういう手続きで進めるんだろうと想像しながら、事業計画や財務諸表、生産や販売に関するデータなどを阿部にリクエストしました。

早速ここで、大きな誤算がありました。経営に関する、使える情報がほとんど無かったのです。**事業計画はそもそも存在せず、生産データもとっておらず、販売データは取引先ごとの売上総額がうろ覚えで出てきた程度**でした。正確なのかも網羅されているのかもあやしい様子です。確定申告の財務諸表はありましたが、内訳は当てになりそうではありませんでした。

経営の全体像を分析して、抽出された課題を狙い撃ちで解決する。そんな問題解決の定石が通用しないと思い知らされます。優秀なコンサルタントなら匙を投げるような状況です。

定量的な経営指標がないなら仕方がないと、次に取った作戦は定性的なヒアリングです。経営に関する質問シートを用意して、阿部に答えてもらうことにしました。

阿部梨園はどんなことを大事にしますか？

阿部梨園はどんな価値、サービス、体験をお客様に提供しますか？

阿部梨園の強みはどこにあると思いますか？

阿部梨園の弱み、課題、リスクはどこにあると思いますか？

阿部梨園はスタッフをどう大切にしますか？
阿部梨園のスタッフはどうあるべきですか？

これも思ったようにいきませんでした。回答の言葉数が少なかったのです。10年以上の経験があって、経営について日々悩んでいるのであれば、書ききれないほどの情報が出てくるかと思いきや、なんとかひねり出した2、3の答えしか出てきませんでした。経営課題や、経営に関する意識がないわけではなく、それらを言語化できていなかったのです。

全体像も数字もない。経営者の感覚も言語化できない。お手上げのような状況ですが、これこそ日本の平均的な農家の現状なのだと察しました。人一倍がんばっている阿部梨園すらできていないのであれば、大半の農家でもできていないはずです。

大規模化や機械化、IT化で生産効率を高めたり、ブランディングや販路開拓で売上を増やしたり、国や自治体が補助をしても、経営の基本ができていない状況では「焼け石に水」になってしまうことは容易に想像がつきます。逆に、これだけ「経営」と向き合わないまま、百万件単位の事業者が存続してこられたのだから、日本の農業はある意味すごいなと感じました。

もし経営面がきちんと整えば、農業も上昇基調になるのではないか。未熟な経営を裏返せば、手付かずの成長余力とも解釈できます。大学で習った理論と現場のギャップは「農家の経営力」かもしれないと、大きなヒントを早々に見つけた思いがしました。

◉拾った武器：農家には使える経営指標がないという現実

目標は「300時間で100件」の改善

もうひとつ、阿部梨園について気づいたことがあります。それは、事務所や作業場、店舗などの環境から、梨の出荷や接客などの業務まで、**「すべてにおいて改善できそうな箇所が無数にある」**ということでした。物の配置や作業の段取り、店頭の陳列や情報を工夫するだけで、仕事が少し楽になったり、間違いが少なくなったり、お客様が喜んでくれるようにできそうだと思えたのです。

私の出身である製造業の生産現場では、最適化が極められていて、ムダやムラを排除することで高い生産性を確保していました。「トヨタ式」や「5S活動」なども常識になっていましたし、製品だけではなく業務に対しても品質管理が徹底されています。それに比べると阿部梨園の現場はまだ最適化には程遠く、後回しにされていることが山積みでした。

そこで私は、**経営を全体像から見直せないのであれば、現場の業務からボトムアップで改善することが、次善策として有効なのではないか**と考えるようになりました。

「業務改善を続けられれば、いつかは経営の全体像や必要な数字を作れるようになる」

「業務を見直す意識や習慣が定着すれば、阿部梨園は自己変革できるようになる」

経営改善はインターンのテーマとしても良さそうでした。

「1day梨仕事や土日農家よりも大切なこと、やらなければいけないことが阿部梨園にはあります。経営や業務を根本から見直しましょう。これをインターンのテーマに設定しませんか」

早速、阿部に持ちかけたところ、少し驚いた様子で「よくぞ提案してくれた」と喜んでくれました。経営的な負債（課題）を総ざらいできる、またとない機会だと覚悟を決めてくれたのです。

経営改善するにも目標が必要だということで、キリよく100件の改善を目指すことにしました。4ヶ月300時間のインターン期間で100件はまったくの無謀ですが、高い目標を立てることで有意義な時間にしよう、という目論見です。

1件あたり平均3時間弱しかつかえませんので、短時間で終わる小さな業務改善しかできません。予算も人員も時間もない中での、苦肉の策でした。でも**その積もり積もった小さな課題たちこそ、今まで黙認し続けてきた経営の足かせ**であることは明らかでした。「小さいことに忠実に」を合言葉に、凡事徹底することに決めました。

「プロミス100」というプロジェクト名をつけました。プロミスは「約束」という意味の英単語です。阿部梨園は、自ら「変わる」という約束。私は、阿部梨園を「変える」という約束。

働き盛りの男二人が意気投合した瞬間です。進路変更をユースの岩井さんに報告したら、喜んで賛同してくれました。ここから阿部梨園の物語が始まります。

◉拾った武器：農家の業務改善という方向性、受け入れてくれる理解者

第4章

すべては「掃除」から始まった。

はじめて大掃除をした日の阿部梨園メンバー

改善の手始めに書類の山を取り崩しつつ、断片的な数字や、基礎的な情報を拾うことから着手しました。収納用品を買い足し、不要な書類を処分し、新設した分類ルールに沿って整理整頓します。

農業や梨園について素人の私が管理方法を変えたり、要不要を決めていいのかと思われるかもしれませんが、無秩序なままよりは十分マシという判断です。もちろん「30歳近くにもなって、なんで人の家を無償で掃除してるんだ？」という、むなしさや迷いを取り払いながらです。

「この数字は、どういう意味がありますか？」

「これと同じ種類の書類、他にもあるはずなので探してもらえませんか？」

気になる情報を見つけるたびに阿部から説明してもらい、梨園の経営を自分の頭の中へ少しずつインストールしました。**網羅的な情報を提出してもらうことが難しくても、必要そうな情報をこちらが採集するアプローチなら、時間はかかっても事が進む**と学びました。欠損している情報も多かったですが、それらは翌シーズンから取得すべきデータとしてリスト化しました。

「ゆるぎない掃除」

書類整理の次に着手したのが、休憩室兼事務所の掃除です。梨用のコンテナに発送伝票が乱雑に放られていたり、パソコンや周辺機器の配線が混雑していたり、阿部の私物が混在していたり

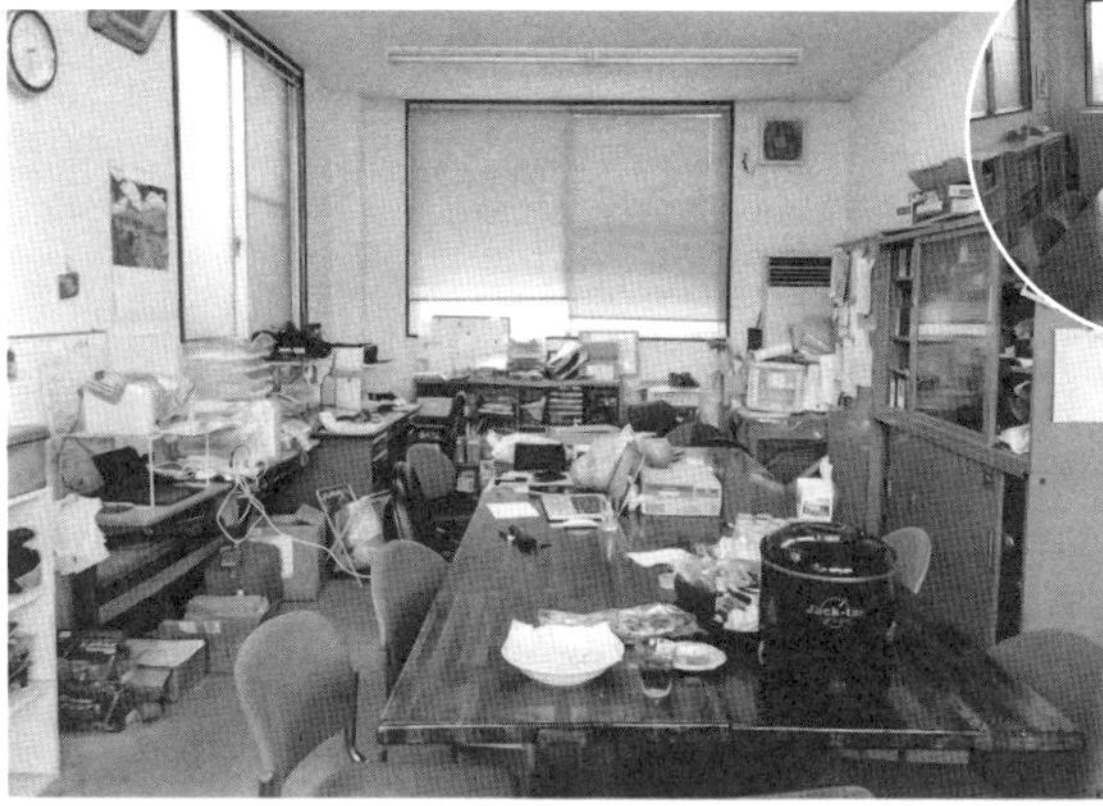

After

……。お世辞にもきれいといえる状態ではありません。部屋の隅に読み終えた週刊少年ジャンプが積んであったと言えば、程度が想像できるでしょうか。執務スペースといっても家業型の農家にとっては自宅の延長です。それでも、整理整頓が不十分なままでは業務に支障があるのはもちろん、スタッフの居心地やお客様の印象もよくありません。

インターンの半ば頃、大掃除を実施しました。事務所の壁や阿部のイスに**「ゆるぎない掃除」**と張り紙をして、不退転の決意を煽りました。壁についたタバコのヤニを落とし、十年以上放置されていた換気扇や空調のフィルターも煤払いしました。家具類も一度すべて搬出した上で、仕事がしやすいよう配置し直しました。

忙しい収穫作業の合間を縫って、現場チームも力を貸してくれました。一緒に汗を流して、青空休憩でお茶菓子を味わううちに、私と他のスタッフの距離も自然と縮まりました。

結果的に、掃除から着手したのは大正解でした。これには理由があります。

まず、変化が誰の目にも止まるので、「経営改善のプロジェクトをスタッフにも認知してもらえる」ようになりました。パソコンの中での事務作業に終始して、阿部と私のミーティングだけを重ねていたら、現場スタッフには何が起こっているかさえわからなかったと思います。**掃除という結果が目につくことから着手したおかげで、目的やゴールがわからなかったとしても「これから何か変化が起こるんだ」というシグナルが伝わった**ようなのです。

次に、休憩室がきれいになったことで「経営改善はスタッフ全員に恩恵がある」と理解してもらえるようになりました。経営改善によって自分たちの業務や職場がさらに良くなる。生産性が向上した利益は自分たちに還元してもらえる。まさに、経営改善を自分ごととして引き寄せてもらう契機になりました。

闇雲に改善を積み重ねて見えてきたこと

「梨園のチームにはスムーズに加われたのですか？」

「既存のスタッフから、変化への反発はなかったのですか？」

これも頻出の質問です。結論から言うと、梨園の輪の中に入るのに苦労はしませんでした。幸か不幸か、私が加わる前後で退職者が続いてしまったからです。ベテランスタッフが少なくなったので、それまでのやり方にこだわる人はいませんでした。また、補充で入った新しいスタッフが数人いたので、私だけが新参者として強調されることもありませんでした。

何より、阿部が私のことを尊重して、立場を作ってくれたことが大きかったです。「せっかく佐川くんが手伝ってくれるのだから、みんなで話を聞いて何でも挑戦しよう」とスタッフに言い聞かせ続けてくれたので、私も遠慮せず改善の提案を続けられました。

もちろん、違う世界で生きてきた同士、お互いを理解するのには少し時間がかかりました。明確な目的があって梨園のインターンをしているわけでもなかったので、何のために来ているのかさえ他のスタッフにうまく説明できず、もどかしい気持ちになったことを覚えています。

300時間弱で100件も改善しなければいけないので、短時間で完結できそうなことなら何でも闇雲に取り組みました。業務進行の円滑化を重視してスタッフミーティングを新設したり、TODO管理ツールを導入してタスクを見える化したり、月次目標を立てたりしました。お客様がお買い求めやすくなるよう知恵をしぼって、店頭の陳列や情報表示、サービスを見直したりもしています。経営方針や行動指針のような根幹に関わる部分も、相談しながら策定しました。

そんな経営改善マラソンを2ヶ月ほど進めるうちに、明るい兆しが見えてきました。阿部梨園のスタッフが少しずつ変わりはじめたのです。はじめは半信半疑だったでしょうが、だんだんと次の改善を楽しみにしてくれている様子が見て取れるようになりました。そして、徐々にスタッフからも改善アイデアが出るようになります。

「実はこの作業がつらくて、手順を逆にしたほうがいいと思ってたんだよね」
「こういう道具を店頭で見つけたんですけど、使えませんか」
私は嬉しくなりました。みんなで知恵を持ち寄れば改善の幅もスピードも向上します。日々の業務を見直す意識が浸透すれば、インターン後も阿部梨園は自己改善し続けることができます。

「業務や環境を変えると、その過程で人も変わる」。そう気づいたときに、身震いするものがありました。こんな無鉄砲な経営改善プロジェクトでも、個人経営の農園でも、小さな変革を起こすことができたのです。数ヶ月前までは、人が抜けてしまう脆い農園だったのに。

この変化を受けて、少なくとも4ヶ月を捧げるこのインターンが全くの無駄になることはなさそうだと安心しました。手応えを感じながら、さらに改善を加速していきます。阿部がスタッフの変化を私以上に喜んでくれたのは、言うまでもありません。

農業経営には「マニュアル」が存在しない

100件も改善アイデアを思いつくためには、日々の業務を凝視するだけでは不十分です。役に立ちそうなヒントを得ようと、書籍やインターネットなどから外部の情報も取り入れました。

もうおわかりかと思いますが、阿部梨園の経営改善は、理路整然とした改善のレールが敷設されていて、それに沿って実施されたものではありません。やるべきことを探して検討するところから、まさにゼロからの組み立てでした。全体像からのアプローチを捨てたランダムな思いつき任せなので、施策のバランスや順序もおおよそ考慮されていません。思いつきや気づきを得られるまでに時間がかかりすぎ、思うようなスピードで進まないのが難点でした。

この経験からわかることは**「農業経営において、日常業務レベルのノウハウが網羅されている情報源は存在しない」**ということです。そういった実務に関する情報をどなたかが公開してくれていれば、私たち阿部梨園も、それを真似してもっと早く課題をクリアできたはずです。

生産法人を立ち上げて成功された方の農業ビジネス書はいくつもありましたが、物語調の成功体験談が中心で、網羅的な実務テクニックはあまり紹介されていませんでした。また、**新規就農で成功されたお話が多く、代々続く家族経営にとっては、所与の条件が異なり応用できる部分が少ない**という課題もありました。

既存の役立つ情報源がないのであれば、阿部梨園が経営改善に悪戦苦闘した経験は、似たような境遇の同業者にとって価値のある情報になるかもしれないと、この頃から感じ始めるようになります。この予察はその後の数年で確信に変わり、阿部梨園の改善実例を公開するプロジェクトに至っています。

そもそも私がインターンに応募した動機は、うつからの病み上がりで、本格的な社会復帰前のステップとして、週2、3日の疑似的な終日勤務でコンディションを調整することでした。はじめは、阿部梨園に1日通うだけでも次の日に疲れが残る感覚がありました。

それが、阿部梨園に慣れる頃には、心身ともに整っていることを実感できるまでに回復していました。最初の発症から1年以上の休職を経て退職、そしてさらに1年以上浪人していた私が、3年を経てとうとう社会復帰できそうな兆しを掴めたのです。

これは阿部梨園が、プレッシャーを感じずに安心できる場所だったからでしょう。阿部はいつも私を尊重してくれて、自由に行動することを許してくれました。ささいな改善1つに毎回喜んでもらえたので、私の折れた自尊心も癒やされました。**心理的に安全な環境を選べば、無理なく能力を発揮できる**とわかっただけでも私にとっては大きな収穫、記念すべき一歩です。

活気あふれる収穫期に、スタッフ一丸で梨を出荷すること。

疲れたら畑を散歩して季節を感じること。

休憩中や終業後に阿部の子どもたちと遊ぶこと。

おいしい梨、おいしい野菜を食べること。

そんな余白が、傷ついた私の人生を癒やしてくれたのかもしれません。同級の友人たちは一流企業に勤めて活躍していましたから、それと比べて自分は一体何をしているんだと焦ったり悲観したりすることもありました。それでも今振り返れば、この数年は私にとって必要な回復の期間だったのだと思えます。

目標100件、結果73件。未達で感じた可能性

100件という目標にこだわった私に対し、阿部やユースの岩井さんは、協力してくれるものの、そこまでシリアスではありませんでした。途中で達成が危ぶまれるペースだと伝えても、たとえば人員を増やして加速させたりするようなことはしてもらえず、私のひとり相撲のように感じてしまうこともありました。それでも、このプロジェクトを言い出したのも自分、結果に大きく影響を受けるのも自分なので、腹を決めて最後までやり切りました。迷ったり、空振りを気にしたりしている余裕もありませんでした。

最後まで数稼ぎにこだわったものの、**結局は「73件」でタイムアップになりました。**もちろん目標未達にガッカリしましたが、これが結果です。もう一度やっても100件には届かないでしょうし、逆に30～40件で着地させなかった達成感もありました。改善マラソンを終えた感想は2つありました。

ひとつは**「73件もやり切った阿部梨園すごいな。頑張ったな」**ということです。半分以上は私が片付けたにしても、後半はスタッフと一緒に取り組めることが増えましたし、自発的な意見や行動が出るまでに至りました。何より、たった数ヶ月で農園の雰囲気が劇的に良くなったことに希望が感じられました。

もうひとつは、**「73件は氷山の一角。やり残した山のほうが大きそうだ」**ということでした。

これは、行動してみたからこそわかったことです。時間さえあれば、まだまだできることがある。着手できていない不足の山に意識が向くようになりました。未消化の改善アイデアも100件以上残っています。

「この改善活動を続けたら、阿部梨園はどうなるんだろう？」

「改善活動をどこまで続けたら、満足な経営状態になるんだろう？」

「改善を突き詰めた理想の農業経営って、どんなモデルなんだろう？」

もしかしたら、阿部梨園のこの経営改善プロジェクトが、農業界にとって意味のあるケーススタディになるかもしれないと感じました。そして私自身も、この改善活動の行く末に興味が強くなりました。これをインターンの4ヶ月で終わりにしてしまうのはもったいない。もし阿部梨園が活動を続けるなら、自分がそこに立ち会えないのは寂しいと思うようになります。

リハビリ目的のインターンでたまたま出会った農園が、自分にとって大切な居場所になっていたのです。ましてや、一度は手放したはずの「やりがい」まで見出しつつありました。

阿部梨園に引き続き残ってこのプロジェクトを続けたい。自分の気持ちに気づいた私がとった行動を説明するために、1ヶ月ほど時計を巻き戻します。

第5章 単年勝負のラブレター大作戦

本当の右腕

自由に英生さんに意見できる人　スマートな提案で先回りができる人
阿部梨園の全体を見渡せる人　世界観を広げてくれる人
英生さんの代理ができる人　英生さんの苦手なことが得意な人
阿部梨園の第2の顔になれる人　スタッフの采配ができる人
英生さんと同じ目線で阿部梨園を大切にできる人
阿部梨園の文化や空気を自律的に作ってくれる人

とにかく　英生さんの伴走ができる人

阿部に就職を志願したときの提案の一部

徐々に「阿部梨園に引き続き関わりたい」と考えるようになった私ですが、インターンはその後の就職を前提としたプログラムではないことも重々承知していました。フルタイム就職しようにも、個人経営の農家にとって、従業員1人分の給料は大きすぎる重荷になってしまいます。経営の内側を垣間見せてもらったのでことさら、そんな余裕がないことはわかっていました。

一方、梨園の内情を理解できるようになったパートナーとして、阿部が私のことを必要としてくれていることも感じていました。恋愛でいうところの「友達以上、恋人未満」な状態です。

自分にとって本当に必要な環境とは何か

別の会社に就職した上で、副業的に阿部梨園と関わることも考えましたが、病み上がりの体力で上手にかけもちできるとは思えませんでした。無給のインターンで全力投球しているのに、その後はワンポイントで都合のいいところだけ、というのも気持ちが入りません。関わるなら就職してフルコミットしたい。それをどうやって経済的に成立させるか。お互いの将来像をどう描くか。ウルトラCの秘策が必要に思えました。

「就職させてください」。そう申し出ることは、まさに「告白」です。変な気を起こしてフラれてしまったら、せっかく築けた阿部梨園とのいい関係も、気まずいものになってしまう。ましてやインターン中にそうなったら、残りの期間は居たたまれません。

しばらく悶々とする中で、ごまかせない感覚が残りました。それは、**「阿部英生と一緒に仕事をすることは、自分の人生にとって重要かもしれない」という直感**です。

阿部は清々しいほど梨作りに一途で、それは病み上がりの私にとって張り合い甲斐のあるものでした。私の存在や貢献を100％肯定してくれるので迷いも生まれません。笑いのツボが合うことさえ、自分のポテンシャルを引き出してくれているように感じました。

それまでは、立派な企業で優秀な人に囲まれて成長していくことが、自己実現への近道だと考えてきました。しかし、そのような環境に押しつぶされて、心を折ってしまったのも事実です。プレッシャーやストレスの少ない梨園で、ありのままを受け入れてもらいつつ、自由な仕事をさせてもらえるほうが、良い人生を送れるのではないか。大企業でエリートな上司の元で働くよりも、自分を大切にしてくれる人と一緒に仕事をすることのほうが、今の自分に合っているかもしれない。そんな思いが強くなりました。

こんな出会いは人生に何度あるかわかりません。それならばフラれる価値もあると、腹をくくって告白することに決めました。インターンが残り1ヶ月に差しかかる頃、2014年11月末のことです。

ラブレター大作戦

非生産人員として農家に就職する。この不可能を可能にするためには作戦が必要です。私は次の①〜④のステップで自分をセールスすることにしました。言うなればラブレター大作戦です。

作戦①：阿部梨園にとって必要なことの提示

インターンの感想も添えて、「これからの阿部梨園に必要で、今は不足していること」を列挙して手紙にしたためました。マネジメント、経営企画、総務、会計・経理、人事・労務、IT、販売、接客、営業、広報、広告、マーケティング……。70件ちょっと改善したといっても、合格点と言える部分はまだありません。せっかく課題が明らかになったのだから、インターン後も着実にクリアしてほしいという思いを込めました。

作戦②：自分が貢献できることの提示

もし雇ってもらえるなら、という前提で、①の課題解決に自分が貢献できることをリストアップした「志願書」も用意しました。販売や事務の実務を請け負いつつ、「経営がわかる右腕」を務められますよ。任せてくれたら阿部さんは生産に注力できるから、生産と経営の両面でレベルアップできますよ。そんな提案をしました。

「プリウスαより、腕時計より、佐川を手元に置くことに安心感や満足感はありませんか。今ならお買い得です」

これは、原文そのままです。ちょうど阿部が車を買い換えるタイミングで、トヨタのプリウスαにするか、もう少し安価な車にするか迷っていたので、こう書き添えました。

作戦③：協力する場合の条件を提示

雇ってもらう場合の給与や労働条件を阿部に決めてもらうにも、判断材料や目安がなくて困るだろうと予想されたので、私の方で私案を作成しました。このときの提案は後ほど詳しく紹介しますが、基本は完全週休2日のフルタイム勤務です。世間の正社員の新卒入社くらいをイメージして、「月給は最低限でいい」と書きました。その代わり、1年後に利益が増えていたら、そこからの分け前で昇給させてもらうインセンティブのような契約です。

前職と同じような給与を期待するのは現実的ではありません。このプロジェクトを続けるため、自分のためにもハードルを下げる必要がありました。

作戦④：礼儀と気持ちを添える

内容が採用可否に影響することはないだろうと思いつつ、履歴書と職務経歴書も添えました。あらためて阿部梨園用に作った最新版です。三顧の礼ではありませんが、礼儀で気持ちが伝わればという思いです。

こう書き連ねると打算的に思われるかもしれませんが、最善の提案をしようと一生懸命でした。だって、仮にこの作戦が実らなかったとしたら、農家の経営改善という面白いテーマを手放すことになるのです。ウルトラCを閃ければよかったのですが、結局は、**待遇を最低限まで下げて、誠意をもってエモさに訴えかける**というベタな正面突破しか思いつきませんでした。

志願書、履歴書、職務経歴書をそろえて渡したとき、阿部は涙を流して喜んでくれました。今まで阿部梨園の経営を一人で背負ってきた重責感。不足を承知の上でそれを手当てできない不甲斐なさ、鬱憤、ジレンマ。責任を分かち合える仲間ができたことに対する安心感や期待感があふれたのかもしれません。四の五の言わずに、前向きに考えてくれることになりました。

後先の保証は何もありませんが、私も安心しました。数年間の自分探しという漂流を終えて、とうとう寄港できることになったからです。阿部は百万円単位の新しい固定費というリスクを負いました。私も年収を数分の一以下に下げ、キャリアや生計をまるごと阿部梨園に賭けました。**お互い背水の陣で身銭を切っていた**からこそ、この後に続く猛チャージができたのだと思います。

余談ですが、就職で話がまとまったことを阿部の妻の奈美絵さんに報告したら、奈美絵さんも涙を流してくれました。農家に嫁いで十数年、その気苦労は量り知れません。農家の家族に入るのは大儀です。家族だからこそ話せないこともあるでしょう。奈美絵さんのためにもいい仕事をしようと心に決めました。

単年勝負、単年契約

よく訊かれるので先に説明してしまうと、**はじめに提案されたのは月給15万円**でした。これは今まで口外していません。当時の私にとって、まずは金額の多寡以前に、無理のない仕事で毎月固定の収入があるありがたさのほうが身に染みました。

この金額は、当時の農業界の求人としては平均的なレベルです。「最低限」と自分から申し出ておいてなんですが、もう少しもらえると思っていたので、しょっぱなから少し面を喰らうことになりました。ボーナス、社会保険、各種手当、退職金、企業に標準装備のオプションが何もなく、残業もほとんどありませんから、この月額15万円がすべてです。さらにそこから国民健康保険と国民年金まで自分で払うことになります。

私はそこで、せめてもう5万円上げてもらうよう阿部に交渉しました。その分もっと貢献するから損はさせないという気持ちも込めてです。せっかく無理を押して就職させてもらったのに、出鼻から権利を主張してしまいました。これに対して阿部は「それなら、期待込みで」という言葉を添えて、申し出を承知してくれました。「完全」週休2日希望と書いたので、祝日分も休めると思っていたのですが、他のスタッフと一緒の条件で祝日も出勤してほしいと言われ、そこは私も譲りました。

1年取り組んでも成果が出ずに赤字なら、このプロジェクトは続けられません。成果が出ても昇給がなければ、私の生活や将来が危ぶまれます。だから、毎年「単年契約、単年勝負」のつもりでやりましょうと提案しました。**成果が出たら昇給してもらって翌年もプロジェクト続行、成果が出なかったらそこでプロジェクト終了**、ということです。売上で成果を出さなければならないので、経営改善と並行して、梨を全力で売りさばくことが使命づけられました。

逆の立場から見ると、私は業界経験のない単なる素人です。未経験なら報酬がゼロリセットされるのも無理はありません。むしろ、裁量ある働き方で、勉強しながら自由に試行錯誤させてもらえるというのは、実務未経験者にとってはまたとない機会です。

そう思えば、この阿部梨園での話も、お給料をもらいながらの実務研修または見習い期間だと思えばありがたい条件です。外で望める年収との差額分は勉強代だと思うことにしました。

スキル、キャリア、生活に対する希望と不安

私は学生時代から、特定の分野に強いスペシャリストではなく、守備範囲の広いゼネラリストに憧れてきました。底が浅くても、幅広く何でもカバーできる人材になりたかったのです。経営

管理、企画、会計、人事労務、総務、販売、営業、ブランディング、広告、広報など、一つひとつは深掘りできなくても、あらゆる経験を積めそうなことも阿部梨園で働ける大きな魅力でした。

キャリアに対する不安は当然ありました。個人農家での勤務経験が、履歴書の職歴欄で好材料として扱われることはないわけです。私の場合は経歴に一貫性もありませんし、空白期間もあります。いつか転職するとしたら、阿部梨園に勤めているあいだに実力を証明できる何らかの実績かスキルが必要です。当時の私は仕事の内容以前に、まずフルタイムの勤務経験自体が、体力の証明に必要というレベルでしたが。

しかも、私のような個人農家の間接部門での働き方は、前例やロールモデルがありません。梨園には教育してくれる人もいませんし、研修もありません。自律的に考えて能力開発を進めないと、成長が止まってしまう可能性さえあります。自由と自己責任は表裏一体ですが、徒手空拳のような不安も感じていました。

生活面も、その日暮らしで糊口をしのぐ程度はできても、子育てや老後を考えるとマイナスと言ってもいい状況でした。十分な蓄えを携えて高収入な仕事を辞め、安全なリードを確保した上で好きなことを新しく始めるエリート起業家とはわけが違います。

「今やりたいことをやれているのは、自分の将来を食いつぶしているからだ」

そう考えると自分が、自らの足を食べるタコのように思えました。高齢者になった自分が路頭に迷う姿を想像して、眠れなくなった夜も一度ではありません。

行き当たりばったりで農業にたどり着いたのも事実です。知人から見たら、自分探しに迷走して農業に関わり始めたイタい奴だろうなと思いました。なぜ農業なのかという問いにも、脈絡がなさすぎて後づけの説明しかできません。なんとも座り心地の悪い感覚です。

不安要素は考えても仕方ないので、目をつぶることにしました。「阿部梨園には伸びしろがある」という可能性と、阿部梨園で働く心地よさは確かに信じられます。週2、3日のインターンでこれだけできたのだから、週5日全て使ったらどんなことになるのか。何はともあれフルタイム勤務、実に2年以上ぶりです。ワクワク、ドキドキでした。

第6章

「農園マネージャー」になる

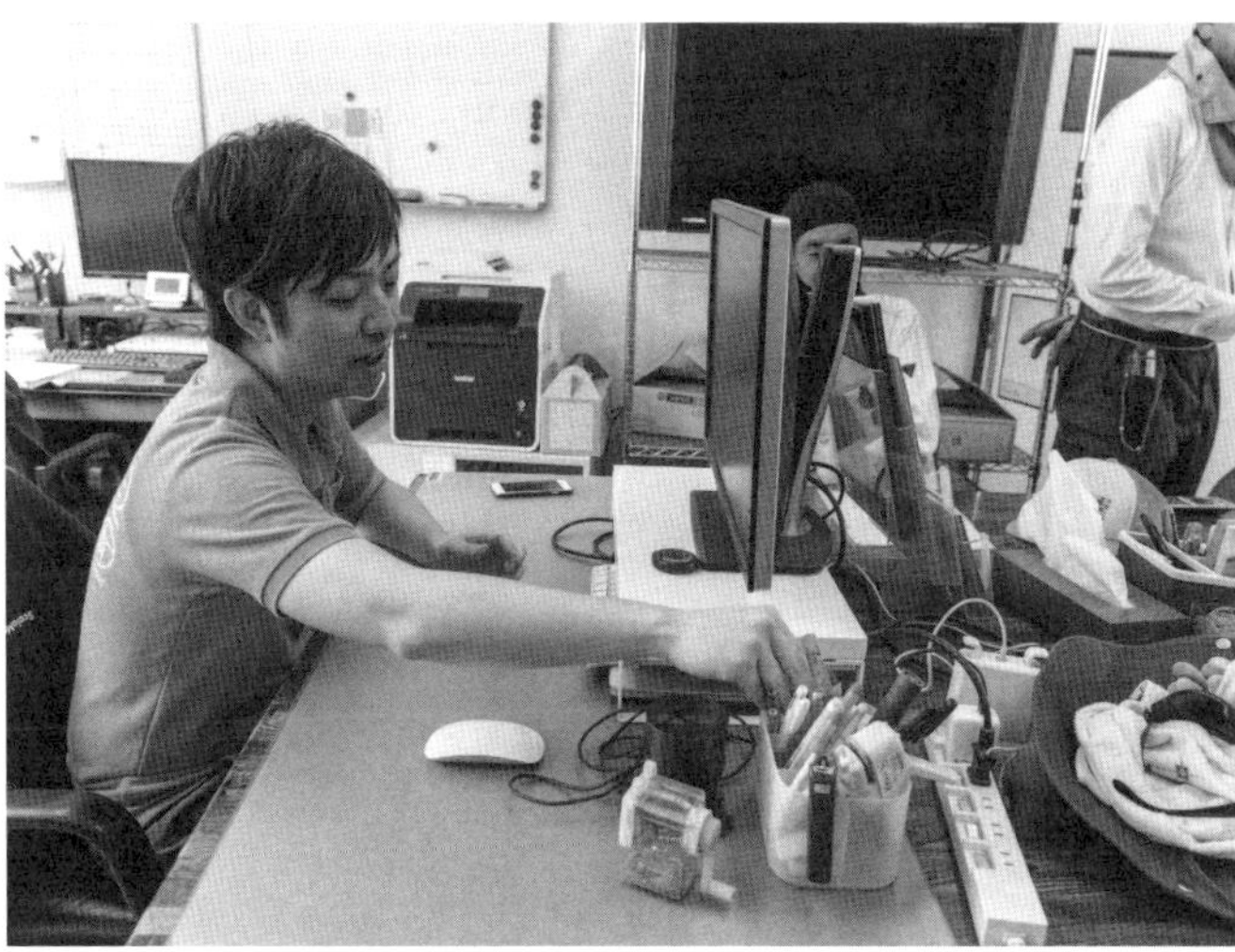

梨園で仕事をしていた私の数少ない一コマ

2015年1月、私は阿部梨園に就職しました。現場は冬の剪定作業の真っ最中。他のメンバーが終日畑に出る中、私は1人で事務所に籠もりきりです。この部屋は元々事務所として作られたものではないので気密性が低く、床は冷たいコンクリート。とにかくクソ寒いです。ダウンジャケットにスノーシューズという雪にも耐えられる服装で勤務していました。予算を気にするあまり、暖房も最低限しか使用できなかったからです。それでも寒空の下で畑に出ている現場チームの前では弱音を吐けないと思いました。

晴れて入職したので名刺でも作ろうと、自分の肩書きを決めることにしました。個人農家には当然、職位や役職のようなものはありません。逆に言えば、自由に名乗ってもいいわけです。ディレクター？　プロデューサー？　はたまた〇〇長？

最終的に選んだのは、「マネージャー」です。といっても、私がイメージしたのは管理者という意味でのマネージャーではありません。部活動のマネージャーです。梨を作る現場チームが選手で主役、私は選手が能力を発揮するためのサポート役です。冷たいタオルを絞って用意しておいたり、試合のスコアをつけ、ときには心理的なケアもしたりするような、事務所からみんなを後方支援する私の役割にピッタリだと思いました。今でもそう名乗っています。

更地だった「社内」制度

決められた業務がない完全に自由な立場だったので、自分の仕事を自分で決める必要がありました。まずは労務をはじめとする社内制度の整備から着手しました。インターンという外部の立場からでは触れられなかった経営の核心部分なので、「今こそ」という思いもありましたし、自分自身の労働条件を整備したいという意図もありました。

外注したり、新しいソフトを購入したりする予算はなかったので、なんでも自分でやらざるを得ませんでした。むしろ、私が何でも自作して内製に切り替えることで、外注費を削って自分の給与を確保しようという算段です。もちろん素人なので、ゼロから勉強しながらです。給与計算や経理なんて、会社の事務職の誰かがよしなにやってくれるものだとしか考えてこなかったので、何も知りませんでした。

予算がなさすぎて給与計算ソフトの導入すらはばかられ、初年度は私が表計算ソフト(Microsoft Excel)を使って全員分の給与を手計算しました。給与計算に関する知識が全くなかったので、多少なり理解をしないとソフトを選ぶ判断材料もありませんでしたし、当時は社会保険も未導入で計算も簡単そうに思えたからです。

ところが思ったとおりにならず、源泉徴収額の計算や年末調整が面倒だったり、数式のミスに気づかないまま支払額を間違えてしまったり、法改正にいちいち対応しなければならなかったり、想定より随分と厄介でした。時間を代償にして予算を節約するのはいいとしても、スタッフの給与に間違いがあってはいけません。1年経験した後に、翌年からは計算を信用できる市販ソフトに切り替えています。

少し整えたとはいえ、まだまだ世間の企業レベルにはほど遠い状況です。「どこまで徹底しなければいけないのか」「身に覚えのない法令違反で懲罰を受けるのではないか」という不安は常に頭の片隅にありました。そんなときこそ、「昨日までの阿部梨園よりはマシ」と自分に言い聞かせて鼓舞するようにしてきました。**最初から満点でなくても、むしろ合格点に達していなくても、昨日よりは良くなっていることをポジティブにとらえようと思ったのです。今すぐできることはやる。今すぐできないことは先送りにする。経営改善は不断の活動ですから、そういう割り切りも大切です。**

20代と60代の「同期」

2015年の冬に私と一緒に勤めていたのは、通年雇用の佐藤と曽我でした。2人は私とほぼ同時期、2014年の夏に阿部梨園へ加わった仲間で、同期のような間柄です。過去の阿部梨園を知らないので、経営改善にも違和感なく取り組んでくれました。阿部梨園の変革で重要な役割を果たしてくれた2人のことを、ここで簡単に紹介させてください。

佐藤は当時20代後半の好青年です。阿部梨園が初めてハローワークに出した正規雇用の求人に応募してくれました。力仕事ができて飲み込みが早く、手先も器用という、梨の仕事にうってつけの人材です。何度も指示を確認するような丁寧さに何度も助けられました。控え目な優しい性格で、周囲のスタッフにも気遣いができます。梨の業務に慣れてからは、現場リーダーとしてチームを引っ張ってくれました。頭を使う仕事、とりわけ数字を扱う仕事は苦手で、頼むとすぐに頭から湯気が上がって苦しい表情になります。前職はガソリンスタンド店員だったので、駐車場で車を誘導するときは抜群にキレキレで輝いていました。好きなカップ麺の味はシーフード、趣味はドラムのフットペダル集めです。

曽我は60代前半で阿部梨園に加わってくれたパートタイムスタッフです。定年退職後に畑を借りて家庭菜園をしているうちに農業への関心が高まり、求人を探して応募してくれました。大手高級ホテルに長く勤めた元ホテルマンで、その丁寧な仕事ぶりとプロ精神は、阿部梨園の業務水準を大いに引き上げてくれます。阿部、佐藤、私と若いメンバーがそろっていたので、いつも年長者の立場から優しく助言してくれる曽我は、仲間でありお父さんでもあるような存在です。

この2人に阿部と私を加えた4人をコアメンバーとして、新生阿部梨園の運営体制が誕生しました。

阿部梨園の諸葛亮孔明になる

阿部と私は仲良しで、適度にリスペクトし合う関係です。得意なことがそれぞれ違う、相互補完的な関係であることもお互いよく理解しています。笑いのツボが合うので、毎日くだらない話で盛り上がりながら、梨園の改善活動を進められました。

改善初年度から2年目にかけて、阿部の時間管理は大変だったと思います。元々、梨の管理にこだわっている分だけ他所よりも仕事量が多い梨園です。それに加えて私とのミーティングや、付随して発生する文書作成やデータ収集のために、余計に時間が必要でした。さらに言えば阿部は所属していた地元の青年会議所の役務もありましたし、4児の父親として家庭も持っています。当時のことを阿部は、「今振り返ってもキツイ時期だった」と言います。

意見が合わないときや、気に障りかけることがあったときも、事を荒らげずに擦り合わせしてきたつもりです。私からの改善提案には、農家の常識とは異なるものも多く、ときには受け入れがたい提案もあったはずです。そんなときに阿部は、「今までのオレを捨てて、佐川くんの言うことを全部受け入れる」とまで言って、強い気持ちで道を譲ってくれました。インターン生任せに見えた当初の受け身な姿勢とは、一見似ていても全く異なります。

経営の重要な部分を私に預けて、**阿部が張り切って畑に出ていく後ろ姿に、私も大いに張り合いを感じました**。意思決定を委ねてもらったからには成果を出す責任があります。

阿部が私を傷つけないようにこらえてくれている一方、私はあえて責めるように諫言することもありました。利益を最大化するために、情を排して合理的な立場をとらなければいけないこともあります。そういう客観的な経営判断を学んでもらいたいという気持ちもありました。

ときに私は梨園の諸葛亮孔明になりきります。戦略や戦術を駆使し、状況に応じた機敏な意思決定で軍を勝利に導く軍師。参謀役。小さい頃に大好きだった歴史小説やシミュレーションゲームの影響です。

実際に、経営の深部まで開陳してもらって、ガッカリした気持ちになるときも少なからずありました。**あるはずの書類がない、正しいと言われていた情報が間違っていた、使えると思っていたデータが使えなかった、導入済と聞かされていた制度が実際には導入されていなかった**こともありました。丁寧にお願いしたことや一緒に決めたルールを守ってもらえなかったときは特に、内心では沸騰してしまったこともあります。笑って水に流せられればいいのですが、自分の生活も賭けているので、他人事では済ませられません。これはインターン時代とは違う感覚でした。阿部に対して何をどこまで言っていいかを探ることにも神経を使った時期でした。実際、ナイフで刺すような発言をしたことは一度や二度ではないと思います。そういった発言も「よりよい農園になるため」という至上命題に立ち返って阿部に受け入れてもらえたからこそ、今の阿部梨園があります。

課題の各個撃破は続き、月に20件ほどの改善を積み重ねます。まだ余裕がある時期だったので、阿部家のＰＴＡの資料作成や子どもの宿題を手伝ったりもしていました。「佐川くんを雇ってよかった」と思ってもらうために、必死で何でもやりました。

初めての採用活動

そうこうしているうちに冬も明け、待望の暖かい季節がやってきました。春は、梨の管理作業にとって重要な季節です。花が咲いたら花粉を採取して人工授粉をするのですが、授粉の出来は収量や品質を大きく左右するので緊張感があります。無事に着果したら、実を間引く摘果作業が5月いっぱい続きます。

これらの作業はコアメンバーだけでは間に合わないので、パートタイムで数人の仲間に加わってもらう必要があります。ハローワークに求人を出しました。まだ加わって2ヶ月で梨園のこともよくわかっていないのに、早くも採用側です。

最終的に採用したのは5名の新規スタッフです。主婦、就職浪人中の若者、ダブルワーク希望者が2名、そして年に2ヶ月しか働かない謎の男性。決して条件の良くない求人でしたが、多様なメンバーが仲間に加わってくれました。

「雨の日の勤務はない」と伝えていたのにもかかわらず、初日は4月のなごり雪が降る中、花粉採取を強行しなければなりませんでした。みんな唇が真っ青で、「話が違うよ……」といぶかしむ目線が刺さって痛かったのは忘れられません。

佐藤も曽我も春の作業は初めてで、経験値の少ない雑兵チームでしたが、活気にあふれていました。授粉もバッチリ決まったので、収穫が楽しみです。一方、指示通りに作業してくれなかったり、新しく導入した日報を書いてもらえなかったり、ドタキャンの欠勤があったり、寄せ集めだけあって、当時の練度はまだ今ひとつでした。

従業員に辞められてしまう理由

まとまった臨時収入が入ることになったある日、阿部が嬉しそうにこう言いました。

「このお金で新しいチャレンジができるね！」

「畑を増やしてもいいし、機械を買うのもいいなー」

そう考えるのはもちろん結構なのですが、私はこれに違和感が残りました。**労せずイレギュラーな収益が入ったのであれば、従業員側にも配分する気持ちをもってほしい**と思ったのです。

私も含めて当時のスタッフは全員、ギリギリの給与でなんとか生活のやりくりをしていました。ここで分け前がなかったら、今後も、利益が残った時に配分される可能性は低そうです。

「基本給は負担になるからできるだけ上げない、その代わりに利益が出たときにはボーナスを支給する」。そう言っていたこともありました。基本給は上げたら下げるのは難しいので、経営者目線では固定費を抑制する賢明な判断です。**しかしこれも、事業で利益が出るかどうかのリスクを、事業主本人ではなく、従業員側が負っているだけ**にも見えます。

確かに、従業員には、労働契約どおりの給料を払っていればそれ以上払う義務はありません。

それでも、スタッフと長く良い関係を築きたいと願うなら、自分の利益よりスタッフの利益を優先する意識もときには必要です。それこそ真の従業員ファーストで、当時の阿部梨園に欠けている感覚だと思いました。

「従業員を大切にしているつもりなのに辞められてしまう」ループから脱するには、ここで考え方を変えなければいけないと、私は休日返上で資料を作って阿部に直訴しました。阿部も悪気はなかったわけですから、戸惑った様子でした。それでも私が真剣だったので、話を聞いて、ついには理解してくれました。

お茶菓子を気前よく振る舞ったり、食事をごちそうしたりすることではなく、利益配分という根本から従業員を尊重する。阿部梨園にとって象徴的な方針転換になりました。

「手伝っている人」から「梨園の人」へ

内部改善を進めるだけでは、私の給料は捻出できません。売上アップが必要でした。梨をもっと多くの方に買ってもらおうと、農園案内や商品カタログなどの販促ツールを見直すことにします。

例によって外注費を削減するために、私がデザインから自作することにしました。ウェブデザインは得意でしたが、グラフィックデザインはほとんど経験がありません。Adobe Illustratorというプロ向けソフトを導入し一から勉強し直しました。

農園案内やカタログにはどんな情報が必要なのか。どんなデザインなら買いたいと思ってもらえるのか。他の農園の資料や市販のギフトカタログを取り寄せて研究しました。街の店に入るたびに、チラシ類をもらって帰りました。それらのいいところを真似できる範囲で寄せ集めてできたのが、商品カタログ兼農園案内のリーフレットです。拙い出来でしたが、当時のスキルと限られた時間では、精一杯のものでした。他にも、取引先用のチラシや、店頭のＰＯＰ、パッケージに使う小物や従業員用のユニフォームもデザインしました。

従業員用のユニフォーム用に、プリントする意匠を考えました。梨の品種名を家紋のようにデザインした「品種ロゴ」です。１、２時間でサクッと作ったものなのに好評で、それ以来、この品種ロゴが阿部梨園のアイデンティティになっています。

何を作っても阿部が手放しで喜んでくれるので、私はそれを意気に感じながら、楽しく創作に打ち込めました。最低限満足できるものを作れるまで2年程かかりましたが、予算がなかったおかげで、私はデザインまでできるようになりました。デザインは自由な自己表現を可能にする魔法の羽です。このスキルには後々ずっと助けられています。

阿部梨園のウェブサイトもリニューアルしました。サーバーやドメインを設定し、WordPressというシステムを導入し、デザインやプログラムをカスタマイズしていく。それだけではなく、コンテンツ構成を考えて、掲載する情報をすべて書き起こしました。**目的は良いウェブサイトを**

作ることではなく、お客様に梨を沢山ご利用いただくことです。一言一句に、「おいしい梨を作って待っていますよ！」という気持ちを込めて懸命に作りました。

このウェブサイトのリニューアルをＳＮＳで告知したとき以来、私は知人から見て公式に「梨屋」になりました。**もう「梨屋を手伝っている人」ではありません。**まだ自分探しで迷走中だと思われていた頃なので、説明してもぎこちない受け取られ方です。それでも生活がかかっていますから、「梨を買ってください！」と真剣にお願いしました。また、半年近く梨園の水面下に潜って沈黙を保っていた佐川という梨園の従業員が、水面へ急浮上して周囲から認知されるようになった瞬間でもありました。

とにかく毎日が楽しく、新しい仕事に次々とチャレンジすることで、スキルアップを感じる充実した日々でした。梨園の事務所は、ある意味で社会から隔離された閉鎖空間です。私にとっては、『ドラゴンボール』にでてくる「精神と時の部屋」のようなところだったのかもしれません。**「煩わしい意見調整や社内政治がなければ、これほどまで実務に集中して生産性が高められるのだ」**と思い知らされました。

第7章

梨園の怒涛の繁忙期ダイジェスト

「アヴェーチェ」というオリジナルの看板商品

梨の販売は8月初頭から始まります。多様な品種の中でも、お盆前後から8月いっぱいまで採れる「幸水」は最もポピュラーで、阿部梨園の生産量の50％近くを占めています（当時）。つまり、**幸水の収穫期間の約3週間で、1年間の売上の約半分を稼がなければいけない**わけです。出荷のタイミングや天候の僅かなズレが大きいダメージになりますし、幸水ですべってしまうと残りの品種でどれだけ頑張っても挽回することはできません。いわゆる勝負どころです。

そんな収穫シーズンに備えて、7月からは休日出勤も解禁しながら可能な限りの準備もしました。iPadを使った最新型のレジを導入したり、集客のためのノボリを作ったり、お客様へのダイレクトメールを用意したり……。毎日新しいことをしていたので、改善カウンターもガンガン回ります。梨のことをほとんど何も知らないのに、取引先のあいさつ回りをしたり、市場へ営業に行ったりもしました。

そうこうしているうちにトップバッターの「筑水」の収穫が始まりました。桃のような食感で人気の稀少品種です。収量は少ないので余裕はあるだろうと、筑水の収穫期間中に、販売促進や情報発信の業務も並行するつもりでした。しかしこれが大間違い。量を問わず、梨が採れ始めてしまったら販売と注文管理に追われて時間が残りません。次の幸水の注文もどんどん集まってきます。いざシーズンが開幕してしまったら、プロモーションなどままならないのだと痛感しました。「梨」の販売はシーズン開幕前の準備が10割ということです。

直売農家の現場はカオス

いま1年目のシーズンを振り返ると、「接客が大変だった」のひと言に尽きます。収穫時期の阿部を少しでも楽にするため、私も接客や注文受付をすることにしました。これがとにかく難儀だったのです。

まず、梨の注文を取る際に、考慮に入れることが多すぎます。

品種…10種類弱。品種ごとに違う要素は以下のとおりです。

- 味…**抽象的かつ主観的なので断言できず、一般論で話すことになります。**糖度はまだ定量化できるのですが、食感や香りなども含まれます。同じ品種を「シャリシャリ（歯ごたえしっかり）」と表現するお客様もいれば、「やわらかい」とおっしゃる方もいます。まだ自分も食べたことのない品種の説明を求められて窮することも。
- 収量…どのくらい採れるか、何箱くらい出荷できるか、いま全商品合計でどのくらい注文が集まっているか、最新情報を把握しておく必要があります。厄介なのは、年によっても変動があり、**ある程度の予測はつくものの、実際のところは採れてみないとわからない**ということです。
- 大きさ…品種ごとの分布を知っておかなければならないのはもちろん、**在庫に余裕がある大きさ、優先して受注したい大きさ**を考えておかなければなりません。

・収穫時期、販売時期…気候や天気によって変動します。シーズン前に作った印刷物やインターネットに記載されている情報とズレてしまって、ご迷惑をおかけすることもあります。

等級…外形がきれいな個体は贈答用の「秀」、さらに秀の中で糖度が高いものは「特選」、お召し上がりに影響がない程度の軽微な傷や歪みがある個体は家庭用の「優」、ハサミ傷などがあるものは「選外」に分かれます。これも作業者によって多少のばらつきがあったり、年によって割合が異なったりします。等級ごとの在庫管理が必要です。

商品…外箱だけで10種類近くあり、それぞれ梨の詰め方や料金、送料が違います。外装や商品内の封入物が異なる場合もあります。商品の違いを的確に説明できる必要もあります。

価格…品種、商品、等級ごとに異なります。改定した場合は前年の価格も頭に入れておく必要があります。

送料…荷物の大きさだけでなく、都道府県によっても送料区分が異なります。2箱以上の組み合わせだと計算が複雑になります。

他のお客様の動向…他のお客様の注文動向次第で、販売期間が変動します。来客の多い週末や連休が期間中に含まれるか、週末が雨かどうかなど、カレンダーや天候も考慮しなければなりません。

取引先経由の注文かどうか…取引先経由での注文の場合はさらに、価格や出荷時期、梨の大きさなど、右記の条件が直売と微妙に異なります。取引先の都合や事情も把握しておく必要があります。

他産地の情報…他産地との収穫時期や味、品種の違いなどが話題に上ります。ツウなお客様は、我々プロより他産地の梨に詳しいです。

要するに、「品種×商品×等級」だけで数百のバリエーションがあって、それぞれに時間軸と例外処理があり、お客様の動向や取引先側の受注、天候などの外部要因も勘案しなければなりません。これだけのことを、リアルタイムで考えながらお客様とやりとりするのはカオスです。

さらに常連客中心の店なので、**お客様の顔を覚えることはもちろん、好みに応じた接客が求められます**。「〇〇さんは8月下旬にお越しになって、幸水10kg秀の8玉サイズを5箱、県外発送される」などということを阿部家のみんなは知っていて、私だけ知らないわけです。特定のお客様限定のカスタマイズや増量サービスもありました。もちろん顧客データや接客マニュアルのようなものはありません。梨のことさえ、新参の私よりも、長年通われているお客様のほうが詳しいのです。

個別の要望に合わせて、注文のとり方をどんどん複雑化していけば、お客様は満足してくださるかもしれません。梨の品種や商品の種類が増えれば、選択肢が増えて喜ぶお客様もいらっしゃるでしょう。しかし、これは同時に接客担当の負担増を招きます。**行き過ぎた顧客主義に陥らず、シンプル化も進めなければいけない**と、身をもって痛感します。

そもそも、阿部家との会話を楽しみに来店されるお客様も多く、赤の他人の私はお呼びでないことも多いのです。阿部家の人間だと思い込まれて始まってしまった会話が途切れず、訂正できないまま阿部家一族になりきって適当に話を合わせたことも一度や二度ではありません。

お客様の機嫌を損ねてしまったことも数え切れません。お客様の声が遠く、電話で聞き取れないこともありました。梨園近辺の地理を十分把握できず、道案内を間違えてしまったこともありました。送料区分を勘違いして、お代をいただき過ぎてしまったことさえありました。

「阿部さんちの誰かに代わって」
「阿部さんなら知ってるよ」

何度言われたことでしょう。そのたびに情けない気持ちになりました。出来の悪いアルバイトの兄ちゃんか、手伝いにきた親戚だと思われていたでしょう。

学生時代の私は、接客仕事を甘く見ていました。アルバイトをしたこともありません。結果、齢30にして初めて、阿部梨園でレジ打ちや札勘定なるものを経験したわけです。前職でろくに電話も取らなかったので、電話応対も苦手でした。若い頃にもっと経験を積んでおけばと後悔しました。お恥ずかしい話です。それでも、梨園の短期決戦ではお客様から逃げるわけにはいきません。店頭に立ち続けるうちに、少しずつぎこちなさがとれてきました。電話応対も、**うまい説明や言い回しを思いつくたびに、1つずつノートに書き留めて覚え込みました。**

余裕が出て少し視界が広がると、お客様の反応をつかめるようになりました。どんなお客様が、何のために、どんな思いで梨を買ってくださるのか。価格やサービスについて、どう感じられているのか。どういう紹介をすれば、納得してお買い求めいただけるのか。

店頭はお客様情報の宝庫です。私がもし店に立たなかったら、農家直売というビジネスのことも、どこか他人事で、うわべしか理解できなかったでしょう。矢面に立つからこそ、梨作りという1年間の営みで妥協しない事の大切さが腹に落ちます。手を抜いてしまったら、自信をもっておすすめできません。

そして、阿部家がいかにお客様を大切に扱って、良い関係を築いてきたかも、店頭に立つようになって初めてわかりました。論理的でドライな私にとって、阿部の情を汲む柔軟な接客姿勢とお客様への責任感が自分には欠けていると気づかされました。無数のお客様に相対しているうちに、私も少しずつ、自分が柔和な物腰に変えられていくのを感じました。

1年でいちばん忙しい日

お盆が明けると、幸水の最盛期に突入です。毎日すごい量の梨が採れます。直売地方発送型の阿部梨園では、採れた梨の「選別～箱詰め～出荷」という後工程があり、収穫と同じくらい時間がかかります。収穫後即出荷の農園と単純比較すれば2倍の人数が必要になるので、もちろん春のメンバーだけでは手が足りません。8月の後半は、現場チームも20人前後のスクランブル体制になります。短期アルバイトの求人はもちろん出しますし、知り合いの知り合いから親戚まで、猫の手も借りました。夏休み中の阿部の子どもたちも貴重な戦力です。同じく夏休み中であろう地元の宇都宮大学生にも毎年のように助けられています。

梨園の最も盛り上がるこの時期が、私は大好きです。もちろん仕事はキツイのですが、学生時代の文化祭や部活動の合宿のようで燃えました。想定外のトラブルも毎日のように起こりますが、そのたびに日替わりで誰かが大活躍し、ヒーローが生まれます。新しく加わったメンバーも、日に日に頼もしくなっていきます。

阿部梨園の梨は「樹上完熟」が売りのひとつです。微妙な色の違いを見極めて、その日が最適な熟度の個体のみを収穫します。初めてのスタッフには、目利きできる経験者の基準と何度も照らし合わせながら覚えてもらいます。適熟を外すと、せっかく手間をかけてきた梨のおいしさが発揮できず、クレーム問題になる可能性さえあります。色見本があれば簡単だと思われるかもしれませんが、太陽の向きや高度、葉の茂り具合で判定基準が微妙に変わるのです。畑でじっくり吟味していたら、収穫は時間内に終わりません。普段は温和な阿部も、神経を尖らせる時期です。

「今日がピークだ！」

その絶妙な色加減が、一斉に変わる日が突然やってきます。年間の収穫量ピークに当たる日です。**この日1日だけは、私も現場作業を手伝います。**半人前なので大した戦力にはなりません。それでも、この日を乗り切れずに収穫戦線が崩れてしまうよりはマシでした。

ピークを乗り越えると徐々にメンバーも少なくなり、手を焼いた火事場さえ名残惜しくなります。刀折れ矢尽き、2015年シーズンは全量完売とはいきませんでしたが、売上の伸びは満足できるものでした。

幸水の収穫終了の打ち上げ宴会では、全員が一同に介し、お互いを労いました。阿部もホッと一息、1年で最も開放的な気分になれる日です。はじめて山場を経験した私は、この打ち上げでようやく梨園の一員、一人前になれたような気がしました。数日後には始まる次の「豊水」の収穫まで、つかの間の休息です。

知人に梨を買ってもらって食いつなぐ

梨園の情報発信も担当していたので、SNS上での私は「梨の街宣カー」になりました。「急に商売臭くなった」と思われるのも覚悟の上です。梨の売上が立たないとこのプロジェクトは存続できないわけですから、なりふりかまっていられません。祈る思いで毎日投稿し続けました。

そんな必死な私に同情してくれたのか、多くの知人が梨の注文をしてくれました。食べたこともない梨を、私の発信する情報を信じて買ってくれたのです。この年、**私の知人友人親戚だけで合計50万円くらいは買ってもらいました。** 梨を食べたいというより、私を応援するために買ってくれた人も多かったと思います。長年会っていない友人が注文してくれたり、遠方から来店してくれたりして旧交が温まったのは、BtoCビジネスの良さです。

知人からの注文に感動していた私ですが、阿部の知人パワーは私のそれをはるかに上回りました。五倍、十倍差はあったと思います。これは阿部の人柄の賜物であり、長年の努力の結果でもあります。地元で商売するっていいなと少し羨ましくもありました。知人からの注文数で阿部に追いつきたいと思って毎年頑張っているのですが、未だに寄せつけてもらえません。

在庫が多すぎるときに、どうしても売り残したくない私は、悪あがきで市内限定で**知人宅への宅配も敢行しました**。その名も「佐川急便」。くたくたでも休日返上で自主的に売り歩きました。それほど必死だったわけです。

常連のお客様と百貨店の取引、どちらを選ぶか?

9月に入ると、次の人気品種「豊水」がやってきます。豊水は甘さに加えて酸味も豊富でジューシーな品種です。幸水と豊水とではお客様の好みも分かれるところで、それぞれに固定客がついていています。豊水のピークに差しかかる頃には、次の主力品種「あきづき」が採れ始まります。あきづきも幸水に似た、甘さが売りの品種です。外形が良いため、家庭用のB級品がほとんど出ません。

さらに稀少品種の「南水」や「かおり」も参戦してきます。南水は最も甘い品種で一番人気ですが、量が少ないので競争倍率が年々高まっています。「かおり」は阿部梨園唯一の青ナシ、さわやかな香りのする平均1kgを超える大玉で、甘さも十分な個性派の品種です（梨は大きく分けて青ナシと赤ナシの二系統に分かれ、阿部梨園の「かおり」以外の品種はすべて後者です）。

この4品種が入り乱れる9月はただでさえ注文のとり方に頭をつかうのですが、事をさらに複雑にしているのは、**「複数品種の詰め合わせ」が可能なこと**です。食べ比べができるので、詰め合わせは人気です。ところが、希望の商品や等級、梨の大きさ、出荷時期によって組み合わせの可否が変わります。ほとんど毎回、阿部の確認をとってから受注せざるを得ませんでした。

10月の後半に収穫される「にっこり」は栃木県が開発した品種で、栃木名産です。晩成の大玉品種らしからぬしっかりした甘さと、お正月まで日持ちする貯蔵性をもった、欠点の少ない優等生です。立派な大玉は贈答用に向いていて、お歳暮にもよく利用されています。阿部梨園の直売でも人気ですし、百貨店のお歳暮ギフトカタログなどにも採用されています。

この年、ある企業とのご縁で、某百貨店のお歳暮ギフトで阿部梨園のにっこりの取り扱いが増えました。一流のお店に品質を認めてもらった嬉しさもありましたし、百貨店の名前で阿部梨園に箔がつくことも期待していました。

ところが、この百貨店需要のための在庫を優先的に確保した結果、肝心の阿部梨園の店頭では、例年より早くにっこりが売り切れる事態になってしまいました。早めの完売は我々にとって歓迎ですが、お客様にとっては不利益です。しかも百貨店での末端価格は高くても、我々の手取りは直売よりも安い取引条件でした。**ネームバリューのある取引のために、毎年楽しみにしてくださっている常連のお客様を犠牲にしながら、手取りは直売より少ない。何かが間違っている**と感じました。

「梨の生産量を急には増やせない以上、直売のお客様と百貨店の取引は二者択一。どちらを手放して、どちらを残すか？」

苦渋の選択でしたが、直売のお客様を優先しました。本来は百貨店の取引を断れるような立場ではありません。それでも、この選択と集中によって、梨園の大切にするべき価値がはっきりした瞬間でもありました。

にっこりの完売が見通せた時点で、そのシーズンの私の仕事は終わったも同然です。販売期間中は接客と注文管理に夢中で、落ち着いて物事を考えることはできません。店じまいをしてからは、シーズンの成果を分析して翌年の計画を立てる、待望の作戦会議タイムです。

営業成績も上々、プロジェクトももう1年続けられそうです。私は計算した自分の貢献利益を材料に、翌年の給与の希望額を携えて交渉させてもらいました。まとまった金額の昇給でしたが、阿部は二つ返事で快諾してくれました。昇給額の分だけ、翌年の営業目標もハードルが高くなります。1年目の失敗を元に改善を続ければ、まだ伸びしろはありそうで楽しみです。

第8章

会計・人事・販売の「小さなカイゼン」

2016年春の阿部梨園メンバー

２０１５年のオフに取り組んだのは、会計のテコ入れです。経営の本丸と言っても過言ではありません。私が会計を預かる目的は、次の３つです。

阿部（事業主）が、より生産に専念できるようにすること

会計の手順を見直して省力化すること

私が「門番」となってコスト管理を厳しくすること

それまでは、阿部のパソコン（Windows）でインストール型の会計ソフトを使っていましたが、私のパソコン（Mac）とどちらでも使えるソフトに乗り換えることにしました。「会計freee」というクラウド型の最新会計ソフトが便利で普及しつつあるとの噂だったので、試しに導入してみました。

会計と給与計算業務が劇的に効率化

クラウド会計サービスは画期的と言っていいほど便利です。インターネット上にデータを保管して、操作する端末やOSを選びません。銀行口座やクレジットカードのインターネットアカウントから自動でデータを取得してくれるので、入力の手間が省けるばかりでなく、入力のミスや

漏れも大幅に軽減できます。スマートフォンのカメラで領収書の写真を納めれば、記載されている日付や金額などの文字を自動認識してデータに変換してくれます。しかもＡＩを活用したり、独自ルールを設定したりすることで、仕訳まで自動で推測してくれます。それまで、**領収書１枚ずつ決済日、金額、勘定科目を手打ち入力していたのは一体何だったのか、というくらい省力化できました。**

コスト管理するために、会計ルールも作りました。個人事業の経費はどうしても、事業主の感情に左右されがちです。**欲しいかどうかではなく、事業の利益に貢献するどうかで判断する**よう、阿部に念を押しました。購入を決断した場合でも、最も安い価格で調達できないか、価格調査や相見積もりも実施しました。クラウド会計の真価を引き出すために、データを自動取得できない**現金決済を可能な限り減らす**ことも徹底しました。

これらは単なるケチではありません。**従業員に配分する利益を最大化して、できるだけ長くスタッフと仕事を続けるための施策です。**阿部も不自由に感じたことでしょうが、理解を示してくれました。

ちなみに私は例によって、会計のプロではありません。それでも、無職の頃に勉強した簿記までの知識が大変役に立ちました。現実の経理では、簿記の試験問題では出ないような判断や例外処理に多く出くわします。梨園の顧問税理士にどれだけの頻度で相談していいかもわからなかったので、１件ずつ自分で調べながら経理のルールを見直しました。

会計freeeは大変便利だったので、姉妹ソフトの「人事労務freee」もすぐに導入しました。とうとう給与の手計算からも開放されたのです。

コミュニティが広がると「採用」がラクになる

このあたりから2016年に入ります。引き続き改善活動も続けていたこともあり、梨園は着実にレベルアップしました。**前年の売上アップ分を原資に、厚生年金と健康保険、いわゆる社会保険制度を導入しました。**加入者の給与の約15％に当たる保険料を事業主が支払わなければならないので、なかなかの負担増ですが、これこそ従業員ファーストだと阿部が承認してくれました。もちろん、社会保険の手続きも私の仕事です。

前年に梨園の情報発信を頑張ったことが奏功してか、2016年春のパートさん採用では、さらに優秀なメンバーが集まってくれました。ここでいう優秀とは「仕事の飲み込みが早く、集中力を発揮して業務を高速でこなしてくれるような人」のことです。しかも前年と違うのは、**農業をすることや阿部梨園で仕事をすることそのものをモチベーションにしてくれる人たちだった**ということです。ホームページや農園紹介のリーフレットがあることで、「この楽しそうな職場で働きたい」「この人たちと一緒なら安心して働けそう」と思ってもらえた結果です。地域に好印象をもってもらえるようになれば採用が楽になるという、直売の副次効果を学びました。

優秀なメンバーが集まれば、現場作業の生産性はますます向上します。前年の作業時間記録を上書きし続けました。

手作りだからこそできる「小さな試行錯誤」

さらなる売上増のために、ホームページやカタログなど、販促ツールの更新にも力を入れました。1シーズンの接客経験を基に、説明不足だなと気づいた箇所や、強調したいと思ったポイント、野暮ったいと思ったデザインをブラッシュアップします。現場目線で細かいところまで目が届くことこそ内製の良さです。

商品カタログ兼農園紹介のリーフレットでは説明が足りなかったので、商品カタログとは別に農園案内の冊子を作りました。A4サイズ12ページの厚い紙で作ったのは、企業案内をイメージして少しでも高級感を出そうと思ったからです。年配のお客様も多いので字を大きくできて名案とも思ったのですが、A4は大きすぎました。納品された冊子の在庫が予想より大きく場所を取り過ぎましたし、箱の商品に封入したり、持ち歩いたりするのにも不便でした。翌年からはA5サイズにしています。ちなみに字が小さすぎるというご意見は今のところありません。**こんな小さなトライアンドエラーもまた、何度も無料で更新できる内製だからこそできることです。**

1件ずつ配送先を書き取る電話での受注が大変だった経験から、注文用紙（郵送・FAX兼用）と返信用封筒を作りました。これらは商品カタログや農園案内と一緒に、シーズン前に常連のお客様へダイレクトメールで送ります。おかげで郵送やFAXで注文が事前に集まるようになり、電話注文が少なくなって繁忙期の負担がかなり軽減されました。注文用紙や封筒の記載内容は、大手のギフトカタログを取り寄せて真似しました。

お客様には申し訳ない話ですが、商品の値上げもしています。梨の品質やサービスの向上を続けていくためには原資が必要ですし、**値上げを納得してもらえるくらいの成長を毎年続けよう**という決意も込めました。

念願のオンラインショップもなんとか滑り込みでオープンさせました。売上アップへの期待もさることながら、「電話やFAXではなくインターネットから購入したい」「クレジットカード決済で購入したい」という要望にお答えできるようになりました。

大切にしていた「直売」の定義

阿部梨園の梨は、一部地域の郵便局でもお買い求めいただけます。阿部のバスケットボール仲間だった局長さんが、郵便局でのギフト商品化に協力してくれた経緯で、数年前から少しずつ注文が増えていました。梨園側でチラシを作り、郵便局の窓口で注文をとってもらい、注文データを受け取ったら梨園からお客様へ直接発送するスタイルです。

そんな郵便局の取引ですが、2016年にいきなり、埼玉県で100局も取り扱いが増えることになりました。過去数年の販売実績でお客様に認めていただけていたことと、佐川が加わって拡販体制が整ったことも好材料でしたが、なにより担当の局長さんのご尽力のおかげです。しかも強化商品にまで指定してくださって、窓口で積極的に勧めていただけることにもなりました。

郵便局の皆さんには足を向けて寝られません。熱心に梨に興味を持っていただき、私たち以上にお客様へ丁寧に勧めてくださっています。栃木の農園まで毎年視察にご来園される局長さん達までいらっしゃるほどです。あいさつにお伺いする度に、一介の業者である私たちのほうが手厚くもてなされてしまいます。

ちなみに阿部梨園はこれを広義の「直売」だと思っています。私たちにとっての広義の直売とは、**「阿部梨園の名前で商品が販売されること」**です。独自解釈であって一般的な定義があるわけではないのですが、百貨店や郵便局に間に入っていただいたとしても、阿部梨園の梨としてお客様に選んでもらえたら同じ「直売」だと思っています。ノーネーム・ノーブランドの梨として販売されたら、直売ではありません（狭義の直売とは、中間業者を挟まず消費者に直接販売することで、狭義のみを直売とするほうが一般的かもしれません）。

そして運命の8月がまたやってきました。私も2周目なので、待ち構えるような思いです。接客に対する苦手意識や経験不足から来る不安はもうありません。2016年のハイシーズンに起こったことといえば、なんと言っても注文数がブーストしたことです。郵便局の取り扱い増加と自前のオンラインショップで、例年にないスピードで注文が積み重なりました。

幸水の収穫ピークに達しても、まだ注文の残数に余裕がありました。逆に、畑に残っている量以上の注文を受けすぎてしまわないか、阿部梨園始まって以来の心配をすることになりました。畑の樹にぶら下がっている残量は目算できても、正確に計算することはできません。わずかな目測の誤りが、百箱単位の誤差にもなり得ます。強気で注文を多く受けて梨が足りなくなるか、弱気で注文を少なめに抑えて余りが出てしまうことを甘受するか。チキンレースです。1日になんども畑を見回りに行って、残数見込みを更新します。

「あれ？　もしかしたら幸水が残らないかも？」

「いや、残らないどころか足りないかも？」

「あと100箱くらいでストップしよう！」

「待て待て、200箱以上は余裕あった！」

こんなやり取りが続き結局、販売できる等級の幸水は残りませんでした。奇跡的に注文量と収穫量を一致させることができたのです。

他の品種はすべて前年にも完売していましたので、同等の成果が出れば、すべての品種を完売できる見込みになります。**規格外品は若干残りましたが、100%に限りなく近い、直売率99%超えを達成したのです。**それはもう、阿部は喜びました。お客様にすべての梨を指名買いしていただく。梨屋としてそれ以上幸せなことはないと言ってくれました。

正直、こんなに早く目標を達成できるとは私も阿部も予想していませんでした。あと1、2年はかかるだろうと踏んでいたからです。2年余り続けてきた阿部梨園の改善プロジェクトの、唯一にして最大の目標をクリアできたことになります。嬉しいことですが、天井に手が届いてしまったとも言えました。梨を急には増産できない以上、大幅に売上を増やす伸びしろを使い切ったことにもなるからです。

実際に、豊水以降の品種も順調にすべて完売することができました。にっこりなんて、テレビの国民的人気番組で取り上げられたおかげで、放送直後に瞬間的に無くなってしまいました。

なろうとしたのではなく「見出された」

少し話を前に戻します。2015年の夏に阿部梨園をアルバイトで支えてくれた、宇都宮大学卒業生の石倉くんという男がいました。彼は農業の真理を求めて海外で修行するような熱い求道者で、帰国後に就職するまでのアルバイトとして阿部梨園に力を貸してくれました。

2016年の春に、石倉くんから私のところへメッセージが届きました。聞けば、大学生向けのキャリアセミナー（就活イベント）で、農業の現場に関わる社会人としてパネルトークに登壇しないかという誘いでした。社会人から学生まで、農業に関心のある若者が数十人集まるイベントということです。集まっているメンバーにも関心があったので、話を受けることにしました。

とはいえ、私は考えなしに成り行き任せで阿部梨園に出会い、そのまま就職しています。こんなレールを外れた生き方が、果たしてこれから社会に出る大学生の参考になるのかと、半信半疑でした。

石倉くんは学生時代に農業系のサークルを立ち上げています（虫を食べる「ちゅう食研究会」でしたが……）。当時、農業系のサークルはあちこちの大学で勃興し、大学や地域の垣根を超えてサークル同士の交流があり、OB・OGは卒業してからも連携し合っていました。そして**農業系サークルのOB・OG達がまとめて所属する全国組織、「GOBO（ごぼう）」**なる団体が作られ、数百人のメンバーがあらゆる業界に散りながら、農業への思いを胸に社会人生活を送っていたのです。石倉くんはそのGOBOの運営メンバーに入ったところでした。

「自分がアルバイトをしていた栃木の農園に、東大卒の面白い人がいる」

彼は私のことをそう紹介して、パネリストに推薦してくれました。

私のような**個人経営の農家に勤めながら生産には手を出さない、非生産部門の専任スタッフが世の中にあまりいない**ということは薄々感じていました。その中でもさらに経営を統括する経営者の右腕となると、GOBOの彼らいわく、全国でもほとんど例がないらしいのです。

学生時代から各地の農業に関わり、業界に関する情報を私よりも持っている彼らがそういうのだから、本当にそうなのかもしれない。でも、こちらが知らないだけで、もっと敏腕な農家の右腕はきっとあちこちにいるだろうとも思いました。

東京大学を出て、外資系企業に勤め、農家のいち従業員に転じる。それが我が道を行く、余裕のある、かっこいい脱線のように見えたのかもしれません。実際は、うつ病で退職して、自分探しの無職の期間を経て、無給のインターンを経て農園に雇ってもらっただけのことです。セミナーでは夢を見させるようなことを言わずに、現実をありのまま伝えようと思いました。

このイベントには、社会人も多く参加していました。農林水産省や農協はもちろん、種苗や資材、小売などのサプライチェーンに関わる企業に務める若者が集っていました。生産者も、農業と関係のない仕事に就職した人もいました。

私がこのイベントで気づいたのは、どうやら「農業の現場」「農家の気持ち」は、集まっている彼ら以上に理解しているかもしれない、ということです。サークルで農家に関わったり、業務で間接的に農家と仕事をしたりする人たちはたくさんいます。でも、1年中ほぼ毎日農家の営みに向き合い、苦楽を共にしながら意思決定に寄り添う経験は、外からでは得られません。ましてや経営や商売という核心に踏み込み、他所ではしないような急速な経営改善を実施していることは、振り返ればオンリーワンのユニークな知見になっていました。

GOBOの運営メンバーもイベントの参加者も積極的に、私の変わった遍歴や阿部梨園のことを知ろうとしてくれました。私も、日本の農業の未来のためにこれだけ真剣なメンバーが集っていることに感動し、同志を得たような気持ちになりました。

農業に関わり始めて1年半、初めて参加した農業系のイベントで、私は**「東大卒、農家の右**

腕」として見出されたのです。

GOBOのメンバーとはその後も交流が続き、好奇心旺盛なメンバーは農園に突撃して話を聞きに来てくれました。さらに、GOBOの公式イベントとして「阿部梨園ツアー」を組んでくれて、若者十数名と農園で、梨を食べながら語り合いました。今まで業界の人にはあまり話したことのなかった阿部梨園と私の出会いや改善ヒストリーを熱心に聞いてもらううちに、過去数年の悪戦苦闘にも意味があったのかもしれないと、満たされた気持ちになりました。

阿部梨園のことしか眼中になかった私が、おぼろげながら農業界のことを考えるきっかけになったのはGOBOという存在のおかげです。

副業で始めた「農業経営相談」

「阿部梨園が経営改善をしている」という話が近隣の生産者さんにだんだん伝え漏れるようになり、阿部の生産者仲間を中心に、生産者さんから経営に関する相談ごとが寄せられるようになりました。農園の書類一式を抱えて持ち込んで来た方もいたくらいです。最初は勤務時間中にボランティアで対応していたのですが、通常勤務に支障があるので、勤務時間外に私が個人で相談対応することにしました。私自身も阿部梨園以外の知見が不足している課題を解消できますし、多少なり相談料をもらえば生活の足しになります。

副業コンサルと言うには及ばないようなお悩み相談程度ですが、相談業を開業しました。屋号は「さがわ総研」です。当時の相談料は1時間3000円。私も勉強させてもらうということで、破格のつもりです。実績はありませんでしたし、生産者さんの予算や心情的にも、このくらいの料金設定が限界だと思いました。時間に余裕があるときは、ウェブ制作や写真撮影などの実務も受託していました。

この副業は実に多くの学びがありました。わかったのは、**どの生産者さんもだいたい同じ悩みを抱えていて、そこで立ち止まってしまっている**ということです。阿部梨園だけが例外ではなかったことを再確認できました。やり方がわからないだけというケースも、やり方はわかっているけど手が回らないというケースもあります。

そして、**生産者のあいだでは、とにかく生産技術以外の実務レベルの情報がほとんど流通していない**ということがわかりました。作業記録のつけ方、領収書の整理方法、従業員教育……。理想や理論はわかっていても、皆、実際どのような業務にすればいいかわからず困っていました。農業経営の本にも細かいテクニックは書かれていません。この情報不足は、私が阿部梨園の経営改善に着手したときの暗中模索感とまったく一緒です。業界として解決しなければいけない課題だと感じました。

ちなみに、農業以外の相談も依頼があれば受け付けて、様々な相談に対応させてもらいました。小売店やサービス業、製造業など、業界や業種を選びません。なかには学校の先生や、ピアニストまでいらっしゃいました。まったく知らない業界の困りごとを聞いてその場でアドバイスをするわけですから、問題解決の瞬発力やアドリブ力が鍛えられました。

ちなみにプライベートでは、2016年の冬に第一子が与えられました。うつ病で苦しんだ頃は人の親になることなんて考えられず、自分の人生を立て直すだけで精一杯でした。それが、阿部家の4人の子どもを毎日見ているうちに、「子どもっていいなぁ」と思うようになったのです。梨園でちゃんと稼いで家族を養わなければと、責任感も新たにしました。妻には散々迷惑をかけましたが、農園で働くという無茶を許してくれたことは感謝に堪えません。

第9章

目標を達成して「不要」になったもの

屋敷森を伐って作った新しい梨畑

梨の生産・販売で一番苦しいのは、**需要が増えたからといって、急には生産量を増やせない**ことです。米や野菜なら、田んぼや畑を借りれば1年目からすぐに作物を作り、販売して収益を得ることも可能です。一方、梨をはじめとする果樹は、植えた苗木が育って実をつけるまで、数年かかります。梨の場合は特に、「梨棚」という構造物を作るので、設備投資も大がかりになります。投資回収サイクルが極めて長く、売れるようになったからといって急に規模拡大できないのです。果樹経営の泣き所でもあり、守られている参入障壁でもあります。

できた僕らの新圃場

佐藤や私が入職した頃、現有の梨畑の面積では足りないと、阿部は新しい畑を作ることに決めました。

「仲間と梨作りを続けるための畑」

家族経営からチーム型経営に移行する、強い決意のように感じられました。

新しい梨畑をいったいどこに作るのかしらと疑問に思っていたら……敷地内にあった杉の屋敷森を切って、そこを畑にするというのです。樹齢は百年以上、先祖代々の森です。ひっそりと目指していた「森の中の隠れた名店」をあきらめることからも阿部の覚悟が伺えました。

2015年の1月から早速、森の伐採が始まりました。さすがに抜根は業者に頼みましたが、その後の整地はスタッフ総がかりで行いました。伐採から2年を経た2017年、ようやく棚を作って苗木を植え、畑が出来上がりました。阿部梨園の夢が込められた畑です。

この新しい畑は「根圏制御栽培」という、栃木県が開発した最新の栽培方式が導入されています。単位面積あたりの収量が従来の2倍で作業性もよく、水管理も自動制御という期待の新技術ということです。初収穫までに要する期間も1、2年短くなるという触れ込みでした。この畑の収穫が始まれば阿部梨園も少しは楽になるだろうと期待しましたし、果物の売れないこの時代に規模を拡大することは、賭けでもありました。

2017年は何事も、やり残しを一掃して仕上げる意識で臨みました。現場スタッフもいっそう頼もしいメンバーが揃いましたし、経営改善が奏功して業務の進行も順調でした。作業データや販売データの活用も板についてきて、数字ベースで先を見通せるようになりました。

2017年の営業目標はまず、前年同様の直売率99%をもう一度達成することです。それでも大きな売上アップは見込めませんが、サービスを再度見直したり、高付加価値商品の販売割合を増やしたり、取りこぼしのないように隙間にも策を詰め込みました。

佐藤の退職、小林の成長

2016年の暮れ、私と同時期に入職して一緒に頑張ってきた佐藤から、退職の希望を打ち明けられました。話では仕事に不満があるわけではないということでしたが、主力として活躍してくれていたので、簡単に埋められる穴ではありません。頼りにしていたメンバーが抜ける悲しさを再び味わうことになり、経営改善の無力さも痛感しましたが、お世話になったお礼を込めて、温かく送り出しました。

このときの光明は、2015年の春から加わっていた、小林が成長していたことです。小林はもともと午後に別なアルバイトをしていた経緯で、ダブルワークで午前中だけ阿部梨園を手伝ってくれていました。寡黙で控えめな20代前半の若者ですが、どんな仕事も100%集中して取り組んでくれます。作業スピードや仕上がりへの意識も高く、アルバイトではもったいないほど活躍してくれていました。

佐藤が抜けるにあたって、代わりの人材をどう採用するか考えたときに、どう考えても小林がドラフト1位でした。午後の仕事を辞めてもらってフルタイムの正規従業員になってもらう打診をしたところ、快諾してくれました。

小林は頭脳派です。物事の最適化が得意で、戦術理解度の高さも持ち合わせています。作業の段取りをいつも工夫してくれますし、業務を改善するアイデアも多く出してくれました。小林が作るマニュアルは、必要なことが過不足なく網羅されているだけでなく、彼なりの力点がわかりやすくまとめられています。

小林がもっている能力の大きさに気づいたのは、阿部が、先輩の梨園への視察に彼を同伴したときのことです。

単なる漫然とした見学にしてはもったいないと思ったので、私から小林に、見学した内容をレポートにまとめてもらう宿題を出しました。様式も分量も自由と伝えたので、A4片面1枚の作文程度のものを持ってきてくれれば十分だと思っていました。

レポートの内容をミーティングで発表してもらったときに、私は腰を抜かしました。なんと小林は、6ページの大作レポートを作ってきたのです。しかも内容は、文句のつけようがありませんでした。

見学時に見聞きした内容が完結にまとめられている
見学した畑と阿部梨園の畑の違いが考察されている
その違いから阿部梨園に新しく取り込めそうなアイデアが提案されている
見学中に撮った写真を自分で現像して切り貼りしてあり、ビジュアルで理解しやすい
目次や見出しなどの体裁まで整っている

それも、すべて、手書きです。

小林がレポートや論文の書き方の教育をさほど受けてこなかったであろうことも勘案すると、驚きのレベルです。まがりなりにも前職まで理系の研究の世界にいた私から見れば、このレポートのセンスの良さは明らかでした。ハローワークのアルバイトの求人に応募してくれた、ダブルワーク希望の青年が、金の卵だったのです。

「佐川さんが言いたいことは、つまり〇〇ということですよね」
「指示通りに△△をやってみて、うまくいかなかった場合の選択肢は××でいいですか？」

小林と仕事の話をしていると、いつも先読みしてこう返してくれます。私にとって貴重な、会話のテンポについてきてくれる気持ちの良い話し相手でもありました。

感覚派同士の阿部・佐藤コンビも魅力的でしたが、頭脳派の小林が感覚派の阿部を補佐できれば、理想に近いフォーメーションではないかと感じました。実際に小林が佐藤に代わって現場リーダーになってくれてからは、私は現場のことに四の五の口を出さなくなりました。小林なら阿部のよい壁打ち相手になってくれるだろうと、安心して任せられるようになったのです。

収穫が1週間遅れることの影響

仕上げの1年と入念に準備した2017年の販売シーズンが満を持して開幕しました。オンラインショップもレベルアップしましたし、郵便局のお取り扱い地区もさらに増えて、とうとう東京に進出しました。収穫班の戦力も揃っています。

ところが、この年の8月は歴史的な天候不順でした。7月は猛暑日が多く例年より暑かったにもかかわらず、8月に入ると雨の日が続き、晴れの日は数えるほどしかありませんでした。天気が上向かないため、梨がなかなか色づかないのです。

結局、梨の収穫は例年と比べて1週間ほど遅れたのですが、これが決定的な差になりました。まず、お客様の増えるお盆の時期にまだ幸水がほとんど採れず、お客様に提供できませんでした。売上を逃してしまうことはもちろんですが、せっかくご足労いただいたお客様を手ぶらで帰すことにもなってしまいます。毎日、店に立っては謝りっぱなしで、私たちも疲弊しました。そもそも、みずみずしさが売りの梨は、暑ければ暑いほど需要が喚起されて売れる果物です。天気の悪い日が続けば、そもそも来店や注文も少なくなってしまいます。

毎日、天気予報を見るたびに雨の日がどんどん長引き、スタッフの前では気丈に振る舞っていた阿部も私も、心の中では泣いていました。降水が多いと梨の内部不良の発生確率まで上がるという話もあります。主力の幸水で不良が大量に出てしまえば経営危機に陥るので、不安も最高潮でした。お盆前後の収穫を見越して立てていたスタッフの出勤シフトも、当てが外れたことになります。短期スタッフには約束していた勤務日数を削ってもらい、迷惑をかけました。

8月も下旬になってようやく晴れの日が出てくるようになりましたが、すでに涼しい秋の空気も漂っていました。そんな頃、遅れに遅れた幸水の収穫ピークがやってきます。前半戦でお断りしていた分、後半戦は例年以上に梨の余裕がありました。最後まで声を振り絞って、お客様に梨を買っていただきました。例の自主宅配「佐川急便」もフル稼働しました。最終的にはこの年もなんとか99%近くまで販売しましたが、最後はわずかに売れ残ってしまいました。天候に翻弄された結果、数字以上に敗北感と徒労感が残りました。

阿部も私も、この8月のダメージを9月以降も引きずります。夏の目標未達を取り返そうと躍起になって無理をしたり、生気が抜けたように集中できなかったりもしました。農業はお天道様次第。はじめる前はわかっていたことなのに、必死な努力が報われなかった事実を受け入れられませんでした。

「阿部梨園完成説」

10月半ばにおそるおそる、2017年シーズンの販売データを分析しました。手応えほどは悪い数字でもなく、売上もなんとか前年より微増していました。

しかし、2017年は仕上げの年と思って準備万端だったことを思えば、期待した結果ではありませんでした。これでもほぼ完売なので、梨の生産量が増えない以上は、売上が大きく増える伸びしろはありません。毎年断行してきた値上げも限界に近づいていました。

例えば、翌年も頑張ってなんとか100万円の売上を上積みするとします。それは果たして、阿部梨園にとって、私を1年間雇っているコストに見合った成果なのでしょうか。そうは思えませんでした。

ここで導き出される結論は、**「今の生産量での阿部梨園の価値を限界まで引き出し切った」**ということです。3年続けた経営改善が天井に到達したとも言えます。売上が増えないのにこれ以上経営改善を続けていても、それは趣味か自己満足でしかありません。十分な結果に自分をねぎらう気持ちもありましたが、一方で、自分自身の存在意義がなくなったことにも気づきました。

選択肢は2つ。**新たな収益源を作るか、私が辞めて給与分の固定費を削減するか**です。

収益源を作るにしても、新圃場の収穫開始までは、梨の収穫量はほぼ一定です。せいぜい六次産業化で梨の加工品を製造・販売するか、佐川が梨園内でコンサルティング事業を始めるかくらいしか選択肢はありません。阿部が加工に興味ないのはわかっていたので、コンサルティング事業の提案をするつもりでした。コンサルティングは原価がかからないので、需要さえ掴めればそう難しくはありません。

阿部に先程の「阿部梨園完成説」を説明しました。その上で**新しい収益源を作るか。それとも佐川が辞めるか**。どちらか選ばなければいけないと、前置きのつもりで選択肢を並べました。「オレもそう思ってた」と、阿部自身も限界に薄々気づいていたことを教えてくれました。そこから先の阿部の言葉は、私にとって予想外でした。

プロジェクトの終着点は「自分がいなくなること」

阿部の意向はどうやら後者なのです。経営改善プロジェクトはここまでとして、佐川は新天地を探す。阿部はそういう覚悟、腹づもりをしていました。

苦難にもめげずに乗り越えてきたタッグだからこそ、また次の新しいことに燃えられる。そう思っていたのは私の方だけだったのです。いろいろ話をしましたが、引き止めてもらうセリフは引き出せませんでした。私にとっては、冷夏以上のショックです。

ここで退職してしまったら、我慢して待っていた新圃場の収穫にも立ち会えません。そこから出てくるであろう利益の分け前にもあずかれないのです。阿部梨園の皆は残るのに、私だけ。利益に余裕が出て楽ができるまでと思い、ギリギリの生活にも堪えてきたつもりです。せっかく改善を積み重ねて一緒に作ってきた梨園がいい形になったら、自分だけお役御免なんて。阿部を責める気持ちにはなれませんでしたが、状況だけを見れば、ひどいと思いました。

しかし、思えば過去数年、私と経営改善を続けるために阿部は様々な無理をしてきました。私の意見を通すために、阿部が言葉を飲み込んだであろう場面は数え切れません。従業員の利益を優先するんだと、阿部ばかりが経済的なリスクを負ってきました。8月の天候不順で望むような結果にならず、傷ついた気持ちもあったと思います。とにかく、プロジェクトを続けることよりも、続けないことのほうが、阿部にとってベターだということは察しました。

極めつけは、佐川がいなくなる代わりに、現場で正規雇用をもうひとり増やしたいという阿部の本音でした。ちょうどアルバイトで来てくれていた若くて元気な子が、梨園での仕事を続けたそうにしていました。小林の補佐に彼を充てれば、いずれはさらに生産面積を増やせる。そのための投資を優先したいということでした。

「僕と彼、どちらを選びますか」

そうはっきり訊いた上で、私は自分の去るべきタイミングであることを悟りました。阿部梨園は好きですし、阿部には一生の恩があります。喧嘩別れはしたくありません。

阿部は以前から、自分の代でも畑を増やしたいと言い続けてきました。私にお給料を払い続けていたら、赤字にはならなかったとしても、新しい畑を作るための資金は当面のあいだ捻出できないのは確かです。今まで自分のやりたいことを何でもやらせてもらってきたのだから、今度は私が身を引いて、阿部の夢を叶える番だと納得しました。

インターンの頃から、私は自分が「梨園の諸葛亮孔明」だと思って参謀役を務めてきました。**もし本当の孔明であれば、重要な局面で、私情を考慮に入れないはずです。** 梨園にとって最善の決断を優先して、最後まで孔明になりきろうと心に決めました。

これ以上の大幅な収支改善が望めないのであれば、佐川の給料という最大の固定費を削って、投資できるバランスにするのは賢明な判断です。いつまでも佐川に依存しているままでは、本当の意味で経営改善の完成とは言えません。徐々に、「佐川が居なくても円滑に運営される梨園」を目指すことが、長く続いたこのプロジェクトの終着点になりました。

そうは言っても、急に辞められるほど体制も整っておらず、私に属人化した業務も多かったので、あと1年はフルタイムで勤務して、その後は段階的に勤務を減らす計画になりました。

阿部梨園の将来は少し見えてきましたが、私自身は辞めた後に何をする当てもありませんでした。後先なんて考えなかったからこそ、これだけ梨園に打ち込んできたのです。それが、折角やりがいと安心できる環境を両立できたのに、途方に暮れることになってしまいました。

30代半ばですから、キャリアも真剣に考え直さなければいけないタイミングです。

阿部梨園に週1、2口でも関わり続ける可能性を残すのであれば、フルタイムでの転職はできません。とりあえず、副業でやっていた経営相談業に本腰を入れて、どこまでできるか試してみようということに決めました。これならば阿部梨園とのかけ持ちも可能です。やってみてダメなら、そのときは早々に諦めて正式に転職活動すればいいのです。転職のタイムリミットとよく言われる35歳まではギリギリあと2年ありました。

阿部梨園にフルタイムで居るのはあと1年。やり残してはいけないことは何かと考えを巡らせました。引き継ぎだけのために1年を使うのはつまらないので、何か実になることをしたいものです。できれば次のステップの糧にもなることを。

そんなときに思いついたのが、**阿部梨園の経営改善のノウハウをまとめること**でした。いつかうまく活用して、同じように困っている人の役に立たせられないものかとぼんやり考えてきました。阿部梨園に在籍しているうちにしかできないことですが、そのタイムリミットが目の前に突然、現れたわけです。

第10章

農業経営ノウハウ無料公開と「2つの壁」

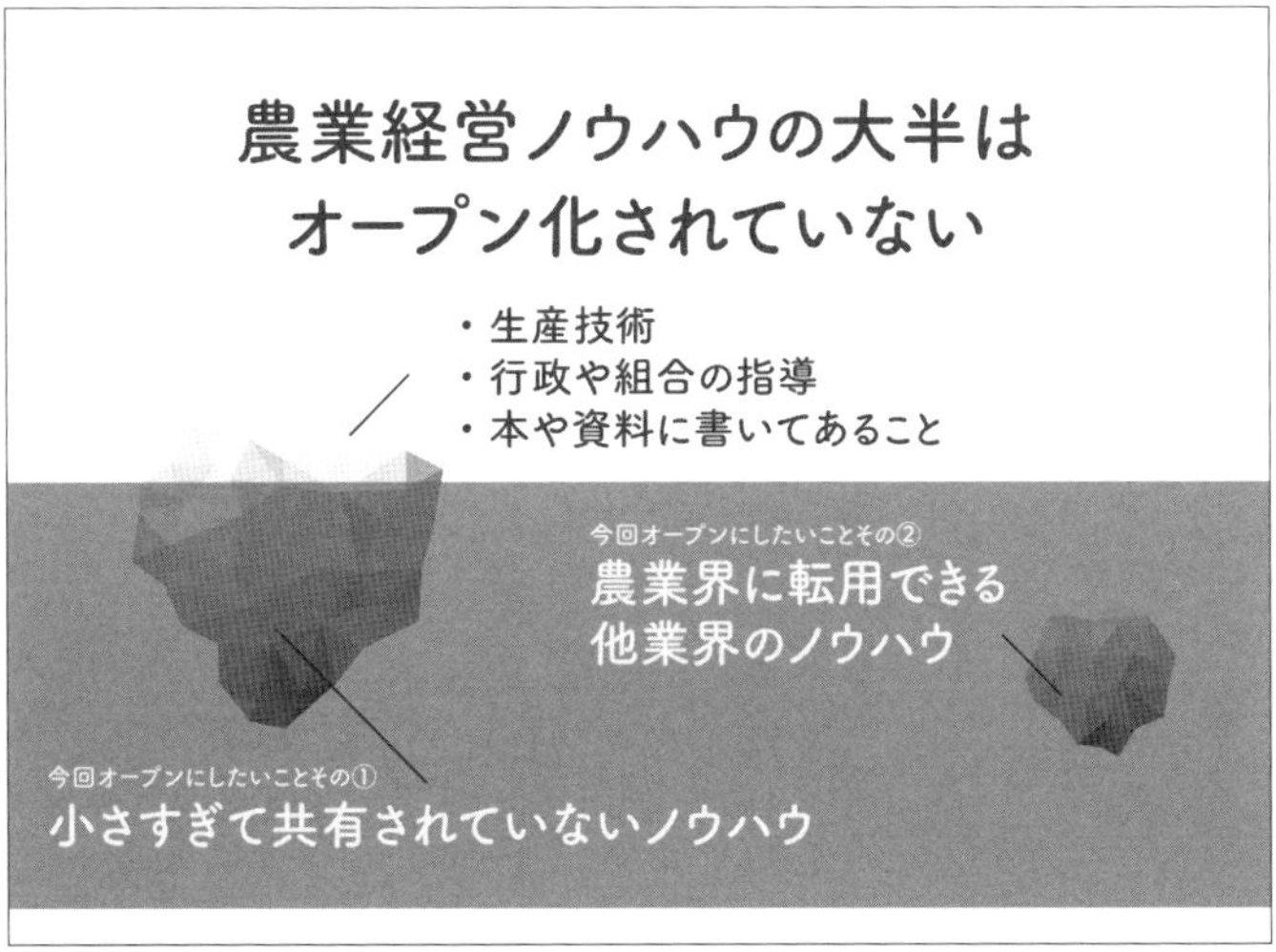
農業経営ノウハウの大半は
オープン化されていない
・生産技術
・行政や組合の指導
・本や資料に書いてあること
今回オープンにしたいことその②
農業界に転用できる
他業界のノウハウ
今回オープンにしたいことその①
小さすぎて共有されていないノウハウ

農業経営の実務ノウハウ不足を訴えた

2018年の秋、1年後に身を引くことを決めつつ阿部梨園での経営改善ノウハウを公開できないかとぼんやり考えていた私ですが、2つの大きな乗り越えるべき障壁がありました。

1つめは「資金の壁」です。

「無料じゃないと活用してもらえない」という予測から、「無料では、制作にかかったコストの分だけ赤字になってしまう」ことが導き出され「資金調達が必要」でした。

「農家は無形のものに投資しない」ということは一般的にも言われていましたし、私の中でも確信に近いものがありました。一台数百万円の農業機械へは気前よく投資をするのに、広告宣伝や販売支援、そしてコンサルティングなどの無形サービスとなると途端に財布の紐がきつくなってしまうのです。「百のスキルをもつから百姓」とも言われるように、農家は「何でも自力で解決できる」ことが美徳とされる価値観もあります。**ましてや栃木の無名な個人農家のノウハウを有料のメディアや情報商材にしたとしても、正体不明で敬遠されることは容易に想像できました。**

一方、100件以上のノウハウを一般公開できるように体裁を整え、まとめ直すのはまとまった時間が必要になります。それに要する私の勤務時間、すなわちお給料は、阿部梨園にとって赤字になってしまいます。情報を無料で持ち出させてもらうだけならいざ知らず、それに必要な費用まで持ち出しでは、阿部梨園にとってマイナスでしかありません。

また、梨は既に完売できていて生産量も増やせない状況なので、「広告宣伝目的のプロジェクトにして梨の売上の増分で費用を回収する」という作戦も使えませんでした。

阿部梨園と私が数年を投じてきた血と涙の結晶なので、ノウハウに価値があることはわかっているつもりです。むしろプライスレスな「秘伝のタレ」だと思っています。それでも、普及を狙うには「無料」しかありません。最低でも制作費分は何らかの「資金調達」が必要でした。制作費さえまかなえれば、インターネットという文明の利器が情報の無料配布を可能にしてくれます。総合的に考えて**「オンラインで無料公開」**の方向性で検討を進めました。

2つ目の壁は「普及の壁」です。

せっかく虎の子の経営改善ノウハウを公開するのであれば、できるだけ多くの方に活用してもらいたい。ところが、そのまま例えばブログとして開設しても、きっと知り合いの生産者20〜30人にしか活用してもらえないだろうことは予想できました。仲間内でしか使ってもらえないようであれば、わざわざ自腹を切って企業秘密を公開するほどの理由にはできません。農家なら誰しも抱えている課題だからこそ、それを解決するノウハウも、多くの方のお役に立てるだろうという自信はありました。

軽量な「単なるお役立ちブログ」を開設して、こっそり更新するだけではインパクトが出ない。**重量級の「垂涎なノウハウの塊」をブチ上げ、全国津々浦々なるべく多くの生産者さんの役に立ちたい。あわよくば社会運動にして、農家の課題解決に世の中から力を貸してもらいたい。**そんなことも密かに考えるようになりました。そのためには「無名」という障壁を打破して、普及・拡散させる画期的なアイデアが必要です。

クラウドファンディングならすべて叶う

阿部梨園を辞めなければいけないショックで傷心だった私を、神様は見捨てませんでした。天啓が降ってきたのです。

「クラウドファンディングだ」

皆さんはクラウドファンディングをご存じでしょうか。発起人が例えば「新商品の開発」「イベントの開催」などの成し遂げたいプロジェクトを掲げ、不特定多数の支援者から経済的な援助を募るのです。発起人は、集まった支援金を元手にプロジェクトを進めることができるようになり、支援者は「リターン」と呼ばれる返礼品を受け取ります。近年世界的に普及し、クラウドファンディング発で多くの新しいものが世に送り出されていました。

私は、クラウドファンディングを自分と無縁のものと思っていました。成し遂げたいことがあるならビジネスとして収支計画を立て、自己資金や受けた融資を投じればよいのであって、**クラウドファンディングは、他力本願で甘い考えのように感じられました**。目標金額に達しなければプロジェクト失敗も周知されるので、「スベったら恥をかく」点も性に合わなさそうでした。

しかし、それでもクラウドファンディングは、阿部梨園の経営改善ノウハウ公開プロジェクトの抱えていた課題を「一石三鳥」で解決してくれる可能性がありました。

①資金がない　→集まった支援金でまかなえる
②知名度がない　→クラウドファンディングの情報は拡散しやすい
③ニーズがあるかわからない　→支援の集まり具合で需要がわかる

しかも、「他力本願だからこそうまくいく」要素さえあり得ると思いました。

支援者にとっては、「阿部梨園のプロジェクト」ではなく、「オレ／ワタシが支援したプロジェクト」になる。→**「自分事」として活用、拡散してもらえる**

多くの賛同者を集めた、「阿部梨園の利益」ではなく「公共の利益」を求める、「ソーシャル」なプロジェクトになる→**「100％のGIVE」で賛同者が増える**

支援で資金がまかなえれば、その後は支援者以外の方も「タダ乗り可能」、つまり無料で活用できます。数十人～数百人の支援者が集まれば、数万人～が無料で恩恵を受けることも可能です。これは大きなレバレッジ、**支援金額以上の経済効果になる可能性**があります。

オンラインメディアとして見ても、似たようなサイトに代替されてしまう脅威は少なそうです。というのも、以下の理由で、完全にニッチ戦略に当てはまっているからです。

すべて実例
情報のコピペや机上の理論ではなく、すべて実際に経験したもの
→実例を数百集めるということは、一朝一夕ではできない

網羅性

経営～事務～組織～生産～販売が全方位的に網羅されている
↓これだけの守備範囲をもつ人や企業は少ない

一貫性
単一の事業体が一貫したコンセプトで実施したもので、すべてが連動している
↓各所からのつぎはぎ、寄せ集めではない

農家発信
農家という同じ立場、同じ目線から共感を呼び起こせる
↓企業では性質上、同じ土俵に立てない

無料
クラウドファンディングで資金調達した後、無料で開放する
↓営利企業は採算を度外視できない

とにかく、「無料」は無敵です。

ノウハウを公開したコンテンツはこれまでの実績をまとめたものにもなるので、私が何をできる人間で、何を成し遂げてきたかを説明してくれます。最低でも、**自分が転職する際のポートフォリオ（実績のまとめ）**としては使えそうです。

もちろん、クラウドファンディングは成功する保証がありません。賭けです。でも、**そのギャ**

ンブル感さえも、ストーリーを際立たせてくれると思いました。答えが見えている予定調和では、人の心は動きません。勝負に挑んで勝ってこそ、エモさが増します。

クラウドファンディングというドミノの1枚目こそ他力本願ですが、1枚目さえ倒れてくれれば、2枚目以降の連鎖は十分に計算できます。うまくいけば業界に波及効果を起こせるかもしれません。農家の経営課題にアテンションを集めて1つの論点にできれば、企業や行政が解決に乗り出してくれる可能性さえあります。

思いついてから数分の間に、これらすべてのことが想像（妄想）できて、思わず鳥肌が立ちました。クラウドファンディングというピースが、経営改善ノウハウ公開というパズルにぴったりハマるかもしれないと気づいたとき、「こんなにうまいことを閃いてしまっていいのか？」と思いました。

大学受験も、環境クイズのプロジェクトも、前職での太陽光発電のプロジェクトも、思えば誰かが構想した計画に乗っただけでした。このクラウドファンディングを行うなら、私の人生で初めて、自分発信で世の中に問いかけることになります。骨折り損に終わるかもしれないこの企画を見送ることもできましたが、数年のあいだ封印してきたチャレンジ精神が呼び起こされて、このときばかりは押し隠しきれませんでした。**クラウドファンディングを槍に、農家の経営改善とノウハウのオープン化を世に問う**と心に決めます。

「企業秘密」を公開することの利点

さっそく阿部に直談判をしてみました。最初の反応は、怪訝な様子でした。他所と差をつけるために佐川へ投資し、数年間取り組んできた経営改善です。ここで情報公開してしまえば、せっかく稼いだリードも詰められてしまいます。自園のことだけを考えれば、余計な提案だったでしょう。

しかし私は、阿部梨園を損させない自信がありました。それまで阿部梨園が大切にし続けてきたお客様との関係が本物であれば、ノウハウを公開したからといって、お客様は近隣へ流出しないだろうと考えたのです。むしろ業界のために犠牲を払うことを、常連のお客様も粋に感じてくださって、関係がより深まるのではないかとも思いました。これまでとは違った露出で、新しい方に認知していただいてご来店いただけるかもしれません。つまり、「変化球ではあっても阿部梨園の価値を高めるプロジェクトになる」と阿部に説明をしました。

一方の阿部は、梨の先進地の視察を通して、栃木県そして宇都宮の梨生産も変わっていかなければいけないという危機意識を感じていました。農業全体のことはともかく、近隣の梨生産者仲間のための情報提供になるのであればと、意義を感じてくれるようでした。

「数年奉公してくれた佐川くんたってての願いだから」

後づけの正当化は他にも色々できるでしょうが、とにかく、私のために許可してくれたように思います。「クラウドファンディングのこともよくわからないけれど、佐川くんに任せる」と言ってくれました。

こうして、経営改善のノウハウをオープン化するクラウドファンディング企画が滑り出しました。このプロジェクトを成功させて、阿部&佐川のタッグとしても有終の美を飾ろうということで意気投合しました。**阿部梨園のノウハウ公開プロジェクトは、何よりも阿部の名誉によって成り立っています。**

「阿部梨園の知恵袋」の本当の目的

クラウドファンディングの企画を立ち上げたこの時点で10月下旬です。次シーズンの梨の準備が忙しくなる翌春に、サイト作成まですべてを終了させるように進める必要がありました。サイト制作期間を3、4ヶ月と見積もると、クラウドファンディングの募集は年内の12月中に終了しなければいけません。クラウドファンディングの期間は平均的に1ヶ月強なので、11月前半には開始している計算になります。企画から申請、告知まで3週間程度しかありません。

クラウドファンディングをあまり心得ていない阿部に全体像を理解してもらうには、案ずるより産むが易し。企画書を丁寧に作るよりも現物を見せたほうが早いと、早速アカウントを作成して、プロジェクトページのモックアップ（仮の試作ページ）を制作しました。企画から作成までに要したのは、正味1日。数年ぶりにアドレナリンを全開にさせながら、髪を逆立たせるかのように集中して一心不乱に制作しました。

クラウドファンディングの進め方は全くわからなかったので調べ、各社のマニュアルを熟読しました。利用したサービスは最大手のCAMPFIREです。成功したプロジェクトを研究して、良いところを寄せ集めて真似しました。また、クラウドファンディングを経験している知人も数人いたので、勘所を教えてもらいました。

「リターンはどうやって設計するの？」

「どうやって口コミを広めるの？」

「何曜日に公開するのがベストなの？」

成功するプロジェクトは一握りです。達成確率を高められそうなことは何でも採用しました。

プロジェクトページを作るうちに、阿部梨園で苦労してきた「想い」が逆噴射し、改めて私に乗り移りました。

「経営改善と言っても、どこから着手したらいいかわからなかったこと」

「農業経営の実務面での情報がほとんどなくて困ったこと」

「予算も人手も知識もないない尽くしの中でも進歩を義務づけられていたこと」

「家業に土足で踏み込んで革新を求める難しさ」

「噴出する矛盾を受け入れて清濁併せ呑む割り切り」

「内部改善を経済的な成果に結びつけなければいけない責任感」

この3年間の出来事が、走馬灯のように思い出されました。

同じことで悩んでいる農家が全国にどれだけ多くいることだろうか。この苦しい状況を出来るだけ早く断ち切り、各自の農業経営を前進させなければいけない。そう思うと、クラウドファンディングで訴えたいメッセージが自然に湧き出てきました。**このプロジェクトの目的は、課題解決以前に、生産者の内なる悩みを表出させることです。**

「阿部梨園の100件を超える小さい改善ノウハウを公開するオンライン知恵袋を作りたい」

プロジェクト名は自ずと決まりました。親しみやすい「知恵袋」という言葉を選んだのも、農家目線を意識したつもりです。

「中身はお見せできませんが、支援してください」

目標金額は100万円。目標に達したら100件のノウハウを開放することにしました。そこで、もし100万円を超えたら、超えた金額に応じて、さらにノウハウを公開することにしました。200万円まで集まれば200件、300万円集まれば300件という具合です。

目標金額をいくらに設定するかは私も阿部も悩みました。

「100万円以上の価値はあるはず」

「200万円前後なら妥当。300万円まで届けば大成功」
「ただし、理解されなかったら数十万円で終わるかもしれない」
と思っていました。私たちが払ってきた労苦を思えば、100万円は安すぎる感覚です。しかし、目標金額達成後は支援者以外の人も無料で活用できるので、「待っていればタダでも手に入る」と支援が集まらない可能性もありました。

また、**サイトが完成して公開されるまで、ノウハウの内訳を一切公開しないことにしました。**中身は非公開のまま、クラウドファンディングで支援を募ることにしたのです。「一覧だけでも見せてほしい」「内容がわからないと不審」と言われ続けましたが、これには理由があります。

たとえば**目次のように一覧を見せてしまったら、それが「出オチ」になって、支援が集まらないだろう**と予測していたのです。一覧から内容を想像するだけで満足して、経済的な支援につながらないことは、容易に想像がつきました。「見たことのないものを手繰り寄せる」感覚を支援者に求めることにしたのです。これも、支援が集まらない可能性を高める博打でした。

最終的には、「目標未達で佐川くんに恥をかかせたくない」という阿部の意見を尊重して、目標金額を保守的に100万円と設定しました。

元々梨を完売していた以上は、梨を定価で売って粗利を支援とする通常の物販型クラウドファンディング戦略は使えません。結果的に、以下の3類型のリターン設定としました。

①定価4千円の梨を1万円で買ってもらうなど、寄付上乗せの梨コース

②梨園見学や佐川の経営相談、出張講演など、梨を原資にしないコース
③リターンなしの、寄付のみコース（4千円、1万円、3万円、5万円、10万円）

返礼率の低い、寄付要素の強いクラウドファンディングです。「リターンなし10万円コース」は、高額コースがあれば他のコースが少しは安く見えるかもしれないと半ば冗談で設定しました。

最低支援額が「リターンなし4千円コース」、それ以外はすべて1万円を超えるので、総じて単価の高いクラウドファンディングです。**小口で大人数の支援を集めるよりも、まとまった金額で支援してくれる本気の支援者さんとつながりたい**という意図で設定しました。千円を千人から集めるよりも、1万円を本気の100人から集めたいということです。

気心知れた友人の賛否両論

阿部と相談しながら並行して、農業界で知り合った心を許せる友人7、8人に、プロジェクトについて打ち明けて意見を求めました。

「大賛成。全力支援しますよ！　一緒に作戦を考えたいです」

「インターネットでの無料公開よりも書籍化を目指したほうがいいです。せめてコアな情報を書籍化のために伏せておいたほうがいいのでは」

「人の習慣は情報では変わりません。違う解決策に取り組みましょう」

賛成の方が多かったものの、別な案を提案してくれる人も、真剣に反対してくれる人もいました。中には作戦会議をしに、東京から栃木まで訪ねてきてくれる友人もいました。

奇抜なプロジェクト設計なので、気心知れている相手でも説明に手数を要することがわかりましたし、想定どおり賛否両論でした。この調子で、事前情報の少ない一般の方に理解してもらえるのか。難産なプロジェクトになるかもしれないと覚悟をしました。

「Wikipediaは年中寄付を募っているのに、実際にお金を払って支援している人はごく少数ですよね。人は、無料の情報にお金を払わないいんじゃないでしょうか」

なるほど……。この意見には、唸らされました。最終的には、賛否両論五分五分だからこそ、失敗を恐れる気持ちより成功へ賭けたい自分の気持ちが上回っていることを確認できました。

梨の業務の合間にプロジェクトを爆速で仕上げ、11月中旬に公開する手はずを進めました。

準備期間中に開催されたGOBOの合宿では、クラウドファンディングのプロジェクトについて初めて公にしました。前に立ってマイクを握り、「農家の経営を救うために力を貸してほしい」とスピーチさせてもらいました。賛同を得られるか不安もありましたが、50人以上の若者が支援を約束してくれたことに強く励まされました。

対外的に宣言してしまったら、もう後戻りはできません。たかが100万円で大げさですが、梨園の経営改善にすべてを賭けてしまった私にとっては、一世一代の勝負です。

第11章

集まった資金と「共感」

阿部梨園の知恵袋
Promise100+
powered by 阿部梨園
阿部梨園の
100 件を超える
小さい改善ノウハウを
公開するオンライン知恵袋を作りたい！

クラウドファンディング開始

2017年11月13日、阿部梨園のクラウドファンディングプロジェクトは正式公開され、募集を開始しました。終了は12月25日、43日間の長いマラソンです。めったに緊張しない性分ですが、前日からソワソワ落ち着かず、「公開」ボタンをクリックしたときは少し手が震えました。内容には自信があっても、本当に理解が得られるかは半信半疑で、不安だったのです。

「ややウケ」から目標達成までの1週間

公開と同時にSNSに長文で思いの丈を投稿し、支援と拡散を募りました。事前に知らされていなかった知り合いは、農園に籠もっていた佐川が急に新しいことを始めたとビックリしたことでしょう。しかも、なんだか小難しいクラウドファンディングの企画。即座に支援が殺到する夢のようなことは起こらず、いわゆる「ややウケ」でした。

初日に支援してくれたのは4人、合計2万4000円の滑り出しでした。全員、私の知り合いです。うち2人は経営相談の利用経験者で、その義理堅さに感謝しつつも、どう展開したらいいか悩みました。というのも**「初速が肝心で、序盤に支援が集まらないとうまくいかない」というのがクラウドファンディングの定説**だったからです。序盤に支援が集まらないとプロジェクトは閑散としてしまい、最後まで盛り上がりに欠けたまま目標を達成できないケースが大半なのです。スベってしまったかもしれないと思いつつ、難解な設計が理解されにくいことは承知の上だったので、ここから、理解を仰ぐための「ドブ板営業」を覚悟しました。

2日目の朝、流れを変える出来事が起こりました。茨城県にある久松農園の久松さんが5人目の支援者として名乗りを上げてくださり、応援を呼びかけてくださったのです。久松さんは小規模農業の第一人者で、書籍も出版されるなど論説の評価も高く、数多くのファンがいらっしゃる方です。久松さんが支援してくださったおかげで、「久松さんが応援したプロジェクト」としてのお墨付きを得ることになりました。

何を隠そう久松さんは、私が阿部梨園に関与して以来、人知れず大きな影響を受けてきた方でした。その合理的な考え方や経営手法は他の農業書にはないもので、業界外から農業に参入した私の考え方とも波長が合うものでした。農業への関わり方に悩んだとき、久松農園を見学させてもらいに行ったこともあったくらいです。久松式の合理主義を梨園に取り込んでみたのが私たちの成果、と言っても過言ではありません。心の師匠に共感していただけたというだけで、飛び上がるほど嬉しく思いました。おかげで久松さんのフォロワーの皆様から支援が集まり、2日目にして動きが出てきました。

そして同じ日の夜、私にとっての「あしながおじさん」が現れました。「リターンなし10万円コース」での支援があったのです。使われることはないだろうと冗談で設定したコースだったので、びっくりするやら申し訳ないやらでした。支援してくれたのは、GOBOを通じて知り合った青森のリンゴ農家、工藤くんでした。彼は、私がたまに阿部梨園のホームページで書いていた、経営改善についてのコラムを楽しみに読んでくれていた理解者です。なぜ見返りなしの10万円を供出できるのか、私自身も理解できないくらいでしたが、男気を受け取りました。

この支援で一気に額が跳ね上がったことで、プロジェクトは盛り上がりを見せます。栃木県内の農業関係で知り合った人たち、GOBOを中心とする農業を応援する若者たち、拡散の過程で知ってくれた面識のない生産者さんたち……続々と支援が集まりました。大学生から1万円の寄付を受けたときには、何倍もの重さで責任感を感じました。

農業者の利益を目指したプロジェクトだったので、農家からの支援が中心だろうと想定していたところ、**非農家からの支援のほうが多く集まった**のは意外でした。農業関連企業の社員や農政に関わる公務員の皆さん、そして農業とは直接関わりのない消費者の方々からも支援が集まりました。「日本の農と食を応援したい」という気持ちを託してくれたのです。

また、私の知人友人も「一旗揚げようと奮闘する佐川を応援しよう」と続々支援してくれました。SNSを見ていないだろうと思っていた、何年も会っていない友人たちも力を貸してくれました。みんな、過去数年にわたる私の悪戦苦闘をそっと見守っていてくれたようです。友人たちから盛大に借りを作っているような気分でしたが、借金してでも達成したい気持ちでした。過去のつながりを総動員した、究極の団体戦のように思えて、ますます燃えました。

もちろん、こちらから知人友人にも直接お願いして回りました。これはクラウドファンディングの定石です。**クラウドファンディングは「知り合いファンディング」と言っても過言ではな**

く、**知人の理解を得られないようでは、赤の他人からの支援は取り付けられません。**毎日20人ほどの知人にお願いのメッセージを送り続けました。丁寧にお断りしてもらったり、既読スルーされてしまうことも多々ありましたが、なりふりかまってはいられません。覚悟を決めたからには本気です。その後、次のような経過をたどりました。

11月13日（1日目）：24，000円
11月14日（2日目）：320，000円
11月15日（3日目）：448，000円
11月16日（4日目）：598，000円
11月17日（5日目）：644，000円
11月18日（6日目）：803，000円

なんと、6日目には目標金額まで近づき、7日目にも達成してしまいそうな勢いでした。

7日目の11月19日、阿部梨園はもう1つ、一世一代のイベントを実施していました。縁があって、地元のJリーグチーム「栃木ＳＣ」（当時Ｊ３）の試合で、マッチスポンサーを阿部梨園が務めていたのです。農家がマッチスポンサーというのは、長いJリーグの歴史の中で、もしかしたら初めてだったかもしれません。スタジアム前では梨を販売し、入場口でチラシを配り、試合

前のスピーチは阿部が大役を果たしました。

試合中はチラシ配布や物販に忙しく、クラウドファンディングどころではなかったのですが、支援総額は伸び続けました。そしてなんとその晩には、目標金額の100万円を達成してしまいました。開始からわずか1週間弱。想像以上の風速でゴールテープを切らせてもらいました。

私は安心して脱力しました。1週間ずっと気を張りながら、体力の限り動き続けていたからでしょう。しかし、疲労感は噴出したものの、まだ達成感を感じられなかったのは**「農業経営の閉塞感を打破すること」に対する期待が、100万円でとどまるものではないと体感したから**です。あと4週間あれば200万円はもちろん、300万円まで手が届きそうにも見えました。そのためには、せっかく燃え上がった火を弱めないよう、気を抜かずに次の行動へすぐ移さなければなりません。

方向性を見失いかけてからのリスタート

100万円で100件を公開するこのプロジェクトで、さらに支援が集まれば200万円で200件、300万円で300件と、公開記事数を増やすことはあらかじめ決めていました。

しかしここで、100→200や200→300は、最初の0→100に比べて目新しさもなく魅力に欠けるのではないかと、弱気の虫が顔を出しました。さらに盛り上げるような追加の話題や驚かせるような返礼品がないと、さらなる支援は集まらないのではないかと思ったのです。

そこで、私は2つの案を出しました。

1つは「出版を目指す」ことです。皆の思いを預かって書籍という形を残せば、支援者も喜んでくれるのではないかと思ったのです。出版の可否は出版社次第なので確約はできませんが、無数にある出版社を営業回りすれば可能性はあると考えました。最悪、自費出版という手段もあります。

もう1つは、「会社もしくは団体を作る」ことです。経営改善を実際に推進する受け皿の企業もしくは団体ができれば、今回あらわにされた経営課題を実際に解決できていいのではないかと考えました。各地の需要者をつなぐハブになれるかもしれません。

「これだけ盛り上がったのだから、もっとすごいことができる」

「たたみかけるには今しかない」

きっと喜んでくれるはずだと思って、クラウドファンディング開始前に相談した仲間たちに、この2案を興奮気味に持ちかけました。

ところが今回は、私の予想に反して、あまり好意的なリアクションが返ってきませんでした。無理をしすぎなのではないか、本質から逸れているのではないか、そういう忠告もありました。出版も起業も、理論上は不可能ではなかったかもしれません。ただ、それらを安易に約束してしまうことは、必要以上に自分の首を絞めてしまうおそれもありました。

私はここで、無意識のうちに舞い上がっていた自分に気づき、我に返ります。アドバイスをしてくれた知人には感謝を伝え、当初の予定通り200万円で200件、300万円で300件だけを掲げることにしました。ここでバブルを膨らませすぎないでよかったと、今でも心底思っています。体力の限界で燃え尽きかけていた私は、数日頭を冷やしてから、プロジェクトの続行をアナウンスしました。まずは200万円めざして再スタートです。

2週目にはプレスリリースを発信しました。メディア各社に向けてプロジェクトに関する情報を配信し、あわよくば新聞やテレビなどで取り上げてもらおうという作戦です。本来はプロジェクト開始直後に発信するつもりだったのですが、そこまで手を回す前に目標金額に達したことで、タイミングを失っていたのです。プレスリリースなど書いたこともないので、インターネットで「プレスリリース　書き方」と調べて、見よう見まねで作りました。

「日本初！　個人農家が経営改善ノウハウを公開するためにクラウドファンディングでプロジェクト開始。既にわずか7日で達成！」

既に達成していたので、「達成したよ！」ということを告知する内容になりました。人に教えてもらって市役所や県庁の記者クラブに投げ込んだほか、インターネットの有料配信サービスを使って、全国500社に向かって配信しました。さらに農業系の雑誌やインターネットメディアには、1件ずつメールもしくは郵送しました。加えて、ダメ押しでユースから知り合いの記者さんに直接連絡までしてもらいました。無数のニュースが飛び交う昨今、手を尽くしてもリリースの採用確率は高くありませんから、「ナシのつぶて」の可能性もあります。

リリースを配信した日の夜に早速、共同通信社の記者さんから取材の打診がありました。 言わずと知れた大手メディアです。通信社が取り上げてくれることは珍しく、他のメディアにも好影響があるため、実に幸先の良いスタートでした。翌日以降もコンスタントに取材依頼が続き、最終的にはクラウドファンディング期間中だけで10件以上の取材を受けることになりました。農家が初めて発信したプレスリリースとしては、十分すぎる出来です。

「農家が自社の経営ノウハウを公開するとは何事なのか？」

「農家に必要な経営ノウハウとはどんなものなのか？」

奇抜なプロジェクトだったおかげで、メディアの皆さんも興味をもってくれたようです。中身を公開していないことも、「話を聞いてみないことにはよくわからない」と、取材に足を向けてもらう作用があったのかもしれません。

阿部の増援で再加速

プロジェクト期間の中腹に差しかかった3週目には、それまで沈黙を守っていた阿部がとうとう動き出して、知り合いに支援の依頼を始めてくれました。１００万円を突破してから10日ほどやや停滞していたプロジェクトが、再び加速し始めます。自分が活動できなかった日でも、阿部側からの支援金額が増えるようになったので、少し気が楽になりました。

この頃には頻繁に、CAMPFIREのトップページで「注目のプロジェクト」欄に掲載されるようになりました。有名人が巨額を集める横に、農家のささやかなプロジェクトが載っているのは不釣り合いでしたが、誇らしくもありました。そこからの自然流入は少なくても、盛り上がっていることが周囲に伝わって、支援は加速しました。

プロジェクト開始からちょうど3週間が経った21日目に、200万円を達成しました。これももはや通過点で、「次行こ、次！　300万円！」といった調子でした。

4週目に差しかかる頃には、受けていた取材内容がメディアに掲載され始めました。3日連続で違う新聞に掲載されたこともあったくらいです。掲載された記事を見た他社の記者さんが焦って取材に来てくれるという、露出が露出を生む好循環にもなっていました。連日のようにメディア露出があったことで、「メディアも注目するプロジェクト」という箔が付きました。難解な内容で説明に苦労したプロジェクトが、「メディアが取り上げるくらいだから価値があるのだろう」と説明不要で支援してもらえるようになったのです。

100件以上の共感の声

この頃、当初の想定とは違う、2つの小さな誤算に気付きました。

1つ目の誤算は、「クラウドファンディングは自分で告知し続けないと広がらない」ということです。提案する内容さえ良ければ、自然に拡散するものだと思っていたのですが、それは有名人のプロジェクトや、お得なプロジェクトに限った話のようでした。「1万円の新商品が、クラウドファンディング期間中なら8千円で手に入る！」といったオトクな情報は、どんどん口コミで広がります。ところが、私たちのプロジェクトは寄付要素が強く、傍目にはまったく「オトク」ではありません。足を止めるとすぐ火が消えかかるので、宣伝し続けることに想定以上のエネルギーを要しました。

そこから導き出される次の誤算は、「クラウドファンディングは体力勝負」だということです。

支援のお願いの連絡を毎日20～30件以上送り続け、返信があればそこから会話が始まり、SNSでの拡散や集まった支援には御礼のメッセージもします。進展やニュースがあるたびに、ページやSNSを更新して情報発信します。内容についてのお問い合わせも取材依頼も、1件ずつ対応します。とにかく時間勝負、体力勝負でした。期限を過ぎてから頑張っても何の意味もないので、できることは全て期間内に詰め込まなければなりません。盛り上がっているがゆえの嬉しい悩みでもありましたが、睡眠時間は大いに削られました。

そんな消耗戦で、全力疾走できたのは、支援者から多く寄せられた熱いメッセージのおかげです。大いに励まされ、燃料を給油し続けてもらいました。

「はじめまして、フェイスブックで拝見させて頂いてます。私は愛知県で葡萄の生産と販売をしています。阿部梨園さんのカイゼンが特に勉強になり、早速、運賃の価格表を簡素化したところお客様やパートさんから喜ばれました。ありがとうございます！　今回のクラウドファンディングの企画って面白そうですね！　応援しております！」

「千葉県で梨農家をしています。これからも、自分たちの農業が続けていけるように活用させて下さい。この様な取り組みをしてくださる阿部梨園さまには本当に感謝しかありません。ありがとうございます。素敵な箱で届く幸水梨が楽しみです。よろしくお願いします」

「『自ら考えて、動く農業現場に向けた仕掛けづくり』というテーマに関しては、普及員になってからずっと（無意識だったり意識的だったりしますが）私のテーマにはなっていたものの、具体的に何をやったら良いかという形が見えずモヤモヤしていたものを抱えながらの活動でした。そのような中、そのモヤモヤしていたものを取り払ってくれたのが「阿部梨園の智恵袋」で、この取組がなかったら一生モヤモヤした状態だったのかなと改めて思ったところです。」

「金融機関職員として農業者と関わるなかで、何気ない、小さなカイゼンの積み重ねが利益を生んでいることを強く感じます。やれそうで誰もやらなかった、個人農家の経営改善に直結する取り組みだと思います。農業に支援者として携わるひとりとして、阿部農園のカイゼンを是非とも参考にしたいと思います！　応援！」

集まったメッセージは100件以上。それも、ただごとではない共感です。これほど多くの方に賛同していただけるのは起案者冥利に尽きますが、掘り当ててしまった需要の大きさに驚くばかりでした。これはやはりクラウドファンディングで終わりにしてはいけないと思わされました。

プロジェクト開始から4週間が経った28日目に、300万円を達成しました。泣いても笑っても残り1週間です。

最終的な公約と集まったもの

300万円が集まった時点で、300件の公開が約束されました。その先は400件を……とはしませんでした。改善自体は500件の実績があるものの、300件を超えると、阿部梨園特有で一般化できないものや駄作、既に止めてしまった没ネタの領域になってくるからです。

「ノウハウの公開は、質を担保するために300件で打ち止めにしよう」と決めました。プロジェクト自体を300万円達成で終わりにする選択肢もありましたが、期間終了まで1週間残っています。集まった期待に応えるために、新しい目標を設定して最後まで走り切ることにしました。

寄せられた多くの声援を振り返って、何をするべきか再考しました。最終的に決めたのは、「コミュニティ作り」です。抱えている経営課題が共通なのであれば、個人戦よりも団体戦のほうが効果的でしょう。**クラウドファンディングで生まれたつながりをコミュニティにすれば、継**

続して課題解決に取り組むこともできます。

そこで、コミュニティを作って「小さい改善サミット」というイベントを実施するよう提案しました。変わりたい農家が「変わること」だけを軸に集まる企画であり、自分に向き合って小さい気づきを得た生産者が主役になる場所です。お互いの境遇と努力を分かち合うだけで、救われる生産者さんはいらっしゃると思いました。こんな内容です。

小さい改善ネタの持ち寄り
小さな改善アワード
阿部梨園の話、知恵袋座談会
事業者、諸団体とのマッチング
たんつぼ会（負のエネルギーを発散する会）

「ノウハウ300件に加えてコミュニティづくり」を公約に、目標金額は400万円。ここまでの勢いであれば、実現可能な数字です。最後の1週間は気を失いそうになるほどクラウドファンディングに集中し、伝え残しのないよう、思いの丈を毎日発信し続けました。経営改善中のエピソードや、インターン着手当時の思い出まで、リアリティに訴えかけるメッセージです。

最終日の朝、またも「リターンなし10万円コース」での支援が入り、無事に400万円を達成できました。支援してくれたのは、久しく連絡をとっていなかった高校時代の同級生でした。カッコ良すぎる。この恩をどうやって返したらいいの……。

その日の24時までまだ時間があったので、支援をしぼり尽くそうと、最後の目標を444．4万円にしました。手数料10％を差し引いて、手取り400万円になる金額です。最終日だけで41人も駆け込みで支援してくれました。

446万3000円
325人

これが阿部梨園のクラウドファンディングの最終結果です。目標金額に対して約450％の達成でした。ビジネスの世界から見れば取るに足らない額かもしれませんが、無名の農家が募った支援金としては多大すぎる金額です。

そして、集まった金額よりもさらに価値があるのは、集まった共感です。多くの方に認知され、理解と協力を得て輪を広げた展開は、ちょっとした社会運動になりました。支援者は三百数十名、支援には及ばなくてもプロジェクトを認知してくれた方も1000人以上はいるだろうと予想されます。彼らと今後の行動を共にすれば、もっと大きなムーブメントを作り出し、課題解決を加速させることができるでしょう。

もちろん、達成感と安堵で胸がいっぱいです。阿部も喜んでいましたし、嵐が過ぎ去って安心しているようでもありました。プロジェクトが終了してから大晦日までの数日は、返しきれずに溜まっていた連絡と支援者へのお礼をしたため続けました。それだけ反響が大きかったのです。

自分自身のことを振り返ると、久しぶりに完全燃焼できたことが何とも不思議でした。大学受験並みに根を詰める体験を、人生でもう一度できるとは。数年前までうつ病で長く社会から離れ、人並みの日常生活すら望めなかったことを思えば、奇跡です。もちろん無理は禁物ですが、うつとの闘病も一区切りできたのかと思うと、これ以上に嬉しいことはありません。

クラウドファンディングは無事終了しましたが、農家の経営課題解決としてはここがスタート地点です。「阿部梨園の知恵袋」を一刻も早く制作してリリースしなければなりませんし、できるだけ多くの人に活用してもらうために、活動をスケールさせていくことも必要です。1年後の独立のことはまだ考えられませんでしたが、進むべき方向性はハッキリ見えました。

第12章

佐川くんはオレ達と同じ「農家」だから

全国の産地を講演行脚しながら仲間集め

クラウドファンディングを経て、阿部梨園の経営改善事例は多くの方に認知してもらえることになりました。**「小規模農業の経営改善と存続」という、誰もが課題感を持ちながらも真剣に議論されてこなかったテーマに光が当たるようになった**ということであり、企画当初の目論見どおりでもあります。

メディアの取材依頼に加えて、ポツポツと講演依頼まで来るようになりました。農業界の著名な方との共催イベントや対談などにもお声がけいただくようになりました。農家の経営改善というテーマと「阿部梨園の知恵袋」という存在を認知形成しようと、サイト制作に並行してせわしなく立ち回りました。

農林水産省のウェブサイトや『農業白書』にも掲載され、一農家が始めた草の根運動が公的に認めていただけるまでにもなっています。最終的には、農林水産省が主催する「農業の『働き方改革』検討会」という有識者会合にも出席し、現場目線での経営改善の支援を陳情してきました。阿部梨園の経営改善事例こそ、働き方改革そのものだと考えたからです。

私が「農家の人」になった日

この会合で、阿部梨園で働いて以来、個人的に最もセンセーショナルな事が起こりました。丁寧に耳を傾けてもらったからこそ、「なんで外の方々は生産者の気持ちを腹で理解してくれないんだろう？」「安全圏の方々に生産者のリアルな決死感をどうやって伝えたらいいんだ！」という強い感情が残ったのです。

これはつまり、私が、とうとう「内」の人になっていたということなのだと思います。心のなかでは完全に「なんで外の人たちは『オレたち』の気持ちをわかってくれないのか」と一人称になっていたのです。

つまり、**生産現場から一歩引いた客観的な立場で農家に関わってきた私が、農家で働きながら農家になれなかった私が、3年を費やしてようやく、気持ちだけでも農家になれた**瞬間だと思うのです。ようやく、彼我の川を渡れた。そう気づいたとき、鳥肌の立つ感覚がありました。

長い間、「経営改善に意識の向かない生産者は努力が足りない」「適者生存で淘汰されても仕方がない」とどこか頭の片隅で上から目線で思っていたのかもしれません。それが今や、思いあふれる生産者がどうして経営に余力を残せないのか、どこに見えない抵抗感があるのか、どこで心の涙を流しているのか、肉親のことのようにシンクロしてしまいます。

これは、腹を割って農家のリアルをすべて見せてくれた阿部と、声にならない声を持ち寄ってくれた経営相談の依頼者さんたちのおかげです。

理にかなった決算書を作れない生産者が悪いのではなく、決算書でしか農家を読み取ろうとしない周囲にも課題があるのかもしれない。販売側都合で型にはめようと、農家に業務の規格化を押し付けるからうまくいかないのかもしれない。私が以前から主張してきたことと逆サイドからの、反転した考え方があふれてきました。

生産者が世の中に適合するよう、生意気ながらも、啓蒙したりダメ出しすることばかり言ってきました。この会合以降は、生産者を弁護しながら、世の中も生産者と一緒に変われるよう、声を上げたいと考えるようになりました。私はどちらの立場にも立てますし、中間で仲裁者っぽくふるまうこともできます。

農業界で何かを成し遂げられている方は、この川を渡って、彼岸にいらっしゃるのだとわかりました。これから渡る人、待っています。なるべく早く。私は畑に出ません。農作業の苦労を知りません。でも、それを知っている人と4年間、毎日向き合ってきました。同じだけの努力と労を積んできたつもりです。こういうことを書く土と汗の匂いのしない人間も、「心は農家です」と名乗っていいものでしょうか。

「佐川くんはオレたちと同じ『農家』だから」

生産者さんにこう言ってもらえることが増えました。これほど嬉しいことはありません。無上の名誉です。

ウェブサイト公開までのデスマーチ

2017年末にクラウドファンディングを終え、2018年春に「阿部梨園の知恵袋」というウェブサイトのリリースを約束しています。制作期間を1月～4月と見込んで、GW明けに100本の記事を装填して公開することに決めました。もちろん、記事はすべて私が書き下ろししますし、ウェブ制作も自分で作ったほうが早いので外注せず、一人でデザインから機能まで内製する計画です。

ところが、梨園で発生したクラウドファンディングとは無関係のトラブルで、1月～2月はサイト制作にまったく時間を確保することができませんでした。実質、3月と4月のたった2ヶ月で制作と記事100本の執筆、そして公開に向けた情報拡散の準備をしなければなりませんでした。いわゆるデスマーチ突入です。しかも、クラウドファンディングで予想以上に話題になってしまったため、内容に対する期待値が上がりすぎていることをプレッシャーに感じ、当初の想定の倍以上の文量で記事を書くことにしました。

1本の記事あたり1時間のタイマーを設定して書き上げる100本マラソンが始まりました。これが本当に苦行で、書きたいことが山ほどあって、なかなか時間内に仕上がりません。どの記事でどの話題に触れるか、重複を回避しながらバランスを取ることに苦労しました。改善事例同士が連関しているということは、記事相互の参照も複雑で、Wikipediaのような管理が必要です。記事1本ごとにたった5分推敲するだけで8時間以上、つまり1営業日かかります。10分ずつ見直していたら、2日です。

記事の内容は、単なるやったことの羅列ではなく、課題解決の手順を追体験してもらうために、以下のような構成にしました。
背景、課題
実施内容と、その目的
結果、考察
佐川のコメント
発展的なアイデア
用語解説
参考（書籍、ウェブページ、ツール）

これが1本1時間に収まるはずがありません。確実にデスマーチです。週末や深夜を返上して執筆しまくりました。支援者一覧ページに300人以上のお名前、ロゴ画像、URLを記載するなど、時間のかかる地味な作業もありました。家族からの厳しい目線にも耐えました。パソコンにかじりつきすぎて、ひどい眼精疲労や腰痛にもなりましたが、身を削ってでも生産者さんたちの悩み解消に貢献したいという気持ちになりました。先に支援金を預かっているゆえに、約束を反故にできないという状況は、実に生産的です。

そして2018年5月8日、農家の経営改善ノウハウが詰まったウェブサイト「阿部梨園の知恵袋ー農家の経営改善実例300」がめでたく開設されました。阿部梨園の経営改善を端的に説明するために、「働き方改革」という言葉が手っ取り早く伝わりやすいと考えて、時流に乗って

「農家も働き方改革！」というキャッチをつけています。

【阿部梨園の知恵袋　農家の小さい改善実例３００】

https://tips.abe-nashien.com/

とうとう公開できたことで、中身を見せずに支援を募るもどかしさが解消されたことに、まずは安心しました。正体不明のまま話題を広げることに限界を感じていたからです。内容について様々な想像が持ち上がり、期待が高まっていたので、開けてみたら「期待はずれ」に思われるのではないかという恐怖心もありました。

おそるおそるの公開でしたが、結果的には絶賛を受けました。覚悟していた「物足りない」「的外れ」「間違っている」といったご意見は（私の観測範囲では）まったくなく、多くの方に好意的なご意見をいただきました。

「期待以上の濃厚な内容だ」
「阿部梨園の苦労がありありと思い浮かぶ」
「我が家でもすぐに実践できそう」
「農業経営のあり方や、課題解決の手法が学べる」

多くの方が、「阿部梨園の知恵袋」についてブログで記事を書いて紹介してくれました。早速

100本の記事を読破された方、自分でも100件の改善をしようとブログを開設された方、「阿部梨園の知恵袋」を題材に勉強会を始められた方、様々なアクションが生まれています。

全国ネットのテレビで取り上げられたり、SNSで全国的にバズったりしたわけではありませんが、届くべき人のところにきちんと届き、共感を得られ、ようやく私もゆっくり眠ることができました。100本の記事を公開して終わりではなく、残り200本のノルマが残っています。そして「阿部梨園の知恵袋」を運用して、さらに多くの方に経営改善に取り組んでもらうことがゴールです。

著名人の反応と「業界外」への波及

テレビや新聞、ウェブメディアなどの取材は断続的に続き、50件以上取り上げていただきました。様々な媒体を通して多くの方に認知していただき、運動が広がっています。

特に、経済系の人気ウェブメディアNewsPicksで組まれた特集「農業は死なない」で取り上げていただいたインタビュー記事は多くのPickが集まり、経済にビジネスに強い読者からも支援していただきました。さらに、この特集は『農業新時代　ネクストファーマーズの挑戦』(文春新書)として書籍化されています。よろしければ、ぜひ本書と併せてご覧ください。農業分野で先進的な取り組みをされているパイオニア、起業家の方が多数紹介されています。

NewsPicksの記事をご覧になって反応してくださったのが、堀江貴文さんです。堀江さんが記事について「面白い」と書き込んでくださったので、仰天して早速Twitterで返信したところ、「取材したい」とおっしゃっていただきました。その後正式に取材依頼を受け、ホリエモンチャンネルで生対談させてもらいました。国民的な有名人、そして切れ味鋭い聡明な方なので、堀江さんの関心に値するのか不安はありました。

収録は梨畑の案内からはじまり、梨作りの苦労話を紹介し、そして阿部梨園の経営改善と「阿部梨園の知恵袋」について披露させていただきました。

レガシー産業には合理化できる余地が大きい
小さな自己改善の習慣は、人を変える力がある
業務改善のノウハウは、業界を問わず転用できる

そのような視点で、私たちの活動について評価していただけたようです。「どうしたら人がポテンシャルを発揮できるか」という観点で先進的な取り組みを多数、世に送り出されてきた堀江さんの言葉だからこそ、身に余る光栄です。番組の対談の中で出版を勧めていただき、この本に至りました。堀江さんはその後も、イベントやテレビ番組で「阿部梨園の知恵袋」について紹介してくださっています。著名な方に認めていただいたおかげで、「阿部梨園の知恵袋」もお墨付きを得て、業界外の多くの方に認知してもらえることになりました。

「業界内」でのプレゼンス獲得

業界内に話を戻すと、サイト公開後は視察依頼を多くいただくようになり、様々な産地の骨太なプロ生産者さんたちと直接交流することができました（※2020年現在、梨作りに支障をきたすため、視察や見学のご依頼は一律でお断りさせていただいています。ご了承ください）。

セミナーや講演の依頼も殺到し、阿部梨園の改善事例を交えながらノウハウをお裾分けしています。都道府県が主催する各地の農業経営塾にも講師として登壇しています。農家のイチ従業員、5年ほどの経験しかない33歳の若造が、またたく間に専門家として扱ってもらえるようになりました。精神論から実践的なテクニックまで、伝えたいことは無限にあります。阿部梨園の経営改善は全領域をカバーしているため、経営管理、人事労務、会計、ＩＴ、マーケティング、販売など、どんな各論にでもカスタマイズして話題提供できます。

私は幼少の頃より「おしゃべり」「口が達者」と大人にたしなめられながら育ったくらいで、話すことは大好きで、他の仕事よりも得意だと思っています。人前に立って話すことでほとんどエネルギーを消費しないので、「話すこと」でお金をもらうことほど、私にとってコストパフォーマンスのいい仕事はありません。現場を離れた講演家になりたいわけではありませんが、メッセージを伝えて共に行動する仲間を募ることは天職だと思いました。

そんな活動を広げているうちに、各地で賛同者が現われました。若手農業生産者が数千人集まる全国組織「4Hクラブ」の共感も得て、各地の4Hクラブの会合に呼んでもらったり、クラブ内の勉強会の題材で「阿部梨園の知恵袋」を活用してもらったりしています。

都道府県の農業振興事務所や、地区の農協の中にも賛同者が現れています。どちらも営農指導する専門職員を多く擁しながら、職権上、個別の農家の経営にはそれほど具体的に踏み込めないというジレンマを抱えています。阿部梨園のようなリアルかつ具体的な公開事例を通して、現場のミクロな力学を体感してもらうことで、より効果的な指導のお役に立てればと思っています。農家の立場に一番近い方々がアクションを起こしてくだされば、農家の課題解決も劇的に進むでしょう。

梨のシーズンに並行して取材、視察、講演の対応に追われているうちに、2018年は慌ただしく過ぎ去りました。気がつけば年末はもう、阿部梨園から独立する期限です。フルタイム勤務に区切りをつけるのはさみしい限りでしたが、週2日のパートタイム勤務に決まりました。すべての業務を引き継げるほどはまだ整っていないということもありますし、私にとっても、引き続き阿部梨園に関わることは意味があります。

フルタイムではなくなることは、「畑に出ない農家の右腕」度が下がるということです。アイデンティティを失う気持ちもありました。阿部梨園での勤務は「数年の腰かけ」だったと思われても無理はありません（もっとも、打算的な腰かけだったらこれほど本気にはなれなかったと思いますが）。百件千件の生産者さんの力になるため、背に腹は代えられません。

起業準備をしている暇もないのに、起業の時限だけが決まっている状況です。個人事業か法人か、屋号や社名はどうするか、何を事業内容にするのか、オフィスは構えるのか、人は雇うのか、融資は受けるのか……。私にとっても新しい挑戦ばかりです。

第13章

「農家の何でも屋」から「農業界の何でも屋」へ

FARM SIDE

余勢を駆って会社を設立

2019年1月、阿部梨園での勤務がフルタイムでなくなったのに合わせて、個人事業を立ち上げました。さらにその1年後、2020年1月に法人化を果たし、**ファームサイド株式会社**を設立して代表取締役を務めています。

事業領域を1つに定めず、①生産者向けコンサルティング、②事業者向けコンサルティング、③講演・講義・セミナー・執筆、⑤コミュニティ形成（イベント運営など）と、「農業界の課題解決」に資することであれば何でも受託しています。「農家の何でも屋」から「農業界の何でも屋」にジョブチェンジした気分です。

クラウドファンディングを起案する前は「生産者向けコンサルティング」くらいしかできることが思いつかず、近隣の生産者さんだけでビジネスが成立するイメージは湧きませんでした。「阿部梨園の知恵袋」によってニーズが顕わになったおかげで、多数の講演・講義のご依頼、企業のアドバイザー、メディア連載、そして阿部梨園での勤務で忙しくさせてもらっています。

私自身の生活はともかく、「農家の経営改善」「日本の農業の持続化」という大きな目標を思えば、まだスタートラインにすぎません。ここで満足するのではなく、クラウドファンディングで預かったチャンスを活かせるよう、事業としても運動を加速させていきます。

ファームサイド株式会社の社是は**「万策を考える」**です。阿部梨園で500件の経営改善を実施できたのも、めげずに策を繰り出し続けてきたからだと考えています。ふつうの人なら諦めてしまう場面で、万策を考えて課題解決に貢献していければと思います。

「人は変わらない」という思い込みが、農業を衰退させる

農業界に明るい話題が少ないのは、ご存知のとおりです。しかし、現場目線で見れば農業経営はまだまだ最適化されておらず、広大な改善の余地があります。これを10%でも20%でも上向かせることができれば、十分な経済効果があります。

「農家の現場も経営も、まだ改善の余地がある」

「つまり農業経営にはポテンシャルと希望がある」

このメッセージを全国津々浦々すべての農業関係者に届けることが、今の私の役目だと思っています。

農業経営は本来、それほど複雑ではありません。技術的な難易度や利益確保の難易度が高いか低いかは別として、あくまで決算書上やビジネスモデル上では、比較的パターンが限られていてシンプルです。部分最適で現場を改善する「課題解決力」と、全体最適で利益を最大化する「経営管理力」を併せ持つことができれば、衰退傾向の農業が持ち直すことも可能だと思います。

この観点から私は、技術や政策も大切ですが、「生産者一人ひとり」が最重要ファクターだと考えています。つまり、**本来は一番大きな変数である「人」を、不変の定数扱いしてきたことが、成長を阻害してきたのかもしれない**ということです。

田舎に住んでいて、高齢の夫婦がやっていて、手ぬぐいを頭に巻いて、休みなく働いて、人情

家で、デジタルが苦手……という調子で、ステレオタイプ的な「農家像」をみなさんそれぞれお持ちではないでしょうか。実際に、平均的には、そういう人物像かもしれません。しかし、この人物像を固定して農業を議論すると、「パソコンやスマートフォンは使ってもらえない」「科学的な検証は荷が重い」と、思考停止して打ち手が狭まってしまいます。

そんな思い込みを横に置いて「パソコンやスマートフォンを使ってもらうにはどうしたらいいか」「科学的な検証をできるようになってもらうにはどうしたらいいか」と、「人を変数として再考する」ことで、本質的な解決策に近づけます。生産者自身の成長は、産業としての農業の成長と同値です。

個々の「人」に注目すると、様々な事情や条件、個性の違いがあって複雑なケースバイケースになってしまいます。「人」を変数としてとらえて個別対応するのは難しく、「人」を定数ととらえて画一的に対応するほうが簡単で、スケールしやすいです。どちらも大切ですが、私は、支援がより手薄な前者に取り組もうと考えています。

誰でも「農家の右腕」になれる未来のために

農業経営にポテンシャルがあると言っても、事業主一人のできることには限界があります。今までもこれからも、周囲の様々なサポートを得て、農業経営は成り立っています。

家族
従業員
農協や行政の指導員
税理士やコンサルタントといった外部の専門家
事業会社

これらの多様な立場の支援者さんたちに、阿部梨園の経営改善から学んだ知見を還元したいのです。**「農家の家族が、従業員が、外部専門家が、どのようにして農園に関わるべきか」という方法論はほとんど整備されていません。**これらを体系化して「誰もが農家の右腕になれる」ようになれば、事業者本人の負担は軽減され、餅は餅屋の分業も進み、農家の経営改善は加速できるはずです。農業に関わりたい若者に新しい働き方を用意することにもなります。

クラウドファンディングの最後の公約に「コミュニティづくり」がありました。同じ課題意識を持った生産者が、悩みと解決策を持ち寄れる居場所づくりです。ハッキリとした集団形成はこれからですが、各地のセミナーや講演に登壇しながら、現地の生産者とつながり、「阿部梨園の知恵袋」コミュニティは少しずつ広がっています。

「阿部梨園」「阿部梨園の知恵袋」「阿部梨園の佐川」「畑に出ない農家の右腕」というワードが、「農家の経営改善の希望とポテンシャル」を表す「#（ハッシュタグ）」のように機能して、できるだけ広く認知してもらえればと思っています。私たちがハブになることで、新しいつながりと化学反応が生まれることを期待しています。

阿部梨園のわずかな知見を開放しただけでこれほどの反応があるのですから、各農園に休眠している小さな実務テクニックや工夫が共有化されれば、農家の経営改善が加速することは間違いありません。**情報のオープン化や共有知化は、これからの農業に必要不可欠です。**

ただし、単なる体験談の寄せ集めでは、信憑性や正確性、有益性などが保証されません。間違った情報があれば、迷える生産者さんたちの悩みを深めるばかりでなく、不利益が発生するリスクもあります。善良な管理が必要だという前提で、慎重に進めなければいけません。私個人ではまかないきれないので、必要性を業界に提起しながら、賛同者と協調して推進していければと思います。

「阿部梨園の知恵袋」も実施した業務改善事例の羅列でしかないので、改めてまとめ直す必要を感じています。横糸になっている理論や考え方から逆引きできるように体系化したり、阿部梨園では実践できなかったことや、他産地・他品目の知見も増し加えたいところです。

さらに、誰でも自ら経営改善を淀まずに進められるような、行動サポートが必要でしょう。経営改善はダイエットと似ている点が多く、習慣化できれば自ずと進みますし、習慣化のための工夫がなければ長続きしません。そのためには行動を管理してくれるパートナーが有効です。サポートしてくれる専門家やパートナーを見つけられればいいのですが、見つけられない人には、自学自習が進むようなツールも必要でしょう。

日本の農業と食文化を、守りながら変えていく。

「豊かな日本の農業と食文化を次世代に残したい」という思いは、私がリスクをとって農業の現場へ身を投じ、阿部梨園に関わり続ける上で、大きなモチベーションでした。私は祖父母が農業を営んでいましたし、田畑の広がる田舎で育ちましたから、農村風景やそこで循環するおいしい食べ物の価値を少しは知っています。これからの時代には工業化された大規模農業や植物工場も必要でしょうが、個人的でわがままな願いとしては、文化や風土も含めた地方の小規模農業に存続してもらうことを望んでいます。同じ思いの方が、いらっしゃるのではないでしょうか。

一方で、農業従事者は減り、高齢化が進んでいます。使える農地が、耕作放棄地として打ち捨てられています。より付加価値の高い第二次産業、第三次産業にシフトしていった産業構造の変遷としては当然の帰結かもしれませんが、資源に乏しい日本が、第一次産業である農林水産業を手放していいことにはなりません。食の安全保障としても、地方の産業としても、農業はまだまだ果たすべき役割があります。

「守りながら、変えていく。」

この言葉は弊園代表阿部が先進地研修を終えたときに定めた、阿部梨園の信条です。守るべきは守り、変えるべきは変える。平易な言葉ですが、今の農業界に必要な言葉だと思います。過激な変化やイノベーションが期待できるほど柔軟な業界ではないとしたら、「阿部梨園の知恵袋」的な「漸進的な小さい改善の積み重ね」こそ、今すぐできる次善策ではないでしょうか。

経済が、政策が、農協が、消費者が……と何かを責めるだけでは、未来は明るくなりません。「守りながら、変えていく」の精神で、**何を守るために、何を変えるのか。それぞれが考えて、行動に移す。**そして知見や思いを共有して連帯すれば、活路が見えてくると思います。阿部梨園の拙い事例が、次の一歩を踏み出す皆さんの励ましに、そして踏み台になれば幸いです。

脱力しながら
パフォーマンスを
最大化する
「9つの仕事術」

「どうしたら仕事ができるようになりますか？」
「どうしたら上手に上司を補佐できますか？」
「どうしたら課題解決のプロになれますか？」

こんなことをよく質問されるようになりました。しかし、すでに述べたように、阿部梨園に加わる前の私は、単なる色々とこじらせた若者でした。

まず、典型的な仕事ができない社員でした。言うことが大きく、調子よく仕事を引き受けるくせに〆切を守れなかったり、要求された質に及ばなかったり、ちょっとトラブルがあるとすぐに挫けて世界の終わりのような顔をして余計に進捗しない奴です。それなのに、勉強での成功体験や学歴に対するプライドは人並みに持っていて、「仕事ができる、能力がある」という自己認識でした。こんな奴と一緒に仕事をしたくないですよね……。

さらに、「やりがい原理主義者」でした。社会に貢献することを是とする教育を受けてきたせいか、社会的な意義とインパクトが見えていないと腰が入らず、就職活動以来ずっと、大義名分のわかりやすい仕事ばかりを選り好みしてきました。泥臭い仕事や人目につかない仕事、結果に結びつく保証のない仕事は敬遠してきたのです。能力が足りないのにもかかわらず、単なるわがままな若者でした。

挙げ句の果てにはうつになり、まともに働くこともままなりませんでした。フルタイムで勤務する体力や根性も溶解してしまいました。挫折を重ねることで、負け癖、逃げ癖もついていました。自分探しも難航し、方向性を見失っていました。

そんな私が、阿部梨園で人生を立て直すうちに、わずかながら周囲の役に立てるようになりました。この数年で無数の苦労と失敗を経験し、仕事をはじめとする物事との向き合い方が根本から変わったと思います。また、農家の畑に出ない「従業員にして参謀役」という特殊な経験から、自分の役割や価値を確立するための知見が貯まりました。

立派な人間ではありません。何者かになれたわけでもありません。

それでも、**限られた時間の中で、根を詰めすぎず、脱力しながら自分のパフォーマンスを最大限に引き出すこと**に関しては、私なりのコツを得たように思います。

ここからは、その仕事術を9つに分けて紹介させてください。

その1

「マクロ脳」を捨てる

社会貢献に燃えていた以前の私は、まさに「マクロ脳」でした。ここで言う「マクロ」とは政治や経済、種々の社会問題などの「世の中の大勢、大局」だととらえてください。

例えば、「地球温暖化」や「エネルギー安全保障」から起点を作らないと、前職の太陽光発電材料の研究でも身が入らなかったのです。無理やり結びつけても、目の前の小さな仕事がすぐさま社会課題を一網打尽に解決してくれるわけではないので、モチベーションが希薄化されて長続きしません。大義名分と会社のビジネスが相反するときなんて、明らかに萎えて異動や退職が頭にチラつくわけです。動機の部分ばかり磨くのに熱心な反面、肝心の内容やアクションの具体化は苦手でした。行き過ぎた社会貢献の目的化は、単なる強力で厄介なエゴです。

論文や企画書の「背景」ばかり分厚くて中身がさみしい経験をしたことのある方や、就職活動の自己PRで熱意ばかりに文字数の大半を割いたことのある方などは、私と同じタイプです。**「誰よりも問題意識／熱意があるのに何で採用／重宝してくれないんだ！」**とかなりますよね。わかります。

阿部梨園に関わり始めたときの私はまたも、同じように農業政策やグローバルな食糧問題から着手しようとしました。世の動向を網羅してからでないと、方針が定まらないと思ったのです。

早く農業系のメディアや書籍の情報を網羅して、海外の動向も調べないと…と焦りました。しかし、幸運なことに、梨園ではそんなリサーチに充てがう時間もありませんでしたし、マクロな知識が経営改善や梨の売上に直結しないことくらいは私も認めました。

つまり、**「マクロ」な情報収集はキッパリやめました。**インターネットやSNSでも、TPPや農地法改正などの農業政策や、スマート農業の最先端事例に関する記事は開きもしませんでした。**遠大なテーマの勉強会への参加やネットワーキングもやめました。**

その代わり、「業務改善」や「組織開発」など、阿部梨園が喫緊で必要としている分野の情報収集に専念したのです。これは短期間での集中的な成果につながりました。100件の業務改善を目指していたおかげで、現場に直接は役に立たない情報を遮断し、即座に反映できることだけに神経を研ぎ澄ますことができたからです。

私のようにインテリぶって生きてきた人が現場主義を身につけるには、マクロ脳を捨てることが一番の近道です。「木を見て森を見ず」がいいのです。木から森を見上げるからこそ、「阿部梨園の知恵袋」のように、常識破りのアイデアを思いつくこともあります。現場に根ざした発案だからこそ、信憑性や具体性が揺るぎない価値になります。

全体のことを考えるのは、それからでも遅くはありません。その頃には、要らない功名心も、現場で揉まれて十分に脱水されているはずです。

その2

プライドを捨てる

威張り散らすような性格ではなかったはずですが、私も人並みにプライドのある人間でした。プライドを燃料に頑張ることができた場面はもちろんありますが、逆にプライドに邪魔されることのほうが多かったです。特に、以下のような感情に左右されがちでした。

「失敗したくない」「恥をかきたくない」

「人前で話すと緊張する」「人にどう思われているか気になる」

これらはすべて人として自然な感情ですが、望むようなセルフイメージ（自己像）を守りたいというプライドが作用した結果でもあります。結果として不器用な行動になって、損をしてしまうことが私も多々ありました。

しかし、梨園に入って1年ほど経った頃、ふと気づくと、そのような感情やプライドに支配されなくなっている自分に気がつきました。

「頑張った結果の失敗なら仕方ないや（笑）」

「恥をかいても笑って耐えられればいいや（笑）」

「人前で話しても緊張しなくなった（笑）」

「人にどう思われているかほとんど気にならない（笑）」

振り返ると、うつ病時代は休職を経て無職になり、社会から切り離され、やりたいことも自分の価値も感じられず、完全に無の存在でした。このときにプライドが消散したのは第2章で述べたとおりですが、おかげで**開き直って自分の価値や自己像に無頓着になれた**のです。農家の従業員という属性は、誰の期待も集めないので、これもまた無の存在でした。失敗して恥をかいても、ゼロの原点に戻るだけのことです。うつで瀕死だったとき以下にはなりません。

梨園ではさまざまなことが起こります。雨後のタケノコのような課題や出来事に対応しているうちに、過去を振り返る余裕がなくなり、自分のことが気にならなくなりました。また、物事の是非を問わず、阿部という絶対的な後ろ盾がいつでも必ず肯定してくれる環境にも助けられました。その結果、褒められたり成功したりしても舞い上がりすぎず、けなされたり失敗したりしても長く引きずらず、いい意味でニュートラルな自己像を保つことができるようになりました。

要は、ポジティブになれたのだと思います。そうなってからは、自己像を守るための無駄な感情や行動を省略できるようになりました。

プライドのない状態は、泳げるようになったときの感覚と似ています。はじめは上手に泳げないので恥ずかしい思いをしても、いずれ自由に泳ぎ回れるようになると、世界が広がります。自己愛という学校を卒業した気分、病院を退院した気分と言ってもいいかもしれません。30年もかかりましたけど……。

その3

コスパ思想を捨てる

私が阿部梨園に入職したことも、阿部梨園が経営改善ノウハウを無料で公開したことも、費用対効果を考えれば得策ではありません。つまり、コストパフォーマンス（以下コスパ）が判断基準になっていたら、見送らざるを得なかった選択肢です。それでも選んでしまったのは、その先に得られるものが経済的評価以上の価値があると直感したからです。そしてそれは正解でした。

コスパ思想を無視すると、いいことがあります。まず、**コスパという制約から解き放たれると、常識の範囲内では手に入らないような経験や知見を得られる**ことです。

「インテリ気取りが農家の非生産人員になったらどうなるのか」
「農家が経営ノウハウを無料ですべて公開したらどうなるのか」
「後で無償化される成果物の支援をクラウドファンディングで募ったらどうなるのか」

たとえばこれらの問いは、前例がないため、結論が予測できません。**損得という制約を解除すると打ち手が劇的に増えます。**つまり、知恵や想像力を絞り出し、課題解決力を磨く格好のチャンスになります。

もちろん、無闇に「損して得とれ」を推奨しているわけではありません。目的にちゃんと意味があることは、コスパを取り除く場合の最低限の条件です。

右の例で言えば、「農家が非生産部門に難を抱えている」「農家が経営ノウハウ不足で困っている」「経営ノウハウを無料で公開したいが初期費用が不足している」という命題が明確だったからこそ、その後の過程にも意義が生まれました。

また、**コスパを度外視すると、競合が少なくなる**というメリットもあります。年収半分以下という低い門をくぐったからこそ、「東大卒、農家の右腕」という稀少な事例になりました。無料公開だからこそ、「阿部梨園の知恵袋」は営利企業に模倣されにくくなっています。**コスパ無視はオリジナリティの湧水池**であり、ときおり思わぬアドバンテージが見つかります。

まとめると「一見すると損だけど、意味のあることをやってみよう」です。おまけに打算を排した犠牲は共感や仲間、助けも呼び込んでくれます。それを狙うこと自体は打算ですけれど。

その4

依存心を捨てる

「情報」「教育」「福利厚生」「ネットワーク」「仕事の指示」、

「仕事を代わってくれる人」「生活や将来の保証」……。

いわゆる大企業から阿部梨園に就職するにあたって、私は農園に「ない」ものばかりを並べて不安に駆られていました。

社内制度に載った教育を受けられなくなって成長が止まるのではないか。

周囲にハイキャリアの人がいなくなって、同世代から取り残されるのではないか。

自分の仕事を代われる人がいないので、何かあっても責任から逃れられないのではないか。

生活や将来の保証がなくなって、いつか路頭に迷うのではないか。

一度身につけさせてもらった装備を解除するのは、何とも心細いものです。生活や将来のことは後でなんとかするとして、成長だけは止めないように、必死に勉強だけは続けました。東京まで出てセミナーを受講するお金はないので独学でしたし、本を買うお金すら惜しんで図書館に通いました。テレビやラジオのビジネス番組も数少ない情報源だったので、録画して真剣に栄養摂取しました。阿部家で購読している農業新聞も譲ってもらって、スクラッピングしました。

人や会社に頼れば、「正答」が即座に手に入る時代です。それでも、一人で調べ物をしているうちに素朴な問いがうまれ、しばらく沈思黙考の中で自分なりに得心のいく答えを得ました。単なる思考実験ではなく、題材は阿部梨園の現実の経営課題です。この素朴な自問自答から得られた自分なりの見解は、思いのほか周りから好評で、この本にまで至っています。

このような経験を通して、阿部梨園以前の私は情報、ネットワーク、福利厚生、将来の保証など、外部から供与されるものに「依存」していたのだと気付かされました。**与えられた環境や条件もゼロリセットすると、「頼れるのは自分だけ」になります。そこで生存本能が発揮され、種々の能力が伸びました。**「孤独に順応する」と言い換えてもいいかもしれません。田んぼの水を抜いて稲の根を伸ばす「中干し」のようだと思っています。

もうひとつ。**「依存」しなくなったおかげで、責任感も芽生えました。**阿部梨園では私一人しかできない業務も多く、何かあっても、代わりに巻き取ってくれる上司や同僚はいません。最後は誰かが助けてくれるという退路を断つことで、甘ちゃんで逃げ癖のある私も、大人として最低限の責任感を持つことができるようになったと思います。

この**自己完結スキル**は、あらゆる場面で役に立ちます。日々の業務から少しずつ自己完結の階段を登り、いつのまにかクラウドファンディングや起業まで至りました。みなさんも、何かに依存したり甘えていたりしていないか考えてみてください。自分の力を伸ばすヒントがそこにあるかもしれません。

その5

課題解決に専念する

世の中で最も求められているのは課題解決です。日々の業務も、顧客または社内の課題解決と言っても過言ではありません。課題解決力を鋭く磨けば、困っている周囲を助けることができ、重宝されます。課題解決のプロになりましょう。

課題解決に必要な考え方や進め方は、世の中で既にフレームワークとして確立されています。詳しい説明は他書に譲りますが、フレームワークの原理原則や、よく使われるフレームワークは知っておいたほうがいいでしょう。一般的なフレームに則って課題や戦略を表現すると、他者と共有したり、比較したりするのに有益です。

他にも、実際に起こった企業などでの課題解決事例も役に立ちます。ケーススタディが多数公開されていますので、知見を取り込んでみてください。農業での事例である必要は必ずしもありません。他業界の知恵がヒントになります。私もビジネス番組やドキュメンタリーから多くのことを学び、梨園に転用しました。

課題解決の障壁は、能力や知識の問題だけではありません。**課題解決させてもらうための裁量や理解を得ること**が、入り口にして最大の難関です。

「どうすれば課題を解決できるのか」だけでは、人の心は動きません。「なぜ課題を解決しなければならないのか」「課題を解決するとどんな利益があるのか」まで考えて、セットで提案しましょう。**「いいこと」があるとわかっていれば、相手は断る理由がなくなります。**

逆に、**遠ざけなければいけないことは、課題解決に寄与しないすべて**です。間延びした会議、社内政治、不要な駆け引き、自己満足、体裁を守るためだけの慣行……。どれも課題解決にとっては回り道です。調整業務に予算・時間・人員を割くよりも、課題を一撃必殺したほうが有益です。

ときには、課題解決につながらない無駄なアクションを止めるよう諫言することも必要になります。これも「なぜ止めなければいけないのか」「止めるとどんな利益があるのか」をハッキリ提言できると、話が通りやすくなります。

課題解決は周囲からの信用の上に成り立ちます。一、二度任せてもらって少しでも成果が出れば、評価も変わってきます。仲間の意見を無視したり、置いてきぼりにするようでは、持続的な習慣や文化になりません。日頃の振る舞いや人間関係も大切にしましょう。

その6

広く浅く網羅する

私は、梨園で様々な業務を担当しています。会計・経理、人事・労務、総務、ＩＴ、企画、営業、注文管理、接客、デザイン、情報発信、そして生産管理の補助。何でも屋です。個人経営の小規模な農園なので一つひとつは大したレベルではありませんし、専任の方ほどの従事時間や専門知識はありませんが、それぞれ最低限の要点は理解したつもりでいます。

このような何でも屋は、１つの分野に長けたスペシャリストと対比して、ゼネラリストと呼ばれます。出身の東京大学がゼネラリスト教育に力を入れていたこともあり、私は幅広く何でも対応できるゼネラリストに憧れて今まで生きてきました。といっても、大学が提案しているのは教養に基づく「広く深い」人材でしょうが、私は深さを諦めて「広く浅い」人間でいいと思っています。浅くてもよければ、私のような一般人でも多少の幅広さは身につけられるからです。

ある分野で最低限の知識や経験があれば、その道のプロの話を理解する助けになったり、プロに仕事を依頼しやすくなります。それだけでも、何も知らないより大きなアドバンテージです。たとえば私は専業のＩＴエンジニアではありませんが、ＩＴのプロがどんな仕事をしているか、それがいかに大変か、彼らの業界で何がトレンドか、ちょっと知っています。ですから、エンジニアの話からヒントを得ることができますし、彼らと仕事をするときの進め方はわかっているつもりです。自分で手を動かしたことがあれば、先方にとっても話しの早い相手になると思います。

少人数の零細事業だからこそ、「広く浅い」人間が一人いれば段違いの幅が出ます。デザインのいろはを知っている人、ITをかじったことのある人、給与計算をやったことある人。**その専業未満の知見が大いに役立つ**のです。一から十まで知る必要はありません。簡単に手に入る知見を回収したら撤退して、次の畑に移っていいのです。飽き性、歓迎です。複数の業務分野をカバーできるようになれば、分野をまたいで経験を応用したり、他の人の業務をサポートしたりできるようにもなります。これは「広く浅い」人材の真骨頂です。

それでは「広く浅い」人材になるには、どうしたらいいのでしょうか。コツは「職場でできるだけ多くの業務を経験する」「プライベートでも新しいことに手を出す」「嫌いなものも食べてみる」ことです。零細事業の雑務をローテーションしまくれば、広さは自ずと稼げます。仕事で指示されたことだけでなく、プライベートで新しいことをつまみ食いするのもいいでしょう。

そして、嫌いなことや苦手なことも、時にはトライしてみることです。私はデザインが苦手でしょうがないのですが、苦手なりに取り組んだことで、プロの仕事のありがたみや勘所、相場感がよくわかりました。「広く浅い」人材は、この加速的に多様化している時代だからこそ求められる存在だと思います。

「広く浅い」人材が、世の中にもっと増えたらいいと思いませんか？

「広く浅い」人材に、皆さんがなってみませんか？

その7

矛盾する立場を往復する

私は代表阿部の右腕として経営を管理する立場でありながら、従業員として雇用される立場でもあります。阿部の肩を持って経営側の事情をスタッフに理解してもらうよう立ち回ることも、逆に従業員側の側に立って陳情することもありました。

この、一見矛盾した両端どちらの立場にも立てる人がいると、組織の緩衝役という重要な役割を果たせます。

生産者↕販売者↕消費者
ビジネス↕科学
感情↕論理
理論↕実践
抽象↕現場
マクロ↕ミクロ

他にもさまざまな例があるかと思いますが、**両極端の視点を持つ**ことで、そのときどきで必要な立場に立って船を進めることができます。経営者は従業員の立場にはなりきれませんし、生産者は客観的な消費者の立場にはなれません。だからこそ、**間に立って仲裁できる人は、貴重な存在**なのです。

矛盾する立場を往復することは、自分自身の考えを広げることにも有益です。**「つじつまがあわないな……」「両方を立てるのは難しいな……」というところに、新しいヒントや非常識なアイデアの生まれる可能性があります。**哲学者のヘーゲルが唱えた「弁証法」の考え方です。サウナと水風呂を往復するようなものかもしれません。

これを身につけると、頭の切り替え速度も含めて、鍛えられます。

その8

おせっかいを極める

私は、小さい頃からお節介だと言われて育ちました。頼まれてもいないのに友だちの手伝いをしたり、要らない口出しをして煙たがられたりもしました。いま思えば当時から、他人の課題解決に敏感だったのだと思います。しかも私はキリスト教信者、クリスチャンですから、「あなたの隣人を自分自身のように愛しなさい」で有名な「隣人愛」が金科玉条です。どうしたら相手が幸せになるかを考えて行動することは、価値観の根幹レベルで刷り込まれています。これもまた、ツボを外せば単なるお節介です。

そこから20年数年を経て思うのは、**ビジネスの世界では「お節介」が極めて有効**だということです。「相手のことを考えてベストの提案をする」というお節介は月並みな営業の基本ですが、営業職でなかったとしても、すべての場面で役に立ちます。阿部梨園の経営改善が実を結んだのは、阿部のこと、スタッフのこと、お客さまのことを、当人の立場に立って真剣に考えた上で改善を提案したからだと思っています。

お節介の基本は、相手の立場に立って、その人になりきることです。私は阿部梨園に生活や人生を賭けたからこそ、阿部の気持ちが少しわかるようになりました。同じようにスタッフの立場、お客様の立場、取引先の立場にダイブすることで、相手の期待以上の提案ができ、関係を深められたと思っています。

もちろん脳や心を交換するわけではありませんから、相手の思考や気持ちを想像するわけです。想像力です。これはもう恋愛だと思ってください。**好きな異性の気持ちを察しようと思いを巡らせた、若い頃のことを思い出してくだされば、どうお節介すべきかは自ずとわかります。**ビジネスでのお節介は恋愛よりもはるかに高打率なので、安心してください。

お節介の（そして隣人愛の）本質は「一方的なＧＩＶＥ」です。私は阿部梨園に入るとき、４ヶ月の無給のインターンとして加わりました。４ヶ月働いたら得られるはずだった給与をＧＩＶＥして、阿部梨園に奉公したとも言えます。阿部梨園の知恵袋は、無償で全てのノウハウを公開したことから多くの方の共感と支援を得ましたが、これも一方的なＧＩＶＥです。

物事を動かす非常識な手段として、一方的なＧＩＶＥは強力です。お節介は伝わります。お節介は琴線に響きます。自分の損得勘定は一旦横に置いて、相手に何を提供できるか考えてみましょう。その先の打ち手は劇的に広がります。

もちろん、親切を押し売りなさいということではありません。手弁当は裏技です。くれぐれも、ストーカー的なＧＩＶＥにだけは陥らないように注意してください。

その9

右腕業に徹する

これが私の理想とする右腕像です。経営全体を統括し、作戦を立て、ときには指揮を執るような参謀のイメージでメディアに取り上げられることが多く、実際そういう役割をこなしている部分もあります。参謀スキルに関しては、ここまで述べてきたように、「広く浅い見識で（その6）、課題解決のプロになり（その5）、おせっかいをする（その8）」に尽きます。

それよりも重要なのは、秘書スキルです。「部活動のマネージャー」の意識で役職をマネージャーと設定しているのも、秘書役に徹する感覚ゆえです。

「参謀」、「兼」、「秘書」。

・何でもお伺いを立て、決裁を仰ぐ

阿部は細かい報告を求めずに、私を信用してくれています。「佐川くんがやることなら」と基本的には何でも受容してくれるので、私は自由に企画できます。だからこそ私は逆に、阿部に何でも報告し、伺いを立ててから実行することにしています。

ガチンコでぶつかり合ってきた二人だからこそ、議論や役割分担は対等な立場で張り合ってきました。加えて上司・部下という関係を両立するのが、私なりの阿部へのリスペクトです。どれだけ仲良しでも、敬語で接しているのはそういうわけです。私一人だけで判断できることでも、わざわざ確認するまでもないことでも、説明しても理解してもらえなさそうな分野でも、「オレは聞いてない」と思わせてはいけないと思っています。

私は事業主ではなく、あくまで従業員です。事業に関するすべての最終責任は、代表者である阿部が負うことになります。仮に大きな損失が出ても、私は責任をとれません。阿部梨園の資金はすべて阿部個人の資産でもあるので、特に出費に関しては確認・報告を入れています。「佐川くんはちゃんと報告してくれた」という安心感をすべてにおいて感じていてもらいたいのです。

・複数の選択肢を立案し、自分の意見も添える

意思決定においては、「後は選ぶだけ」という状態で阿部に持ちかけることを意識しています。複数の選択肢を用意し、それぞれの情報を網羅して比較できる企画書を作ります。「佐川ならコレを選ぶ」という提案を、理由と合わせて付け加えるのがポイントです。自分では選べないような無責任な判断を押し付けるのではなく、自分の一票も判断材料の1つとして提供します。

この場合の複数の選択肢は、「松・竹・梅」だと選びやすいです。「竹」ほぼ一択の場合でも、参考情報として「松」と「梅」を用意しておくと、納得感が増します。

完璧な提案をしなければいけないわけではありません。自力で限界まで考えたら、仲間の意見も頼りにしましょう。チームとして、その時選べる最善の選択をすればいいのです。

・たまにオーバーラップして牽引する

これは必須スキルではないかもしれませんが、大変役に立つスキルです。必要に応じて人前に出たり、陣頭指揮をとったり、トラブル対応できると、組織やチームを安定させる存在になれます。サッカーで言うとリベロ（普段は守備役だが、機を伺って攻撃に転じるポジション）が近いかもしれません。私も、阿部の代わりにメディア対応したり、スタッフに指示したり、トラブルを巻き取って片付けることがあります。

時おり主導的にプレーできる姿も見せることで、日常でも説得力が増します。「口だけのヤツ」だと思われているようでは、右腕は務まりません。監督経験者がヘッドコーチを務めるチームって、強そうです。監督が二人いるようなものなので。そういう存在をイメージしています。

◉

以上が、私なりに体得した、自分の出力を最大化する仕事術です。

特定のスキルや知識に依存したものではなく、「状況に応じて最善の振る舞いをする」ことを徹底してきただけと言っていいかもしれません。皆さんの日々の業務も、磨き込めば価値が出ます。希望をもって、目の前のことに一球入魂してみてください。その過程で力が貯まり、周りのことも自分自身のことも助けられるようになるはずです。

小さな農家のための「農業経営9箇条」

理想の農業経営はどうあるべきか、さまざまな意見が各所で飛び交っています。

「規模の経済を追うべき」
「経営者になって管理に専念するべき」
「法人化するべき」
「家業にとどまっておくべき」
「製販分離で生産に特化するべき」
「直売するべき」
「インターネットで顧客をつかむべき」
「キャラやストーリーに訴求するべき」
「観光や六次産業化で収益を増やすべき」
「輸出するべき」
「半農半Xで生活と一体化するべき」

……これらは、ほんの一例です。

農業経営について論じられるとき、**それぞれのイメージする「理想の農家像」が食い違っているために、議論が深まりにくい**ように感じられます。生産者当人だけではなく、行政や企業、消費者も含めて、話が散逸してしまっているように思います。それぞれに好き勝手を言っていて、同じ言葉を使っていたとしても、指すものが違っていたりもします。これでは、迷子や脱落者が出るのは無理もありません。

もちろん、栽培品目や土地柄、経営形態など条件によって最適解は異なりますし、むしろ多様性は好ましいことです。その上で私が提案したいのは、地域や品目、ビジネスモデルを超えて、**「これから存続できる農業経営体の共通項」を、業界の共通認識とすること**です。

共通のベストプラクティスを最大公約数的にまとめれば、最低限の必要条件がはっきりします。内容としては至って当たり前、むしろ、農業に特化しているものはほとんどありません。どこの業界でも共通して言われているような経営やビジネスの一般論であり、必修科目です。逆に、ここで挙げたような経営者として必要な考え方を持っていなければ、持続的な農業経営は難しくなるとも言えます。

そのような目的で、私が阿部梨園に関わる中で見つけた、農業経営のあるべき姿を9箇条にまとめました。みなさんの経営と照らし合わせてみてください。

その1

合理主義

農業経営において最重要の要件は「合理主義」です。合理主義とは目的達成のために最も効率の良い手段を選択することであり、事業における合理とは「利益の最大化」です。利益を最大化するように日々、最善な意思決定を続けることが最も大切なのです。

そんなの当たり前と思われるかもしれませんが、**私たちはつい非合理になりがち**です。例えばマーケティングなしに新商品を開発していたり、売上が増えるとわかっていても販路を開拓しなかったり、オーバースペックな上位グレードのパソコンを買ったりするようなことも、利益の最大化という観点からは非合理です。私欲や妥協、惰性など、私たちを非合理に誘う誘惑は無数に存在します。

合理主義と言ってもイメージが湧かない方のために、私は**「細マッチョ経営」**と表現することがあります。無駄な贅肉が少ない筋肉質な経営を意識するという意味です。リーンスタートアップで有名なリーン（lean）という英単語も、元は「痩せている、贅肉の少ない」という意味です。スケールメリットが効くビジネスでは「体の大きさ」も強さの1つですが、肥満体質では経営も生活習慣病になりがちです。意思決定の筋トレを重ね、細マッチョを目指すのです。

1. 課題や仮説、目的を正しく設定する
2. 目的を達成するための施策を複数検討する
3. 最善の施策を選んで遂行する
4. 実施結果を分析し、学習を強化する

たったこれだけのことですが、農業界で合理主義を徹底できる方は多くありません。細マッチョになるだけで十分に優位です。いま贅肉があることを自覚している方は、伸びしろがあるということです。合理主義は、理性的な判断をすればいいだけではありません。ときには他人の不合理という障害を乗り越えながら、ときには複数人で協力し合いながら実現されていくものです。臨機応変に対応するスキルや、コミュニケーション能力も必要です。

合理的であるということは、**日々のすべての業務が最適化されていて、意味がある**ということと同義です。スタッフはやりがいを感じて、業務に打ち込むことができます。取引先やお客さまに商品価値や価格の妥当性を理解してもらう好材料にもなります。合理主義であるということ自体に大きな価値があるのです。

やりたいけどやれていないこと。やらなければいけないけどできていないこと。書類の整理、機械のメンテナンス、事業計画づくり、勉強……。休みを取るのもままならない農業ですから、アラが残ってしまうのは無理もありません。些事に頓着しない性格の方や、細かいことが苦手な方もいらっしゃることでしょう。

ただ、農業経営において**小さい部分がないがしろにされてきたことに、私は危機感を抱いています。**かたや設備投資のために数千万円の借り入れをしているのに、一方では従業員の給与明細もない。直売で繁盛しているのに、現金出納や販売データは全然管理されていない。外から見えない経営の部分は未熟で、端的に言えば脆い状態です。**いくらテクノロジーが進化しても、行政や周囲が支援しても、経営がおろそかにされたままでは発展は望めません。**

阿部梨園の経営改善は「小さいことに忠実に」を合言葉に進められました。これは聖書にある「小さい事に忠実な人は、大きい事にも忠実であり、小さい事に不忠実な人は、大きい事にも不忠実である」という記述を引用しています。日々の業務の小さなやり残しが積もり積もると、経営が重くなります。目詰まりしたフィルターは、エアコン本来のパワーを奪います。古いエンジンオイルは、エンジンを傷めます。同じように経営の「小さいやり残し」も定期的に一掃する必要があります。私たちも改善点を探し、課題解決ノックを数百本続けました。

「小さい改善」には多くの利点があります。小さいからこそ予算や時間、人員に限りがあっても着手できます。小さいからこそすぐ結果が出て、モチベーションが持続します。小さいからこそ、負担感少なく習慣化できます。小さいからこそ、仮説検証の件数を稼ぐことができ、学習が加速します。とにかく小さい改善でＰＤＣＡを回しまくることで、経営や商売、マネジメントなどの感覚を集中的に磨いていくのです。

私の感覚では、小さい改善の積み重ねで収支それぞれ10％ずつ改善することは、難しいことではありません。販売単価だけを20％上げるのに比べれば簡単ですし、合計20％も良くなれば、私たちのような小規模事業者はかなり楽になりますし、選択肢も増えます。

もちろん、小さい部分最適を延々と続けても、それだけで十分な利益が確保できるとは限りません。規模の経済で「大きい農業」は依然有利ですし、リスクをとった「大きい改善」が効果的な場面もあります。

世の中の流れも早くなっていますので、市場のトレンドが大きく変わったり、非連続的なイノベーションが起きたりすれば、小さい改善の成果が押し流されてしまうこともあるでしょう。

私がいつも申し上げているのは、**「小さい改善をなるべく早く卒業して、大きい農業へ挑戦しよう」**ということです。小さい改善を一巡した頃には、大きい農業へ挑戦する力が蓄えられているはずです。

その3

民主主義経営

小規模農家では、事業主が一人で判断する場面は多いです。一人農業や家族経営からそのまま雇用を拡張すると、自覚のないまま、はからずもワンマン経営になります。

ここでのワンマン経営とは「乱暴な社長」のような性格的なものではありません。**業務や責任を従業員と分かち合えない、スタッフが主役になれない経営のこと**です。一人で全てを背負うのも立派ですが、それでは主体的なスタッフが育ちません。裁量のない仕事は成長が実感しにくく、やりがいの枯渇から離職にもつながります。

阿部梨園は試行錯誤の結果、スタッフを信じて共有する民主主義的な経営スタイルに至りました。任せることで各員が能力を発揮し、スタッフとの相互理解も深まり、「みんなの職場」になります。民主主義経営のキーワードは「共有」です。

「意思決定」を分かち合うことができれば、それぞれの持つ知恵を持ち寄りつつ、合議制で最善な判断ができます。判断に関わることでスタッフは裁量を感じられます。

「責任」を分かち合うことができれば、事業主側の負担が軽減されるだけではなく、従業員側の業務遂行能力や責任感が養われます。

「感情」を分かち合うことができれば、辛いときや苦しいときに、スタッフと励まし合うことができます。スタッフのことを、もう一歩深く理解できるようにもなります。

忘れてはいけないのが「利益」の共有です。意思決定や責任だけ押し付けられて分け前にあずかれないようでは、スタッフは報われません。事業活動で得られた利益を、スタッフへ還元してください。

民主主義経営ができているかどうかのリトマス紙になるのは、経営者自身の**「農園＝オレ（ワタシ）」という意識の度合い**です。阿部梨園＝阿部英生というように、農園と自身を重ねすぎてしまうと、スタッフが「私の農園、私の職場」と思う余地がなくなってしまいます。

農園という上位概念があって、その下に代表者もスタッフも含めた全員が横並びし、共に農園を立てあげる。そのような意識が浸透すれば、各自の持ち場がはっきりし、責任感や自主性が芽生えます。

その4

従業員ファースト

農業に関わりながら、雇用に関して私の心の中で段々と違和感を覚えるようになった単語があります。それは**「お手伝いさん」**という、ありふれた言葉です。パートさんを「お手伝い」さんと呼び、仕事を「手伝って」もらう。農業の現場では、当たり前で自然な表現です。私も当初は何も感じませんでした。

いったい何が問題なのでしょう。

違和感の正体は、**「手伝ってもらう農家側が主役であり、手伝う従業員側が脇役である」という暗黙の了解**です。お手伝いの感覚では、一枚岩になることができません。逆に、全員が正規軍なら少数精鋭、最強です。

阿部梨園では数年かけて、「従業員ファースト」の意識を浸透させてきました。「脱お手伝いさん感覚」で、役割は違えど全員が阿部梨園にとって重要なメンバーです。

従業員ファーストのコツは「譲る」ことです。スタッフに「仕事」を譲りましょう。「自分でやったほうが上手い」「自分でやったほうが早い」と現場で主役を張ったままでは、いつまでも楽になりませんし、スタッフの主体性やプロ意識は育ちません。思い切って仕事を任せて、少しずつ管理側、教育側に回りましょう。スタッフの成長が農園の推進力になります。

もうひとつ、「名誉」もスタッフに譲りましょう。阿部は、外部から評価を受けるたびにスタッフを労い、スタッフの手柄を激賞しています。

これは全ての農業経営者さんに真似していただきたいです。部下の手柄を強調する上司は、慕われます。これは常日頃から手柄を取らせるよう仕事を譲ってこそです。間違っても自分の承認欲求のためにスタッフを酷使しないでください。

スタッフの待遇にも従業員ファーストを適用しましょう。労働条件や労働環境、福利厚生をはじめとする社内制度も必要です。はじめからフルパッケージの導入は難しくても、1つずつ整備していきましょう。

スタッフとの近い距離感やチームワークは、小規模事業の強みです。スタッフやチームに向き合わずに小規模農業の未来はありえません。

その5

計画先行

事業計画、年間計画、月間計画、生産計画、作業計画、販売計画、採用計画……。計画は登山ルートや航路図のようなものです。無くても進むことはできますが、迷って立ち往生したり、道を間違えたりするリスクが高くなります。遭難しないように、しっかり計画を作って活用しましょう。計画が先んじる事業は段違いの安定感です。

計画作成の第一義的な目的は、「予実管理」です。予実管理とは、事業や業務の予定された計画が目論見どおりに進行しているか、照らし合わせながら管理することです。計画があることで、目標達成のための具体的な行動が明確になります。目標や予定とのズレがあれば、行動を修正します。計画を用いて予実管理すると、目標達成の確率が高まります。

計画を立てる際には、一般的に、何らかの予測が加わります。「畑1枚あたりWの作業に平均X時間かかるだろう」「Yの商品はZZZ箱売れるだろう」といった予測、すなわち仮説を立てます。この仮説が正しかったかどうか検証するプロセスに、多くの学びがあります。

仮説検証の精度が上がれば先々の見通しが立ちますし、精度が上がらなければいつまでも「出たとこ勝負」です。思考力を高めたいと思っていらっしゃる農業者の皆さんは、まず、計画を立てることから着手してください。

計画が先んじるメリットは、他にもあります。「見える化」です。スタッフと計画を共有すれば、先のことを見越して共に業務を進めることができます。公開されていることで、スタッフとのコミュニケーションや新しいアイデアを呼び込めます。阿部梨園では事務所に年間計画や月間計画を掲示していますが、スタッフも休憩中によく覗き込んでいます。

計画の有無は、事業主の皆さんが思った以上にスタッフの安心感に影響があります。勤務先が計画のない行き当たりばったりの経営だと知ったら、不安に思うのも無理はありません。

もちろん、事業主本人の精神安定剤としても、抜群の効果があります。

その6

計数管理

合理主義、仮説検証、予実管理などと書いてきましたが、何を指標に進めればいいのでしょうか。それは、「数字」です。数字が最も客観的で、最も信用できる判断材料です。「数字に強いです」「数字が好きです」という生産者さんには、めったにお会いできません。苦手でも嫌いでも、数字と和解して、少しずつ付き合いを始めていきましょう。

最低限必要になるデータは、「作業時間」「生産量」「(会計上の) 収支」です。どんな作業をどれだけした結果、どれほどの量が作れて、事業としてどのような採算になっているかは営農活動の根幹、活動量そのものです。阿部梨園は、作業時間と生産量のデータがなかったので、これらを取得するところから着手しました。

他にも、直売をしている場合は商品ごとの「販売」データも欲しいところです。また、土壌分析やハウス内モニタリングなどの環境データ、生産物の品質評価などの数値管理は非常に強力です。

「測定できないものは制御できない」というソフトウェア工学の金言があります。体重計なしにダイエットするのは考えられないように、計画や予測を立てるのも、過程をマネジメントするのも、まずは結果の計測あってこそです。

特に作業時間は、計測するだけで絶大なメリットがあります。まず、みんな自分の作業時間や作業スピードを気にするようになります。「今日はやれるところまでやった」だったのが、人と比べて速いか遅いか、工夫できる工程はないか、時間を意識するきっかけになります。結果として作業中の集中力が高まりスピードアップします。

習熟度の影響もありますが、阿部梨園では30％～40％ほど効率が高まった作業が複数あります。計測するだけで「結果を改善しよう」という意識が生まれて好影響に至るのは、レコーディングダイエットと同じ原理だと思います。

記録・集計・分析は手間がかかるので、できれば便利なITツールを活用してください。手書き＋電卓よりも、Excelのような表計算ソフトを使えば速くて正確です。さらに、中級者以上はデータベースを駆使したり、記録・集計・分析の自動化を進めれば、負担は極小になります。今は便利で安価なサービスが数多く市販されていますので、積極的に活用してください。

とはいえ私は、「手書き上等、Excel上等」です。本質はデジタルを利用することではなく「記録をとってプロセスや結果を管理すること」です。デジタルに全面移行してついていけない従業員がいるかもしれませんし、手書きやExcelが最適な場面もあります。

その

7

顧客目線

阿部梨園では、数百の経営改善を集中的に実施しました。なんのために細部まで経営を見直したのか、なぜそれほどまで突き詰めなければいけなかったのかと、よく質問をいただきます。

結論は「お客様のため」に尽きます。もちろん仕事は自分や家族、従業員のためでもありますが、それだけでは独りよがりや妥協も生んでしまいます。「お客様ファースト」の意識をもっていれば、業務に満点はありません。常に改善点を探し続けることができます。それが私たちの経営を突き動かす原動力になってきました。

キレイゴトや建て前の顧客主義ではありません。**一つひとつのプロセスを「お客様への提供価値を高めるにはどうしたらいいか」という観点で見直し続ける**ということです。事務作業や組織づくりといった、一見お客様とは直接関係のないプロセスも、最終的にはお客様に届く価値活動になります。事務作業を効率化できたり、良い組織が練成されれば、生産にかけられるリソースが増えるからです。

「この改善は実施するべきか」と判断に悩む場面でも、「最終的にお客様の利益になるか」という判断基準に立ち返れば、間違いはありません。お客様のためになっていないことを惰性や「大人の事情」で続けているのであれば、思い切ってやめたほうがいいと判断できます。自分の利益を優先するあまり、お客様の利益がなおざりになってしまっているとしたら、見直しが必要です。合理的で明快な決断ができるようになる考え方です。

成長する生産者さんの共通点は、「お客様のために」という価値観を業務に一貫させているということです。その意識が徹底されていれば、日々の業務に筋が通り、より高品質な生産を目指して技術レベルも上がります。「お客様のために」という姿勢が伝われば、お客様とも取引先とも、良好な関係を築くことができます。さらに、従業員も、誰かの役に立っていることが実感できれば、気持ちよく仕事ができるものです。

私の「お客様ファースト」の意識は、直売することによって磨かれました。至らないことがあれば、お客様の反応としてすぐ対面で返ってくるからです。阿部梨園も30年以上の経験で、お客様目線が浸透しています。

農産物直売所やマルシェ、インターネット販売などでお客さまと直接つながってみてください。農園のレベルアップに直結するはずです。もちろん顧客意識が必要なのは販路を問わず、いわゆる系統出荷や卸売取引でも同様です。

その8

家業から事業へ

農業を事業としてしか見ていない方には不要な話かもしれませんが、阿部梨園の経営改善で根幹のテーマになっていた「家業」についてです。阿部梨園は3代続く個人経営の梨農園です。「量より質」の生産方針にはじまり、農地や生産設備、機械、そしてお客様や従業員も、先代から受け継いで経営しています。経営基盤がはじめから用意されていることは、家業の利点です。職住近接しているからこその無駄のなさや、家族労働ならではの阿吽の呼吸があります。

しかし、家業には弊害もあります。事業主一家に最適化されているので、外部雇用の従業員にとっては働きにくかったり、事業の論理よりも家族の都合が優先される場面があったりします。私が関わり始めた当時の阿部梨園では、その弊害が顕在化していました。属人化した業務が多かったことも、社内制度的なものがなく労働環境や労働条件が未整備だったことも、**方針をはっきりさせずに家族経営を拡張しようとした結果の、不安定な踊り場だった**のだと思います。

私は4ヶ月のインターンシップとして阿部梨園に参画しました。テーマは「家業から事業へ」と設定されており、ファミリービジネスの事業化という経験は魅力的でした。そして、大企業勤めを経験していた私は、「家業から事業へ」を、阿部家よりずっとシリアスに受け止めました。数ある方針の中でも「事業と個人の切り分け」は大前提のひとつです。

事業の資金と、個人の家計を分ける
業務に従事する時間と、私用の時間を分ける
業務スペースと、個人スペースを分ける
事業の問題と、家族の問題を分ける

これらは、会社では当たり前のことです。事業を個人から切り離しているからこそ、従業員を招き入れたり、合理的な意志決定にこだわることができます。体制を整えておくことで、将来の法人化に向けた準備にもなります。もちろん、家族経営ならではの温かさや、代々受けついだ風習など、家業の良さは引き続き大切にしていいものです。むしろ、**家業の長所をバトンするために、事業化によって家業の短所を埋め合わせる**感覚がよさそうです。

「農業者から経営者にならなければならない」というのは、随分前から言い古されてきた言葉で、私も同意します。しかし、家族経営から法人経営体にスパッと不連続に移り変われるわけではないのです。様々な事情や障壁に立ち向かいながら、矛盾や理不尽と折り合いをつけながら、段階的に移行していくのが現実的です。

家業ならではの難しさ、事業承継の難しさについては、私も重々承知しています。まずは親子間や夫婦間で、目指す農業経営のあり方について話し合ってみましょう。家業の良さと事業の良さをハイブリッドできれば、小規模農業の活路も見えてくるはずです。

その9

守りながら変えていく

「守りながら変えていく」は阿部梨園のスローガンです。代表の阿部が、若かりし頃に定めました。第2部で詳しく紹介していく阿部梨園の経営改善は、小さな工夫の積み重ねです。特別な知識はそれほど必要ありませんし、大半は、調べればすぐわかる簡単なことです。勇気を出して、自らと経営を変える意志さえ持てば、誰でも取り組めます。

経営改善に必要なのは「知識」ではありません。自らを変える「勇気」です。阿部は勇気をもって経営改善に立ち向かいました。目をそらしたい負の部分に向き合い、言われたくない私の厳しい指摘を受け止め、結果が不確実なリスクを背負い、生産に追われていることを言い訳にせず、ただただ私の提案する経営改善マラソンに付き合ってくれました。その胆力が、阿部梨園に奇跡を呼び込んだのは間違いありません。妥協せず、諦めずに「変えきった」阿部のことを、私は心から尊敬しています。

そして、「変える」と同様に「守る」も大切です。阿部梨園の守るべきものは先代から受け継いだ梨作りの哲学であり、梨を愛するお客さまです。守るべきものを次世代に残すために、それ以外のあらゆる部分を変えてきました。

いま振り返ると、**「変える」力に負けないだけ「守る」ものの重さがあった**ことが、阿部梨園が経営改善を成し遂げた秘訣だったのではないかと思います。守るものが軽かったら、ここまでやり切れなかったはずです。私も、阿部が農業や梨作りに賭ける思いに張り合うつもりで、自分の生活やキャリアを梨園に投じ、経営改善に情熱を注ぎました。

皆さんの守るべきものを思い出してみてください。家族、従業員、お客さま、仲間、地域、先祖代々の農地、農村風景……。これらを守るために、経営と向き合って、自ら変わるべきだと思えたならば、変えるために必要なコツは、この本に全て網羅してあります。

さらに、私も皆さんと一緒に、日本の農業を守りながら変えていきたいと考えています。雨垂れ石を穿つ。阿部と私の4年に及ぶ悪戦苦闘と、阿部梨園式の小さい経営改善メソッドが、日本の農業が反転攻勢を仕掛けるための一里塚になれば幸いです。

第2部

小さな経営改善ノウハウ100

第2部の読み方

第2部では、ウェブ版「阿部梨園の知恵袋」で紹介した阿部梨園の実践した小さな経営改善、業務改善のうち、100件を選んで紹介します。ウェブ版の300件から、エッセンスが重複しているものや似たものをまとめて圧縮していますので、ほぼ全てカバーしていると思います。

本書は主に、**「変わりたいけど、どうしたらいいかわからない」**という農業生産者向けに書かれたものです。私たち阿部梨園も同じように、何から着手したらいいかわからず、農業経営における非生産分野の情報不足を恨めしく思いながら、暗中模索で空振りも失敗も経験しました。既に成功を収められている方、進むべき方針が決まっている方にとっては低いレベルに感じられるかもしれません。そのような方におかれては、周囲の困っている方や、経験の浅い後輩にでもご紹介いただければ幸いです。

また、非生産者で農業に関わるお仕事をされている方も、農家の経営実務をリアルに感じていただけるような内容を意識しました。お付き合いのある農家さんの切実な悩みに触れるきっかけ、課題解決のヒントとしてご活用ください。ただ漫然と読むと扱いにくい情報ですので、まずは簡単に第2部の特徴、読み進める際の注意点、そしてオススメの読み方をご紹介します。

特徴その①　すべて実例である

すべて、阿部梨園が一個人農家として取り組んだ実例として紹介しています。得られた成果や、実施した感想なども可能なかぎり付記しています。他所の成功事例の寄せ集めや、単なる理想論ではありません（※本書をお読みになるタイミングにもよりますが、すべてが継続中とは限りません。一部、発展的に解消したり、途中でやめている可能性もございます。ご了承ください）。

特徴その②　小さく分割されている

小さい改善にこだわって実施し、記録を残してきたので、一連した複雑なプログラムではありません。どこからでも、必要なところや、気の向いたものから取り組むことができます。一つひとつは軽量な改善なので、**すぐ着手して、すぐ成果が出ます。**

特徴その③　幅広くカバーされている

ある特定の分野だけのノウハウではなく、事務、生産管理、組織づくりから販売まで広範囲をカバーしています。同じコンセプトで様々な分野を一気通貫に見直している情報は、あまり見かけません。

読む際のご注意①「儲かるうまい話」ではない

「絶対儲かる○○農業」「年収△千万円農業」のような、高利益率で絶対成功する夢の農業とは程遠い内容ですので、あしからず。もちろん、事業を存続していくために、健全に拡大成長していくために必要な利益は追い求めます。小さな収益の積み上げや、費用や損失の見直しによって利益を絞り出す、地味なテクニックの塊です。

読む際のご注意②「絶対解」ではない

掲載されている情報は、阿部梨園が試行錯誤した実例です。自分たち都合で実施した「実例しばり」は、制約にもなっています。できるだけみなさまにとって有益な内容になるよう心がけたつもりですが、最善な方法論を提案しているとは限りません。ケースバイケース、条件次第で最適解が変わることをご了承ください。

読む際のご注意③「スマート」であるとは限らない

すべてが計画的に管理された理想的なスマート農業経営であればよかったのですが、現実は、様々な事情でそれを許してくれません。マインドはスマート志向のつもりですが、一部では遠回りな泥臭い手段を選んでいるケースがあります。次善策や苦肉の策も含まれます。そんなリアリティも感じていただければと思います。

読む際のご注意④「マニュアル」ではない

件数とカバー範囲を重視した結果、紙面の都合で、1件あたりの詳細な解説が叶いませんでした。大まかな概要や方向性を書き残しましたので、それを参考に、ご自身で考えながら、必要な情報を補って進めていただければ幸いです。つまり、**必要な手順がすべて記載されていて、そのとおりに行動すればいいという「マニュアル」のようなものではありません。**あくまでも、「考え方の教科書」だと思ってください。

読む際のご注意⑤すべてを網羅しているわけではない

果樹栽培、直売優先、雇用重視での実例です。違うタイプの経営体には無用な部分がありますし、優先度の高い課題が網羅されていない可能性があります。ご了承ください。それでも可能なかぎり、一般的な視点で課題解決が学べるような内容を心がけています。

読む際のご注意⑥「生産技術」は含まれない

著者が畑に出ず、非生産分野の改善に注力したため、生産技術に関する情報はありません。技術に関する情報は世の中に十分に流通していますので、他書に譲ります。

読む際のご注意⑦「順番」に意味はない

掲載の順序は私たちが取り組んだ順でも、閲覧者のみなさまが取り組むべき順でもありません。同じカテゴリーの記事をまとめて、多少なり読みやすい順番に配慮しただけです。お好きな順に、組み合わせて実施していただければと思います。

読む際のご注意⑧「効果を約束するもの」ではない

実施条件が異なれば結果も異なりますので、必ず効果が出ることを約束するものではありません。ご自身で考えて、自分に合った最適解を「作って」いただければと思います。また、リスクや損失に関しても責任を負いかねます。自己責任でご活用ください。

まずは、阿部梨園が実際に改善活動を進めた手順を紹介している**「経営改善を始める（#001）」「課題をリストアップする（#002）」「改善アイデアのネタ帳を作る（#003）」「改善の実施記録を残す（#004）」**の4つから読んでいただければと思います。進め方を理解してから他の施策をご覧になったほうが、スムーズで効果的です。

次に、パラパラと開いて、気になるタイトルのものから読んでみてください。皆目見当つかないものよりも、意識や興味のある単語が目に留まったもののほうが読み進めやすいのではないかと思います。つまみ食いOK、食べ残しOKです。できるだけストレスなく、リラックスしてご覧ください。もちろん、先頭から順に読んでいただいても結構です。

ある程度読み進めたら、一度本書から離れて、自分の経営課題に取り組んでみると、さらに効果的です。実際やってみた手応えや気づいたことが、本書の内容をより身近で立体的なものにしてくれるはずです。自動車の運転も、教本の内容をマスターしただけではできるようになりません。実際に手を動かしてみると、はじめは思い通りにはいきません。実践を続けることで身につくようになります。インプットとアウトプットを交代浴しましょう。

それでは、素晴らしい「改善の旅」をお過ごしください。

#001
CHAPTER1

経営

現実と向き合って、自分と農園を変える決断をしよう

経営改善を始める

現在の経営状況に満足していますか。手が回らなかったこと、見て見ぬふりをしてきたこと、解決の糸口が見えない困りごと、漠然とした悩みや将来への不安もあるのではないでしょうか。まずは経営課題を分解し、1つずつ改善していきましょう。

内容

- ✓**1. 経営課題を洗い出す**（#002）
- ✓**2. 改善アイデアを貯める**（#003）
- ✓**3. 改善を実施したら記録する**（#004）

経営改善の進め方は、この3ステップです。思いつくかぎりの**課題、困りごと、悩みごとを書き出しましょう。**

次に、**改善のネタ帳を作ります。**日々の業務を見直したり、外部の情報からヒントを得たりしながら、コツコツ貯めてください。

そして、小さなことでも、**改善を実施したら必ず記録しましょう。**実施記録を続けると進歩を実感し、モチベーションを維持することができます。

結果

- ✓**業務改善、経営改善が習慣として定着した**
- ✓**長年の経営的負債を返済し、事業の安定化を図ることができた**
- ✓**一緒に働きたいと思えるスタッフと共に、理想の梨作りを目指せるようになった**

経営改善に必要なのは知識やスキルではありません。**必要なのは自分を変える勇気**です。課

題に向き合えば、必要な知識やサポートは後から手に入ります。自分の経営状況を正面から見つめ直して、どんな改善が必要か吟味した上で決断してください。

農家業の経営改善は、トヨタ式のような製造業で発達した業務改善よりもむしろ、**ダイエットに似ています**。ボトルネックが事業主個人に起因する割合が大きいからです。過去の自分の負債と向き合い、変化を習慣として続ける意思が求められます。経営のぜい肉を落として、筋肉質な経営を目指しましょう。

コメント

ささいな変化でも立派な「改善」とみなしてください。基準は、「**少しでも前進したと思えば1件とカウント**」です。敷居を低くしてとにかく数を稼いで、習慣化するほうが先決です。どんな改善アイデアでも歓迎したほうが、スタッフも取り組みやすくなります。

コツ 目的をはっきりさせる

なんのために経営改善に取り組むのか、**経営改善を経てどのような状態になりたいのか**、目的や理想をはっきりさせましょう。目的地があることでモチベーションが持続し、判断基準が明快になります。

コツ 改善活動開始を宣言する

一人で心に決めても、三日坊主に終わってしまう可能性が高いです。そうならないために、改善活動の開始を家族やスタッフ、または仲間の誰かに打ち明けて約束しましょう。「見栄」の力を借りることも、目標達成の近道です。また、改善活動していることを知ってもらうことで、アドバイスや情報提供を得られたり、仲間が見つかるかもしれません。自己開示して改善活動をオープンに進めましょう。

参考 **カイゼン**：生産性向上を目的とした業務改善や経営改善のことを「カイゼン」とカタカナ表記で呼ぶことがあります。「KAIZEN」として、日本の製造業から世界に広まりました。改善点を少人数のグループで研究する社内の小グループ活動とセットで広く普及しています。

#002

CHAPTER1

経営

困りごとや悩みを書き出して経営課題の総ざらいをしよう

課題をリストアップする

阿部梨園でも、経営改善に取り組み始めた直後、代表の阿部からは不揃いな課題が数件出ただけでした。それだけしか困っていないのではなく、すべての経営課題を急に書き出すことはできなかったのです。行動に移す前に、まずは課題を再考しましょう。

内容

✓経営課題、悩みごとをリストアップする

まずは書き貯め先と習慣を確保して、思いついたら書き加えましょう。メモ帳でも、パソコンやスマートフォンでも結構です。**日常的に負担を感じることや、納得のいかないことがヒントになります。**

結果

✓未着手の経営課題を網羅して、意識できるようになった

✓改善アイデアを発案するための「元帳」ができた

解決が望めないような難題や、言葉にならない悩みも書き記しておいてください。「自分の課題を認識して言語化する」のも1つのスキルで、習得するまで時間がかかります。寝かせておくうちに、状況が変わって進められるようになることもあります。

コメント

認知行動療法によると、悩みを書いてみたり、話してみたりするとストレスが軽減されるそうです。言語化して客観視することで、問題を外在化し、冷静に対処できるようになるとのこと。

#003
経営
CHAPTER1

経営や業務のアラを探して伸びしろにしよう

改善アイデアのネタ帳を作る

さあ経営改善に着手しようと思っても、改善点や解決策をすぐに列挙できるわけではありません。一方、「ここをもっと良くしたい」「いつかこれを新調したい」といったようなアイデアを、ふとしたときに思いつくこともあると思います。

内容

✓「いつか実施したい改善アイデア」をネタ帳に書き残す

阿部梨園では改善アイデアをExcelで作ったファイルに書き込んでいますが、記録先は紙やチャットツールでもいいでしょう。「発案日」「発案者」「カテゴリ」「タイトル」「ステータス」「優先度」「内容・コメント」という項目で書き貯めています。簡単でもいいので「内容・コメント」の部分に**目的やねらいを書き残しておく**のが大切です。あとで「これ、何のためのアイデアだっけ？」となるのを防ぐことができるからです。

結果

✓アイデアを数多く貯めることができた

✓アイデアを見つけるために情報感度が高くなった

日々の業務の中で改善アイデアを大量に探すことは難しいです。発想が枯渇しそうになったら意識を外に向けて、**書籍や雑誌、インターネットなどでネタを探してみてください。**新しいアイデアを探す意識で情報に触れると、感度が高まって気づきも多くなります。ぜひ、「パクれそうなネタ」を探してみてください。

アイデアを募集したり、相談してアイデア帳から実施するものを選んだり、**スタッフを巻き込んで取り組むと効果的**です。それぞれの目の付け所を知るきっかけになりますし、ポツポツ出てくる改善案が従業員の本音を反映していたり、熟練者からは見えないボトルネックが見つかったりします。尊重して積極的に取り入れましょう。

コメント

経営改善着手から1年以上、阿部と私は**毎週5つずつネタを出すノルマ**でやっていました。貪欲にネタ探しをしないと、なかなか達成できないのですが、**ゲーム感覚で競っていた**おかげでかなり数を稼ぐことができました。

コツ

「くだらない案」を意識的に盛り込む

大量のアイデアを巻き上げ続けるコツは、提案内容のハードルを極限まで下げることです。率先して、**くだらない思いつきや取るに足らないアイデアを発案**しましょう。私たちの例で言うと、「親睦のために社員旅行へ行こう」「集客のために大道芸を誘致しよう」というアイデアさえありました。一見すると駄案でも、そこから次の思いつきが生まれることもあります。

改善アイデアのネタ帳の例

#	発案日	完了日	カテゴリ	タイトル	ステータス	優先度	内容・コメン
0	2020/4/1	2020/4/10	1. 経営	掃除チェックリストを作る	4. 完了	1. 早急に	掃除すべき箇
1	2020/4/4		9. 営業	マルシェに出店してみる	1. 発案	4. 余裕あれば	今シーズン出
2	2020/4/10	2020/4/23	6. 生産	春作業のマニュアルを作る	4. 完了	1. 早急に	花摘み、人工
3	2020/4/10		2. 総務	納屋の不用品を処分する	3. 実施中	2. 1年以内に	資材置き場
4	2020/4/12		5. 組織	スタッフ用のLINEグループを作る	2. 実施予定	1. 早急に	まとめて連絡
5	⋮						
6							

参考 **オズボーンのチェックリスト**：アイデア創出ツールの1つに「オズボーンのチェックリスト」というものがあります。「ある対象のどこかを変えると何が起こるか」を考えてみるだけで、思いがけないアイデアが出てきます。「大きくしてみたらどうか」「入れ替えてみたらどうか」「組み合わせてみたらどうか」などの9つの質問で、自由な思いつきを補助してくれる発想法です。

#004
CHAPTER1
経営

足跡をモチベーションと学びの源泉にする

改善の実施記録を残す

阿部梨園で私は「100件の小さい経営改善を実施する」という数値目標を掲げてしまったので、成果を定量評価するために実施記録を残しました。「数を数えて記録を残す」ということ自体が、継続するための最重要ポイントになっていました。

内容

✓経営改善、業務改善の実施記録を残す

阿部梨園では、こちらも**改善アイデアのネタ帳**（#003）同様、Excelで作ったファイルに書き込んでいます。「完了日」「担当者」「カテゴリ」「タイトル」「内容」「備考」という項目で書き溜めています。結果や考察も書き残せればベターです。

結果

✓経営改善を継続し、3年半で500件実施した

✓改善記録を残すことで進歩を実感し、モチベーションを維持できた

✓改善記録を元に、後で振り返って成果を確認できるようになった

記録を残す利点は、**進歩を実感できる**ことです。ちょっと手順を変えたことや、新しく試したことをカウントし続ければ、月に数件は挙がります。振り返る頃には、「この1年でこれだけマシになった」「今年もちゃんと進歩できた」と自信をもてるようになります。

また、記録を残すことで、期待どおりの成果が出たかどうかを確認できます。思った以上に手応えのあったこと、望んだ成果につながらなかったこと、アプローチが悪かった施策、改善活動で効果を上げるコツや次のアイデアが見つかるでしょう。いわゆる「PDCAサイクル」を回す格好の材料になります。

阿部梨園では当初、完了した改善の情報を事務所内に掲示していました。そうすることでスタッフも、どんな改善が実施されたか確認できます。

コメント

行動を促す方法は数あれど、実施記録を残すということに重点を置いている手法は少ないように思います。**やりっぱなしではなく、記録を残して道を踏みしめることで、一歩ずつ前進できる**のが阿部梨園式の特徴です。「1ヶ月分まとめて振り返ろう」などとすると思い出せなくなってしまうので、毎日振り返ることを徹底して、**その日のうちに記録を残しましょう。**

コツ 数にこだわる

インパクトの大きい改善をしようと気張ると、腰が上がらなくなってしまいます。まずは「毎月X件実施しよう」といった調子で、**内容ではなく件数を目標にしてみてください**。はじめは数時間で完結する小さいことしかできなくても、それがいいのです。簡単なことから習慣づくりに取り組みましょう。

コツ カテゴリに分ける

改善アイデアや実施記録をカテゴリに分類しておくと、後の管理に便利です。重点的に取り組んできた分野や、手薄な分野もわかります。同じジャンルのアイデアや実施策を並べて眺めることで、新しい着想が得られることもあります。阿部梨園では本書と同じように、**「経営」「総務」「会計」「労務」「スタッフ」「生産」「商品」「販売」「PR」「その他」**のように分けました。

#005

CHAPTER1

経営

実績を農園の歴史として記録に残そう

実績をまとめる

農園の過去の営みに関する情報があると、経営改善のためにこれまでの経緯を把握したり、外部向けに情報発信するときの材料になります。過去の情報がないと、時系列で振り返れなかったり、誇れることがあるのに宝の持ち腐れになっていることがあります。

内容

✓**農園の過去の実績をまとめる**

お取り扱い情報、掲載／出演したメディアの情報、商品開発の記録、制作した宣材、農園内外のイベント、事業の変化などについての資料をファイルにまとめます。うっかり処分してしまいがちなので、農園にとってマイルストーンになる資料はあらかじめ取り分けておきましょう。

結果

✓**必要なときにすぐ、過去の振り返りをできるようになった**

✓**実績を記録し、外部に向けてアピールできるようになった**

取引先が生産者紹介の情報として活用してくださったり、農園案内（#095）やウェブサイト（#087）などに掲載したり、外部向けの情報発信に役立ちます。それが目にとまって次の声がかかることもあり、小さな実績が次の実績を呼び込みます。

コメント

過去の足どりがまとめられているだけで自信になります。1つずつスクラップしながら喜びを噛みしめましょう。最初は少なくて当然です。数年かけて少しずつ積み上げていきましょう。

#006

CHAPTER1

経営

走る向きと判断基準を明確にしよう

経営理念、経営方針を決める

改善を経てどのような事業を目指すのか、どのような価値観を大切にして日々の業務を設計するのか、目安となる判断基準が必要です。経営理念や経営方針があれば、取り組むべき課題が明確になり、解決方法に迷うときの指針になります。

内容

- 農園の経営理念、経営方針として、ミッションとビジョンを明文化する

阿部梨園のミッションは、**「梨を通してお客様を幸せにする」**です。これを起点に、「お客様に喜んでもらうための高品質な梨を生産し、販売する」「より一層お客様に喜んでもらえるよう、梨の価値向上に努める」「社会や地域の発展に貢献する」といった具体的なビジョンを導き出しています。

簡単な言葉で言うと、「何のために事業を行うか」をミッション、「ミッションを達成するためのあるべき姿」をビジョンといいます。ミッション、ビジョンと言われてもピンとこないようであれば、「何のために農業をするのか」「どんなことを大切にしながら農業をするのか」くらいから始めても十分です。

結果

- ミッションとビジョンを定めた
- 定めたミッション、ビジョンを元に、やることとやらないことがはっきりした

私が関与しはじめて間もない頃に決めたこともあり、当初は抽象的な言葉を多用した、歯が浮くような表現でした。まずは、

世界を救うような文言を掲げるよりも、身の丈に合った素直な自分の言葉のほうが実用的です。少なくとも、自分で恥ずかしく思うことなく、人に説明できる内容にしましょう。

そして、使える経営理念、使える経営方針であることが大切です。阿部梨園の例でいうと、「梨を通してお客様を幸せにする」→「お客様に喜んでもらうための高品質な梨を生産し、販売する」→「(梨は大玉のほうがおいしく喜んでもらえるので)大玉の梨を作る」→「(梨は数をしぼったほうが大玉になるので)量を追い求めず着果数を制限する」と、**生産方針まで直結しています**。

コメント

使える経営理念、経営方針をスタッフ一同に覚えてもらおうと、暗記するまでテストを複数回実施しました。一時的には記憶してもらいましたが、当時は項目も多く表現も冗長だったので、すぐ忘れられてしまったのは失敗でした。記憶にとどめて日常的に活用するには**「簡潔な表現で3つまで」**くらいがよさそうです。

発展

行動指針

ミッションやビジョンを実現するための、日々の行動指針もあわせて定めましょう。阿部梨園ではスタッフ心得として、**「梨にやさしく、自分にきびしく」「向上心をもち、経験を活かす」「よく観察する」「思いやりや気配りを欠かさない」**などを定めています。行動指針のことを**バリュー**と呼ぶこともあります。

経営理念や経営方針は大切です。何のために農業をしているのか、何を目指すべきなのか、明確な指針がないと判断にブレが生じます。いざというときこそ、ここで定めた経営方針や経営理念が、最終判断の決め手になります。

参考 **「守りながら変えていく」**：阿部梨園のスローガンは「守りながら変えていく」です。代表の阿部が若い頃に決めたものです。先代の梨作りの長所を「守りながら」、自分でも新しいアレンジを加えて「変えていく」という意味です。松尾芭蕉の唱えた「不易流行」と同義ですが、何を守って何を変えるのか問いかける内容なので、経営理念の一部となっています。

#007

CHAPTER1

経営

事業の目的地と航路図を決めよう

事業計画を作成する

起業する人は誰でも事業計画を作成し、それに基づいて事業を進めます。融資や補助の審査にも使われ、事業の将来性について外部評価を受けることがあります。ところが、家業型の農業では、事業計画が存在しないケースも多いです。

内容

- ✓事業計画を作成する
- ✓事業計画に基づいて、柔軟に経営管理する

事業計画の作り方は様々で、どこまで運用するかもそれぞれです。大まかに3段階に分けて左ページに紹介しますので、まずは、どのレベルの事業計画を目指すか考えてみてください。はじめは様式にこだわらず、**今後の希望や見込みを想像できる範囲で思いのままに書き出してみる**ことから始めればいいと思います。どんな農業経営を実現したいか目標を定めてから事業計画を肉付けしましょう。

結果

- ✓事業計画を作成し、経営状態や経営方針が可視化された
- ✓事業計画に基づいて、状況に応じた軌道修正ができるようになった

事業計画づくりは怖くありません。自力で作れるところまで作って、その先は人の助けを借りればいいのです。**本当に怖いのは、事業計画がないままの経営です。**事業計画は登山ルート、航路図のようなものです。無くても進むことはできますが、迷って立ち止まったり、道を間違えたりする確率が高くなります。

参考 KPI/KGI：事業計画を確かなものにするために、反収、秀品率、客単価、労働時間など、計画を達成するための重要な指標を **KPI（Key Performance Indicator：重要業績指標）**として設定して、継続的にウォッチしましょう。この場合の目標値は **KGI（Key Goal Indicator：重要目標達成指標）**と呼ばれ、KPIと対で扱われます。

事業計画を作成したら、専門家の指導を仰いだり、似たような営農スタイルの先行事例と比較したりするなど、客観的な視点で見比べてみてください。作った事業計画が妥当か、見落としている死角はないか、検証することで実現性を高められます。自分では気づかないチャンスが見つかる可能性もあります。

コメント

矛盾するように思われるかもしれませんが、**「事業計画づくりから着手しない」**ことも大切だと思っています。情報不足な状況で実態に即さないものを作成したり、事業計画づくりにエネルギーを奪われて実行が億劫になっては本末転倒です。**全体像はいったん横に取り置いて、改善点を探すことから始める**のもいいでしょう。いずれ、事業計画に自然と向き合えるタイミングが来ます。

事業計画（レベル1）

- 大まかな経営方針がある
- 収益や費用、生産量など大枠の目標が設定されている
- 大まかな行動計画がある

事業計画（レベル2）

- 経営方針が確立されている
- 収支計画が勘定科目レベルで目標設定されている
- 詳細な行動計画がある

事業計画（レベル3）

- 経営方針が社内で周知され、弾力的に運用されている
- 計画と実績がリアルタイムで予実管理されている
- 社員が自立的に行動計画を運用できている

事業計画に必要な要素

- 農園紹介、自己紹介
- 経営理念、経営目的
- 経営概況、経営課題
- マーケティング
- ビジネスモデル
- 行動計画
- 財務計画
- 中期目標、中期計画 など

解説　**予実管理**：事前に立てた予定（＝目標、計画）と、実際の結果（＝実績）の２つを合わせて見比べることを「予実管理」といいます。期初に立てた予定や目標を達成するためには、必要に応じて期中のうちに軌道修正するべきであり、そのためには期末まで待つのではなく、リアルタイムな予実管理が求められます。

\#008

CHAPTER1

経営

事業の強みや弱みを自己分析しよう

SWOT分析をする

今後の経営を考える際には誰でも、事業の長所や短所、チャンスやリスクを考えるでしょう。長所を武器にしつつ短所をカバーし、チャンスを活かしながらリスクを回避するという戦略はスポーツやゲームの王道ですが、経営でも同じです。

内容

✓ SWOT分析を行う

SWOT分析は、組織や事業を**「強み（＝Strength）」「弱み（＝Weakness）」「機会（＝Opportunity）」「脅威（＝Threat）」**の4つの観点から評価する手法のことです。「強み」と「弱み」は組織や事業の内部要因、「機会」「脅威」は外部要因と分けることができます。

結果

✓ **農園の強み、弱み、機会、脅威がはっきりし、とるべき行動が明らかになった**

阿部梨園の「強み」は生産力や商品力、販売実績などで、「弱み」は経営や事務に関わる全般でした。**短所を補う存在として佐川が加わり、代表の阿部は長所を伸ばすことに専念する**という作戦がここから導き出されました。当たり前のことの羅列に思えるかもしれませんが、内外をしっかり自己分析し、最善の行動を導き出すことは経営戦略の定石です。中国の歴史的な軍事戦略化である孫子も、「敵を知り己を知れば百戦殆《あや》うからず」（敵と味方について熟知していれば負けることはない）と言っています。

環境分析：SWOT分析

	プラス要因	マイナス要因
内部環境	S Strength 強み	W Weakness 弱み
外部環境	O Opportunity 機会	T Threat 脅威

自社の強みと弱み、外部のチャンスとリスクを洗い流す。
プラス要因は増やし、マイナス要因は減らす

例

	プラス要因	マイナス要因
内部環境	Strength 強み 高い梨の栽培技術 直売の独自ブランド 常連の優良顧客 若い経営者	Weakness 弱み 軟弱な経営体質、経営管理 人材、組織 労働負荷、労働条件 生食のみの一点がけ
外部環境	Opportunity 機会 県外需要 贈答品市場 インターネット市場	Threat 脅威 贈答品、果物、梨の需要減 気候変動、天災 相場、価格変動 新品種、新技術

コメント

SWOT分析を行って整理したことで、阿部は「目からウロコが落ちたようだ」と言っていました。一つひとつは目新しくない結論でも、客観的に整理したものを他人に提示してもらったことで、納得度が増したようです。長所を伸ばす改善や短所を埋め合わせる改善など、**経営改善のアイデアもSWOT分析の結果に結びつけて考えると効果的**です。

#009

CHAPTER1

経営

日々のタスクを掌握して、仕事のできる人になろう

タスク管理する

阿部梨園に佐川が加わり、阿部と佐川が協力して業務管理する必要がありました。阿部は畑仕事が多く、佐川はデスクワークが多いので、対面で話をできる時間をどう確保するか。ここで言うタスクは、業務を細かく分割した最小単位のことです。

内容

✓ **オンラインタスク管理サービスを導入する**

「Trello」というサービスを使って、阿部や佐川も含めたスタッフの業務を管理しています。「ダイレクトメールのセットを作る」「剪定の作業記録を整理する」といった業務から、「X月Y日、○○社訪問」のような予定も書き込んでいます。必要な情報を書き込んだり、コメント欄で進捗報告や相談することもできます。

結果

✓ **取り組むべきタスクが常にリアルタイムで共有できるようになった**

✓ **顔を合わせなくても、業務に関するやりとりができるようになった**

✓ **どのように仕事を進めたか、やりとりを後から参照できるようになった**

お互い好きなタイミングでオンライン上に情報を書き残せるようになったことで、対面での相談やミーティングの所要時間は極小になりました。阿部が畑に出ている日中に私が書き込んでおき、畑から戻ってきた阿部は好きなタイミングでその情報を確認したり、返信したりできます。**場所や時間の制約を受け**

参考 **Trello**：阿部梨園のタスク管理は Trello（https://trello.com/）というサービスを使っています。ほぼすべての端末で閲覧・操作可能で、タスクをカード形式で直感的かつ軽快に管理できます。コメント機能やメンバー割り振り、ラベルによる分類、チェックリストや期限の管理、各種外部サービスとの連携など、充実の機能でありながら基本機能無料です（2020 年 9 月現在）。

やすい農業に適した情報共有手段です。

チャットツールにも言えることですが、**文章での業務のやり取りは、口頭よりも冷たい印象で受け取られがち**です。誤解や感情的なすれ違いが生まれてしまっては本末転倒なので、絵文字やスタンプを多用して温和なコミュニケーションを心がけています。

コメント

ちょっとした業務判断を記録に残しておけるのが、後々便利です。「この申請は去年、どんな段取りでいつまでに進めたんだっけ？」といったような困りごとにすぐ答えてくれます。そのためには、**些細なことや口頭でのやりとりで済ませてしまったことでも改めて書き残しておくことが大切です**。Trelloは、アーカイブ性や検索性に優れています。

また、Trelloは「タスクを1箇所にすべて書き出して管理する」、GTD（解説欄参照）というタスク管理術にピッタリのツールです。つい仕事や〆切を忘れてしまいがちな人こそ、文明の利器の力を借りましょう。

Trello でタスク管理

解説 **GTD**：日々生まれる数多くのタスクを、頭の中ですべて同時に意識し続けるのは負担が大きいです。GTD（Getting Things Done）は、あらゆる行動を細かいタスクに分解して一箇所に書き出し、「次の行動」「待ち」「後で」「未分類」などに分類した後に、すぐできることから高速処理するタスク管理手法です。**書き出すことで、普段は忘れてしまってもOK**という考え方で、頭や気持ちを軽くできます。

#010

CHAPTER1

経営

仕事のヌケ、モレを根絶やしにしよう

チェックリストで業務を管理する

毎日、毎月、決まって行う定型業務があるのではないでしょうか。頭に入っているようでありながら、「今日、あと何をやればいいんだっけ？」「今月のやり残しは何かないかな？」となることはありませんか。

内容

- ✓**定型業務のチェックリストを作る**
- ✓**日次、月次のチェックリストをそれぞれ作成する**

定期的に行う定型業務はチェックリストで確認して、やり残しのないようにしましょう。

結果

- ✓**定型業務の確認もれが少なくなった**

「チェックリストなんて煩わしい」と思ってしまう気持ちはわかります。繁忙期はチェックする時間さえ惜しくなります。しかし、慣れればチェックリストに身を委ねたほうが、**脳内メモリを開放できて快適になりますし、ミスも少なくなります**。日ごと月ごとにチェックアウトする意識で、後顧の憂いを断ちましょう。

コメント

大掃除のチェックリスト、入職手続きのチェックリスト、棚卸しの～、年末調整の～と、**不定期に発生する業務**で各種チェックリストを作成しておくのもオススメです。間隔が空いて記憶が頼りにならない行動ほど、効果があります。

掃除チェックリスト						
2020年 12 月度 オフィス						
17時までに終わるよう、時間配分して取りかかりましょう						
チェック項目	1 火	2 水	3 木	4 金	5 土	6 日
トイレ　掃き掃除						
扉の敷居の砂を掃き出す						
流しの洗い物をきれいにする						
電源OFF：シュレッダー						
電源OFF：プリンター						
窓を閉めて施錠する x 3						
チェック者サイン						

週次／月次チェック						
		2015年	4	月度		
週or月	ジャンル	項目	入力	担当	第1週	第
週	経営管理	天気予報	完了日	佐川		
週	経営管理	TODOボックス	完了日	英生		
週	経営管理	アイデアノルマ	✓	佐川		
月初	会計	前月完了	完了日	佐川		
月初	会計	前月記帳	完了日	佐川		
月初	会計	当月通帳記帳	完了日	英生		
月中	スタッフ	労働者名簿更新	完了日	佐川		
月中	会計	前月給与支払	完了日	英生		
月末	総務	翌月掃除チェックリスト	完了日	佐川		

#011

CHAPTER1

経営

日々の振り返りで学習を強化しよう

KPTで定期的に振り返る

経営も日々の業務も、振り返って考察することで多くのことに気づけます。そうしないと同じ失敗を繰り返したり、折角のチャンスを逃したりします。ワークシートやフレームワークを導入し、定期的な振り返りの機会を設けましょう。

内容

✓**KPTを用いて、経営や業務の定期的な振り返りを行う**

↓週次スタッフ会議（#038）でKPT報告の時間を設けています

KPTとは「Keep、Problem、Try」の頭文字をとった言葉です。ある一定期間を振り返って、①**Keep＝よかったこと**（これからも続けること）、②**Problem＝よくなかったこと**（改善すべきこと）、③**Try＝これから取り組むこと**の3つをチームで考え、共有する振り返り活動です。いわゆるPDCAを実現するための手法の1つです。

結果

✓**1週間の活動を振り返り、記録を残せるようになった**

✓**スタッフに振り返りと改善の意識が生まれた**

✓**お互いの着眼点や考え方を共有できるようになった**

KPTを始めると、日々の業務やできごとをKPT目線で観察するようになります。Keep（よかったこと）を探すために他のスタッフの行動に目を向けたり、Problem（改善するべきこと）があればすぐTry（対策）して記録を残したり、経営改善に直結する習慣になります。はじめは特に意識してKPT要素を探してください。

チームで実践するとKPTの価値は更に高まります。人によって着眼点や受け取り方が違う分、情報量が増えます。同じ出来事に対して違う解釈をしていることもあり、多様な考え方が反映されます。また、誰がどんなことを意識しているか、どのレベルまで考えているかもわかり、**組織学習になります**。スタッフ全員がKPT目線を持てるようになれば、経営改善は劇的に進みます。

コメント

KPTは何にでも活用できます。事業全体、単発のプロジェクト、さらにはプライベートなことや人生設計までも、KPTでまとめてみると置かれている状況やとるべき行動が明確になります。

コツ

KPT ベストプラクティス

Keep（よかったこと）は意識に残りにくいので、積極的に探して、見つけたらすぐに書き残しましょう。特に他の人のKeepを見つけてあげるとチームの雰囲気が良くなります。Problem（改善するべきこと）は原因を突き止め、Try（対策）もセットで考えましょう。Tryは具体的なアクションにしてください。「がんばる」「気をつける」では不十分です。

Keep		Problem		Try	
発案者	よかったこと、これからも継続すること	発案者	よくなかったこと、やめること、要対応案件	発案者	今後の行動計画

参考 **PDCA（PDCAサイクル）**：PDCAはPlan（計画）、Do（実行）、Check（評価）、Action（改善）の頭文字で、業務や品質を継続的に改善する、古典的と言っていい手法です。PDCAは古い、PDCAでは遅いなどとも言われ発展形も生まれていますが、「実行の前に計画を立てる」「実行後に振り返る」「振り返りを次回に反映する」という原則は変わらずに役立ちます。

#012

経営

CHAPTER1

カレンダーを共有して、行動を見える化しよう

スケジュールを管理する

打ち合わせ、取引先への営業、イベント参加、配達、買い物、銀行、プライベートな用事など、園主の外出予定は想像以上に多いと思います。タイムリーに相談ができたり、急なトラブルに対応できるよう、園主の予定の共有は必須です。

内容

- **オンラインカレンダーを導入する**
- **オンラインカレンダーをスタッフと共有する**

Googleカレンダーを活用しています。スマートフォンやパソコンから閲覧・操作可能で、複数人で共有したり、外部公開することもできます。タスク管理サービスのTrello（#009）と連携して使うこともできます。

結果

- **スタッフがスケジュールを確認できるようになった**

これも**「見える化」**の一環です。事業主や上司側からは見えていても、**スタッフから見えない死角やブラックボックスが多いと、不安や誤解の温床になります。**無理にすべてをスタッフと共有する必要はありませんが、公開できるものだけでも共有しておくと、スタッフとの距離感が縮まります。

コメント

ホワイトボードや紙の予定表でも十分です。ただし、**ツールを増やしすぎないようにしましょう。**更新の手間が増えたり、更新を忘れてしまうようでは本末転倒です。

#013

CHAPTER2

総務

断捨離して快適な空間で仕事しよう

不要なものを一掃する

一般的に農家は物を大切にします。使わなくなった農具、資材の不良在庫、壊れた機械、期限切れの農薬など、処分を後回しにしている物もあるはずです。不用品が空間を圧迫し、肝心の業務スペースが手狭で業務効率を下げていることは多いです。

内容

- **不用品を一斉に処分する**
- **残した必要な物品を整理整頓する**

いわゆる断捨離、大掃除を敢行したわけですが、これは業務改善の序盤にインパクトの大きかった施策でした。**掃除はスタッフを巻き込みやすく、結果が誰の目にも見えやすく、全員にとって恩恵があるから**です。大掃除に着手したことが農園にとっての生まれ変わる決意表明、スイッチになるので、**経営改善のキックオフにおすすめです。**阿部梨園では軽トラック数杯分の不用品を処分しました。

結果

- **軽トラ数杯分の不用品を処分し、スペースを確保した**
- **必要最低限、快適で実用的な仕事場になった**
- **物品を整理整頓して収納し、作業効率が向上した**

業務効率も向上する施策ですが、大切なのは、スタッフが気持ちよく働ける環境作りです。居心地や快適感は、職場を選ぶ際の判断基準の1つなので、**従業員のパフォーマンスや定着率に影響を及ぼします。**さらに、取引先やお客様をご案内するスペースは一層重要です。環境を清潔に管理しているかどうか、品質管理やマネジメントの意識が取引先の評価対象になることもあります。将来的にはGAPやHACCPなどの衛生管理基準もクリアしていきましょう。

一度徹底的に整えたとしても、その後に放置しては次第に劣化してしまいます。断捨離を最低でも年に1度は定期的に実施してください。実施項目をチェックリストにまとめておくと次回以降スムーズです。消耗品の補充や機器のメンテナンスなどを盛り込んでおくのもいいでしょう。もちろん日々の清掃（#014）も大切です。

コメント

決してオシャレなカフェのようなピカピカのオフィスではありませんが、**必要最低限の実用的な仕事場**にはなったと思っています。逆にこれ以上徹底しても、見返りのない自己満足になるので、華美にするための投資はしていません。

コツ

タダでももらわない

「タダでもらえるものは何でももらう」というのは、農家の常識、美徳の1つになっているように思います。しかし、無料でもらってきたものも長年使わないで放置されているようでは、スペースを浪費し処分コストすらかかりますので、いわば資産ではなく負債になってしまいます。無料のものでも、直近で使う見込みがなければ見送ってください。

解説

5S

「整理」「整頓」「清掃」「清潔」「しつけ」の5つを5Sと呼びます。日本のモノづくりは、5S活動の徹底によって業務効率を向上させてきました。最適化された職場環境は、業務効率やモラル、集中力を高めます。どこでもすぐ取り組めるので、手始めに5Sから経営改善に着手してもいいでしょう。

014

CHAPTER2

総務

汚れやすいからこそ、清掃に気を配ろう

定期的に掃除する

農家の事務所や作業場は、一般的なオフィスよりも、泥や砂が入りやすいです。その分だけ丁寧に頻繁に掃除をしないと、すぐ汚れが溜まります。ところが、忙しくて掃除になかなか手が回らず、後回しになってしまうのも農家です。

内容

- **掃除する曜日を決める**
- **清掃作業を一覧にして、チェックリストを作成する**

阿部梨園では余裕のある時期は隔日、忙しい時期は週2日で、終業前に掃除をしています。「時間があるとき」「汚くなったら」ではなく、曜日固定で機械的に実施するのがコツです。必要な新しい清掃用具を揃えることから始めましょう。時間短縮になるような便利グッズもあります。

結果

- **清掃することで、清潔感を保てるようになった**
- **誰でも担当できるようになり、実施漏れがなくなった**

チェックリスト（#010）があれば経験の浅いメンバーでも単独で作業可能です。スキルの高い主力スタッフが高付加価値な業務に集中するためにも、**「誰でもできる仕事を増やす」のは重要な業務改善です。**電源オフや施錠など終業時に行う業務もリストに加えて実施します。

コメント

「農家だから汚れていて当然」というのもわかるのですが、「農家は汚れやすいからこそ頻繁に掃除しよう」になれば、さらによいと思います。

#015

CHAPTER2

総務

限られた床面積を有効活用しよう

収納を増やす

作業場や事務所に山積みになっているダンボールやコンテナを上手に収納すると、シンプルで快適な空間になります。作業スペースを十分に確保し、資材や消耗品を大ロットで買い込んで購入単価を下げるにも、収納スペースの確保が重要です。

内容

- 壁に棚を設置した
- キャビネットやラックなどを増設した
- 倉庫や納屋の不用品を処分した

事務所がスタッフの休憩室と来客の応接室まで兼ねていたため、収納が足りず困っていました。整理整頓を進めるためにも、収納スペースの新設と、新しい収納用品の導入を進めました。

結果

- 物品を整然と管理できるようになった
- スペースに余裕ができて、資材や消耗品を大ロットで買い込めるようになった

流しの上に棚を設置したり、階段下のデッドスペースにキャビネットを入れたり、空間利用の密度を高めるよう意識しました。スペースに余裕が生まれると、作業もスムーズかつ正確になります。

コメント

DIYに強いのは農家の強みです。必要な工具類はあらかじめある程度揃っていますし、技術もあります。業務に必要なものはどんどん自作しましょう。レクリエーションとしても楽しめます。

#016

CHAPTER2

総務

書類は経営の鏡。書類を整えて経営も整えよう

書類を整理する

阿部梨園で最初に立ちはだかったのは書類の山です。あちこちに散乱していて、どこに何があるかわかる状態ではなく、保存状態も悪く、肝心なものが欠損していました。経営状態の把握に必要な情報が手に入らないと、打ち手も決められません。

内容

- **不要な書類を処分する**
- **書類を目的別に分けて整理する**
- **書類を保存する事務用品を購入して整頓する**

まずは書類整理のための事務用品を揃えるところから始めました。ファイルボックスにカットフォルダーを入れて書類を整理しています。各種バインダーやクリアファイル、ポケットファイルなども大量に購入しました。**お菓子箱やレジ袋での保存は卒業しましょう。**目的に適した道具を活用したほうが業務効率も向上しますし、費用以上の効果があります。

結果

- **必要なものをすぐ取りだせるようになった**
- **整理された書類から、経営に必要な情報を抽出できた**

書類の総量を減らす処分も並行してください。毎年新しい書類が増えるのですから、同じだけの量を処分しないと、保管スペースが逼迫する一方です。**重複している書類や、最終版ではない書類、後で使う見込みのない書類、パソコンに元データが残っていれば十分な書類**など、処分できるものは多いです。使う見込みのない書類を捨てるの

が不安な場合、邪魔にならない場所に保管しておくのでもいいでしょう。

中小事業にとって、書類は経営の鏡ですから、散逸しているようでは、経営管理できているとは言えません。書類や情報を掌握して、経営を整えましょう。

コメント

大前提として、**書類を大切にする意識**が大切です。濡れた手や泥のついた手で紙を汚したり、粗雑にポケットに押し込んだり、折れや破れに無頓着だったりするようではいけません。**いずれ誰かに事務仕事を預けたい**と考えている人ほど、いつか共同管理するときのために、丁寧に取り扱ってください。

コツ 分類ルール

そもそも書類の分類ルール自体どうしたらいいか悩んだのですが、とりあえず「01経営」「02総務」「03会計」「04労務」「05スタッフ」「06生産」「07商品」「08販売」「09PR」「99その他」と大分類を決めました。その下に「0401給与」「0505採用」のように子分類を作っています。これを**パソコン内データの分類と同一にすることで、探しやすくしています。**本書の分類も同様です。分類の一覧まで作れば迷わずに済んで便利です。

発展 ペーパーレス

スキャナで書類をデジタルデータとして保存し、紙の書類は処分してしまえば、保管スペースを節約できます。スキャナに文字を読み取るOCRソフトも付属していれば、ドキュメント内の文字列まで検索できたりするなど、紙より便利な使い方も可能です。とはいえ、労務や会計に関する書類の一部は、紙での保管が義務づけられているものもあるので注意してください。

#017

CHAPTER2

総務

パソコンのファイルを探す時間をなくそう

データファイルを管理する

書類と並んで重要な経営情報は、パソコン内のデータです。そしてこちらも同様に、野放図な管理が多く見受けられます。必要なファイルを探すのに手間取ったり、紛失してしまったり、業務効率を押し下げる要因にもなります。

内容

- **データファイルを整理する**
- **クラウドファイル管理サービスを活用する**

まずは紙の文書の管理と同様、不要なものを処分し、整理整頓してください。書類の分類ルール（#016）と揃えるとわかりやすいでしょう。複数端末または複数人でデータファイルを共有するにはdropbox（ドロップボックス）というクラウドサービスが便利です。パソコン内の専用フォルダで更新するたびに他の端末にも自動で同期されます。バックアップとして活用することはもちろん、変更履歴から旧版を復元することもできます。

結果

- **必要なファイルをすぐ取りだせるようになった**
- **データファイルをスタッフと共有できるようになった**

後で探しやすいようにフォルダやファイルの名前も見直しておきましょう。

コメント

事業の重要なデータやお客様の個人情報は、プライベートのものとは一線を画して、丁重に取り扱いましょう。

#018

CHAPTER2

総務

物欲ドリブンで経営改善しよう

ほしいものをリストアップする

「あれ早く買わなきゃ！」「買わなきゃいけないものあったっけ？」「予想以上に利益が出たから何か投資しよう」。ほしいものをタイムリーに思い出せないシーンは多いです。役立ちそうなツールの導入を思いついたけど忘れることもあるでしょう。

内容

「ほしいものリスト」を作って自由に書き込む

当初はExcelのファイルでしたが、現在は**Trello**（#009）に「ほしいものスレッド」を作って管理しています。「あったらうれしい」という程度のものも、今すぐ必要なものも書き込みます。

結果

タイムリーに必要なものを買えるようになった

将来的に投資したいアイデアがリストアップされた

いつかは使いたいITサービス、更新したい機械など、将来的に必要になるものもリストアップしておきます。つまり、**ほしいものリストは小さな投資計画でもあります。**

コメント

物欲は経営改善に有効です。改善ネタに困ったときは、ホームセンターや量販店を回って、便利な道具やグッズがないか探してみましょう。**ほしいものを探す感覚から、経営改善のアイデアは無数に出てきます。**インターネットや雑誌などの情報から仕入れるのもいいでしょう。

#019

CHAPTER2

総務

買い物で仕事をした気になるのをやめよう

インターネットで買い物する

店頭（現場）で商品（現物）を確認し、キャッシュ（現金）で支払って持ち帰ることに安心感を覚える方も多いでしょう。ちょっとした買い物が多いのも農業ならではですが、お店まで出向いて買い物に使う時間も積算するとバカになりません。

内容

- **オフィス用品のカタログを導入し、インターネットで注文できるようにする**
- **買い物をインターネットでの購入に集約する**

主にAskul（アスクル）というカタログ通信販売のサービスを活用しています。カタログを見ながらインターネットからも注文できます。加えてAmazon（アマゾン）も活用すれば、オフィス用品以外も含めて大半のものを仕入れることができます。現場用品や農業資材はモノタロウが充実しています。

結果

- **オフィス用品や現場用品の購買をインターネットでの注文に集約し、買い物の時間を節約できた**
- **最安値に近い価格で購入できるようになった**

不要不急の買い物以外は、たとえば月に1度など**定期購買日を設けて、まとめて注文**しています。会計が1度にまとまるので、経理も楽になります。そして**大半の場合、インターネットの最安値は店頭よりも安価**です。また、可能なかぎり大ロットで仕入れることで、単価を下げつつ、購入回数を減らせます。

コスト削減も、経理負担の軽減も、こうした地道な努力の積み重ねです。

買い物も業務の一部ですが、**移動時間は付加価値を生みません。**削減した時間を生産など他の業務に充てたり、休息や家族といる時間に使うほうが有意義ではないでしょうか。時間の使い方も思い切ったメリハリが必要です。移動時間を削減する目的なら、インターネットに限らず、電話注文で配送してくれる業者に発注するのも1つの手段です。

コメント

「買い物に行く時間はムダ！」と決めつけていましたが、長く観察していると、買い物は畑作業の息抜きになっていたり、プライベートの買い物や私用をまとめて済ませたり、あながち悪いものではないらしいということも理解しました。状況に応じて使い分けてください。

コツ

判断コストを下げる

人の判断コストは有限です。日用品レベルのことで、どのブランドやグレードがいいか、どこで買うか、お得か割高かなどを考えることに使う時間は無用です。付加価値の低い業務の判断コストを下げ、重要度の高い案件にそのエネルギーを集中させましょう。ちなみに、同じメーカーの〝いつもの〟ものが在庫されていれば、**使う側の判断コストも下がります。**

コツ

アカウントを分ける

Amazonのようなオンラインショップのアカウントは、事業用と私用で分けましょう。管理しやすくなりますし、スタッフに注文を任せることもできます。あらかじめ事業目的の購買を取り分けておくことで、**クラウド会計ソフト**（#024）と連携して活用する際にもスムーズです。

#020

CHAPTER2

総務

買い物上手になって、従業員の給与を確保しよう

買い物のルールを決める

経営改善といえばコスト管理ですが、コスト削減に魔法はありません。本当に必要か、どうしたら安価で入手できるかを地道に検討していくのみです。一方、事業主判断の購買はどうしても主観的になりがちなので、ルールが必要です。

内容

✓購買ルールに照らし合わせて購入を検討する

参考までに判断基準を次ページに示します。最大限に経済的な支出ができているか、毎回見直してください。従業員の給与を確保したり、お客様に適正価格で商品を提供したり、大きな設備投資をするためにも、合理的なコスト管理が必要です。

結果

✓費用対効果を重視した購買ルールで、出費を抑えられた

✓「新品・店頭・即決」以外の選択肢を選べるようになった

これは「ケチ」や「節約」ではありません。コスト管理という大切な「事業活動」です。利益を出している企業こそ、見えないところでコスト管理に力を入れています。

コメント

会計を預かってからは、「これは本当に必要ですか？」「もっと安いものではダメですか？」と、1件ずつフィルターしました。口うるさい小姑のような金庫番を務め、「嫁ブロック」ならぬ「佐川ブロック」が多発していたわけです。

阿部梨園の購買ルール

	質問	NO の場合
1	阿部梨園にとって必要か	→ 購入見送り 個人で購入する
2	今すぐ必要か	→ 購入見送り 必要なときに再検討する
3	あるもので工夫できないか	→ 購入見送り あるもので工夫する
4	費用対効果が見込めるか	→ 購入見送り
5	安価なグレードと比べて 価格差以上の実効差があるか	→ 購入見送り 安価グレードで再検討する
6	レンタル／リースはできないか	→ 購入見送り レンタル・リースで再検討する
7	中古品で手に入れられないか	→ 購入見送り 中古で再検討する
8	底値を調べたか	→ 相場、底値を調べる
9	価値を償却できるまで 大切に使う覚悟があるか	→ 購入見送り

（各質問で YES ↓ 次へ進む）

購入!

#021
CHAPTER2

総務

ひな型を使いまわして楽をしよう

文書のテンプレートを作成する

Word や Excel の文書を毎回、白紙から作ると、レイアウト作成に時間がかかったり、ファイルごとに体裁がバラバラになったりします。ファイルを複製して新しいものを増殖させ続けると、書式や数式が秘伝のタレ化して期せぬトラブルになることもあります。

内容

✓ **Word や Excel のテンプレートファイルを作る**

テンプレートとは「ひな型」のことで、同じものを複数作るための共通の様式です。文書のテンプレートではあらかじめ、「タイトル」「作成日」「作成者」など、**お決まりの情報を仕込んでおいたり、レイアウトや配色、フォントなどの書式を事前に整えておきます。**

結果

✓ **文書の作成が高速化した**

✓ **文書の書式が統一された**

白紙のファイルから「どんなレイアウトで作ろうか……」「前はどんなふうに作ったんだっけ……」と考えると手が進みません。テンプレートで初手を軽くしましょう。

コメント

テンプレートという考え方は、あらゆる業務において有効です。**マニュアル**(#059)はまさに**作業のテンプレート**ですし、メールの返信文を作り置きしておくことは**文言のテンプレート**といえます。共通化、標準化、再利用は業務改善の基本です。

#022

CHAPTER2

総務

コスパの高い事務機器を導入しよう

事務ツールを揃える

10 ～ 20 年前の事務機器や、手作りやアナログの道具で済まされている方も多いと思います。安価な新しいツールを取り入れて作業時間やストレスを軽減できるなら、古いものを手放すのも業務改善です。阿部梨園の事例をいくつか紹介します。

内容

事務ツールを揃える

コードレス電話機

有線のタイプの固定電話をコードレスタイプの最新機に置き換えました。電話注文に応対するときに、**過去の注文情報や作業場にある梨の在庫を、通話しながら歩き回って確認したいから**です。子機も増設し、どこでも電話をとれるようにしています。「電話受注をやめればいい」とか「全部携帯電話にすればいい」と思うかもしれませんが、できない事情があるのです。もちろん、固定電話の着信をスマートフォンに転送してくれるサービスなども有効です。

Wifi（インターネットの無線回線）

インターネットはすべてWifi経由での接続にし、有線接続を止めました。コードが少なくなり、配線がスッキリする効果もあります。**タブレット**（#072）やプリンタなど、インターネット接続する電子機器も増えたので、無線化は必然だったと思います。スタッフ用にも開放し、休憩中など自由に使ってもらっています。

レーザープリンタ

それまでは一般的な家庭用のインクジェットプリンタだった

のですが、印刷スピードが遅く、大量印刷時に支障が出ていました。一念発起して導入したのはレーザープリンタです。印刷は比較的きれいで高速。大変満足しています。

消耗品の交換回数が少ないのも、ささいではありますが立派な業務効率改善です。

パソコンの外部ディスプレイ

パソコンの操作にストレスを感じる方にオススメなのが、外部接続タイプの大画面ディスプレイです。小さい画面で何度もウィンドウを切り替えながら遅々と操作することはなくなり、ウィンドウを複数並べて見合わせながら操作できるようになります。時間短縮にもなりますし、ウィンドウの切り替えで思考や集中力が途切れることも少なくなります。2~3万円でも十分なものが手に入るので強くおすすめします。

ラベルプリンター

キングジム社製のテプラ、カシオ社製のネームランドなどに代表されるものです。物品の置き場表示や、各種ファイルの表紙などに印字したいときに重宝します。**手書きの字に自信がない人ほどおすすめです。**ラベルをベタベタ貼りすぎるのはデザイン上ナンセンスだと言われることもありますが、実用性はピカイチです。

ラミネーター

壁に掲示する紙や、メニュー表のように頻繁に使う紙は、ラミネーターでパウチしてしまえば、傷まず長く使うことできます。通常タイプのラミネートフィルムは紫外線で劣化するので、屋外での使用は注意してください。

Bluetoothのヘッドセット

スマートフォンとBluetoothで無線接続できるヘッドセットがあると、作業中や移動中も通話ができて便利です。電話対応だけに時間を使わなくて済みますし、タイムリーに対応したほうが相手の満足度も高いです。

#023

CHAPTER3

会計

仕訳に迷わなければ記帳は怖くない

仕訳のルールを見直す

たとえばガソリン代を「車両費」で計上するか、「燃料費」にするか、「旅費交通費」にするかに迷うことはありませんか。勘定科目の選択が正しく安定していないと、決算書から経営の実態を把握することが難しくなります。

内容

- ✓ 仕訳ルールを作る
- ✓ 勘定科目表、補助科目表を作成した

まずは使用する勘定科目を列挙して**勘定科目表**にまとめましょう。**補助科目**を使用していれば補助科目表も。**どんな取引がどの勘定科目／補助科目に該当するかの対応表**も作っておくと便利です。

結果

- ✓ **勘定科目表／補助科目表によって判断スピードが速くなり、仕訳が一貫した**

経理専用のノートを作るのが超おすすめです。**仕訳に迷ったときの判断の経緯や新たな変更点、わからなくて調べたこと、税理士さんに相談したいことなどを書き残しておきましょう。**翌年度以降大きな助けになります。1年以上前の自分の仕事は別人の仕事だと思え、です。

コメント

経営概況の分析は、経営コンサルティングの定石です。決算書が当てにならないと、経営改善の足場を作れません。**第三者に説明できる実用的な明朗会計**を心がけてください。

#024

CHAPTER3

会計

最新のソフト導入に乗じて会計を見直そう

クラウド会計ソフトを活用する

阿部梨園ではWindows専用の会計ソフトで経理をしていましたが、私のパソコン（Mac）でも使える必要がありました。端末を選ばず操作できることに魅力を感じ、インターネット上でデータ管理するクラウド型会計ソフトを導入しました。

内容

✓**クラウド会計ソフトを導入する**

クラウド会計ソフトの最大特徴は、銀行口座やクレジットカードなど外部のインターネットアカウントと連携して、**データの自動取り込み**ができることです。阿部梨園では、**銀行口座**（#025）や**クレジットカード**（#026）はもちろん、**タブレットレジ**（#072）や**オンラインショップ**（#094）、**クラウド請求書サービス**（#078）などがクラウド会計と連動しています。ちなみに阿部梨園では、**「会計freee」**というクラウド会計ソフトを選択しました（後述）。

結果

✓**クラウド会計ソフトを導入し、会計を抜本的に見直した**

✓**佐川が経理を引き継ぎ、阿部が生産に専念できるようになった**

✓**自動取込機能、自動仕訳機能を駆使して、経理の手間が激減した**

定型的な仕訳は、freee上で自動登録ルールを設定すると、ルールに従って自動仕訳してくれます。**「JRからの引き落としは旅費交通費へ」「○○種苗店への支払いは種苗費へ」「**△**△レストランからの入金は売上**

へ」などと設定すれば、自分で入力せずに、freeeが自動仕訳してくれたものを、OKなら1クリックで承認、NGの場合は修正するだけで済みます。勘定科目だけでなく、取引先や品目、タグによる分類なども便利ですが、こちらも自動化可能です。この自動取り込み機能と自動仕訳機能の恩恵を受けて、阿部が1人で経理をしていた頃に比べると、確定申告にかけている時間は数分の1になりました。手動入力ではなくなった分、入力ミスも少なくなりました。

　クラウド会計ソフトは革新的なので、はじめは戸惑いがあるかもしれません。それでも、直感的でわかりやすく親切な設計になっていますので、使っているうちに慣れます。会計ソフトの刷新という絶好の機会を生かして、**自家の会計を見直すことが経営改善の本丸です**。

　自力では不安な方は、税理士さんと共同管理することも可能です。その場合は、クラウド会計ソフトに対応可能な税理士さんを探す必要があります。

コメント

　経理業務に要する時間の大半は記帳です。自動取込、自動仕訳を駆使することで、従事時間を大幅に圧縮することができます。スマートフォンカメラでのレシート自動読み取りなども便利ですので、ぜひ活用してみてください。

コツ

現金決済を減らす

　クレジットカードの決済データや銀行口座の入出金データはクラウド会計ソフトに自動で取り込めますが、現金決済は1件ずつ手動入力しなければいけません。厳密にはスキャナやスマートフォンで文字の読み取りをすることも可能ですが、クレジットカードや銀行振込のデータを自動取り込みしたほうが確実なので、それらを駆使して現金決済を減らしましょう。

参考　**会計 freee**：農業用の確定申告書出力に対応した唯一のクラウド会計ソフトであり、国内最大手です（2020年９月現在）。OSを問わずパソコンから操作でき、スマートフォンアプリも便利です。銀行口座やクレジットカードのインターネットアカウントと連携してデータの自動取り込みができるだけでなく、AIや自分で設定したルールに従って自動仕訳してくれます。姉妹サービスの**人事労務 freee（#033）**とも連動しています。

#025

会計

CHAPTER3

銀行に行く時間を節約しつつ、タイムリーに入出金しよう

銀行口座をインターネットで活用する

農繁期は銀行に行く暇もなかなかとれなくなるでしょう。窓口の営業時間が15時までの金融機関が多く、足を運ぶのもひと苦労です。銀行までの往復の時間も、買い物（#019）同様もったいないです。また、通帳や現金の持ち運びも気を遣います。

内容

- ネットバンキングできるようにする
- 銀行口座をクラウド会計ソフトと連動させる

使用していた銀行口座を、ネットバンキング（インターネットからの銀行口座の操作）できるように手続きしました。パソコンから残高や入出金記録の確認、振込手続きなどが可能です。また、振込手数料の安い**ネット銀行**（実店舗を持たないインターネット専業の銀行）も新規で口座を開設し、小口の振込はそちらに集約しています。

結果

- 銀行に行く回数が減った
- 銀行口座とクラウド会計ソフトを同期できるようになった

銀行口座のインターネットアカウントを開設すれば、クラウド会計ソフト（#024）は大半の金融機関の情報を自動取得できるようになります（ただし一部金融機関を除く）。

コメント

業務用とプライベート用で分ける、目的別で使い分ける、口座引き落としを整理するなど、あわせて銀行口座の整理も実施しましょう。

#026

CHAPTER3

会計

現金決済を減らして会計を自動化しよう

事業用クレジットカードを活用する

買い物をクレジットカードや電子マネーで済ませれば、現金の入出金を少なくできるのでおすすめです。「クラウド会計ソフト」（#024）はほとんどのクレジットカードのデータを取り込めるので、そのためにもクレジットカードの多用は重要です。

内容

- **事業用のクレジットカードを作成し、プライベートのカードと分ける**
- **決済をクレジットカードに集約する**
- **クレジットカードのアカウントをクラウド会計ソフトと連携させる**

クレジットカードは銀行口座からの入出金が不要で、明細が購入履歴になるなど、現金決済に比べて多くの利点があります。ポイントバックや付帯サービスを考えても、使わない手ありません。

結果

- **経費と私費を分離できた**
- **現金決済を減らせた**
- **クレジットカードのデータをクラウド会計ソフトに自動で取り込めるようになった**

家族も買い物をする場合は家族カードも発行するといいでしょう。誰の買い物かを区別できます。

コメント

クレジットカードの引き落としは1～2ケ月後になるため、**キャッシュフロー（資金繰り）の改善にもなります。**

固定費の計上漏れをなくそう

固定費を台帳で管理する

複数契約している電気・電話回線や複数台の車両があると、経費計上する際の判別に苦労します。かといって何も考えずに記帳すると「○の×月分のレシートがない！」「△の車検費用を記帳してない！」など会計にミスが発生しやすくなります。

内容

- **車両の基本情報を収集して一覧にする**
- **水道光熱費、通信費、各種保険などの基本情報も収集して一覧にする**
- **税金の引き落としについての情報もまとめる**

何のための費用がどのタイミングでどの銀行口座から引き落とされているか、通帳の十数文字程度では判別がむずかしいです。ましてや経理に関わるようになったばかりの家族や従業員は、情報が少ないと混乱するばかりです。阿部梨園では、電力会社や電話会社に問い合わせ、意地で情報を集めて整理しました。

結果

- **車両、水道光熱費、通信費、各種保険、税金などの情報が整理され、経理の際に迷ったり間違えたりすることが少なくなった**

農業機械も含めると、農家の所有する車両台数は比較的多いです。自動車税や自動車保険などの銀行引き落としは様々な形式で記帳されてわかりにくいので、「車両名」「メーカー」「型番」「ナンバー」などはわかるように一覧にしておきましょう。年式も控えておくと、自動車税の金額や車検のタイミング、減価償却の計算などのために便利です。

ポンプやハウスなどの電気を使う設備が多いと、電気の契約回線も多くなります。契約種別や契約条件、契約番号などをまとめつつ、毎月の請求金額を一覧表にしておきましょう。抜け漏れや異常値を検出するために役立ちます。

コメント

プライベートの銀行口座や親の口座から引き落とされていたために経費を記帳漏れしていた、ということがあります。**支払い方法や名義人を確認**して、必要であれば変更してください。申告漏れで税額が増えてしまうくらいなら、早めに対処したほうがよいです。あわせて**クレジットカード決済**（#026）に変更できるものは変更しましょう。

コツ

家事按分の見直し

通信費や水道光熱費、自動車に関わる諸費用などを家事按分している方は、按分比率やその計算根拠も一緒に書き残しておきましょう。按分に関してあいまいな方は、これを機会に見直してください。

解説

契約内容の見直し

情報をまとめるついでに**契約内容も見直しましょう**。電力やガスは自由化にともない契約会社ごとの異なる料金プランから選べるようになりましたし、携帯電話もMVNO（いわゆる格安SIM）などで格安な回線が増えました。**事情が変わって調整が必要な契約や、既に不要になっているのに払い続けているオプション**が見つかることもありますので、確認してみてください。固定費の削減は、月単位では少額に見えても、年単位でジワジワ効いてきます。

#028

CHAPTER3

会計

出張費や交際費の費用対効果を検証しよう

出張費や交際費を管理する

出張費や交際費を年に1度まとめて記帳しようとすると、領収書やレシートを見ても何のものか思い出せないことがあります。出張費や交際費はコスト削減ではおなじみの費目ですが、事業主判断はブレーキが効かず抑制しにくい課題もあります。

内容

出張費／交際費の目的や内容を記録する記録シートを作成する

「日時」「目的」「参加者」「内容」「費用の内訳」などを記録しています。企業では交際費や出張費は予算管理されていて、上長の承認や確認を必要とするケースが多いです。税務調査の対象にもなりやすい分野なので、しっかり記録を残して対策しましょう。

結果

出張費や交際費の詳細な記録が残り、目的感や費用対効果を意識するようになった

「見学に行く」や「接待する」といった行動だけではなく、「○○に関する新しい知見を手に入れる」「新規の取引を取りつける」のような**具体的な目的をあらかじめ設定すること**が大切です。成果を後で検証できるからです。

コメント

一方で外向けの羽振りがよく、他方で給与が上がらないとしたら、スタッフの心をつかむことはできません。しっかり予算管理して、従業員の給与を優先的に確保していただきたいです。

#029

CHAPTER3

会計

プライベートの収支も管理しよう

家計簿をつける

個人事業では収支の差し引きで残った利益が事業主の所得になります。事業が黒字でも、プライベートの支出が多く家計が赤字になれば、事業の先行きも危ぶまれます。事業会計と家計が隣接する個人事業だからこそ、家計側の管理も重要です。

内容

✓**事業主に家計簿をつけてもらう**

下準備として、**個人用と事業用とで、銀行口座やクレジットカードなどを分けて管理**することから始めます。

事業側の口座から個人側の口座へ毎月定額で送金すれば、擬似的な固定給のように取り扱うことができます。事業側としても、事業主貸を予算化できます。

結果

✓**家計簿を導入して、家計を管理してもらうようになった**

事業計画（#007）と同時に、**中長期の家計の資金計画**も考えてみてください。家計の専門家であるファイナンシャルプランナーに相談するのもいいでしょう。

コメント

紙の家計簿も結構ですが、**「クラウド会計ソフト」**（#024）と同じように、インターネット経由で銀行口座やクレジットカードのデータを自動取得してくれる**家計簿アプリ**が便利です。家族の収支を合算したり、各種ポイントを管理したりもできます。

#030

CHAPTER4

労務

従業員の所得をちゃんと証明してあげよう

給与明細を発行する

それまでの阿部梨園は、現金手渡しで給与を支払っていました。給与明細がなかったので、手渡しする際の封筒に手書きされた金額以外に、従業員側で給与額の証明をできるものがありませんでした。

内容

給与明細を発行する

パート・アルバイトの方に「時給×労働時間」の単純計算で支払っているうちは、給与明細の必要性を感じにくいかもしれません。源泉徴収や年末調整、社会保険に加入した後の保険料の自己負担分の控除、各種手当やボーナス支給などをするようになると、段々と給与計算が複雑になり、給与明細が不可欠になっていきます。

結果

給与明細を発行し、従業員の給与支給額や各種控除額が証明されるようになった

給与の支払いも、現金支払いから銀行振込に変更しました。

振込手数料は若干かかりますが、1人分ずつ計算して小分けにしたり、手渡したりする手間を節約できます。通帳に支払いの記録が残るのも利点です。

コメント

明細がないというのは、企業での勤務経験やアルバイト経験がある人にとっては大きな不安要素です。従業員に安心してもらうためにも早急に導入しましょう。

#031

CHAPTER4

労務

従業員が休みの予定を立てられるようにしよう

出勤シフト表

阿部梨園は、阿部とスタッフが個別に連絡を取り合って直近の出勤を調整する方式でした。天候や梨の生育状況によって出勤日を確定させにくい事情ゆえです。世間のアルバイトやパートタイム勤務では、一定期間のシフト表の利用が一般的です。

内容

✓前月中に翌月の出勤日を相談の上で仮決めし、出勤シフト表を作成する

✓出勤シフト表をスタッフ間で共有する

シフト表ができたことで、スタッフも農園も、先を見通した計画を立てられるようになりました。「今日は誰と一緒に仕事するか」「誰がいつ頃までいるか」という情報はスタッフとしても気になるところで、**見える化の一環**です。

結果

✓スタッフが1ヶ月分の出勤日を把握できるようになった

✓スタッフ同士がお互いの出勤日を意識するようになった

また、**「出勤日変更希望届」**を用意して、勤務日の希望や変更のリクエストには可能な限り応えるようにしています。

コメント

スタッフも、今月の休みがいつになるか、今月の勤務日数、つまり給料がどのくらいになるか見込んでおきたいものです。天気の都合で確定しにくいかもしれませんが、早めに仮決めして後で微調整する感覚を身につけましょう。

#032

CHAPTER4

労務

労務管理のはじめの書類を用意しよう

法定三帳簿をそろえる

従業員を雇用する場合、「労働者名簿」「出勤簿」「賃金台帳」を整備することが労働基準法で義務付けられています。これらは「法定三帳簿」と言われ、従業員の雇用状況や給与の支払状況を証明する労務管理の第一歩です。

内容

✓ **労働者名簿、出勤簿、賃金台帳を作成する**

労働者名簿は更新頻度が高くないので、一度作成してしまえば後はラクです。**出勤簿**は、すでに給与計算のために何らかの形で記録を残されていると思います。そうなると**賃金台帳**の更新が最も手間のかかるところですが、給与計算ソフトに出力してもらうのが時間短縮かつ間違いが少ないので、おすすめです。

結果

✓ **労働者名簿、出勤簿、賃金台帳を作成した**

これらの帳簿がないと、従業員の勤務実態を証明することもままなりません。社会保険の加入や雇用に関する助成金の活用など、**経営の次のステージに進むためにも必要になる書類です。**

コメント

最低限の**法令遵守、コンプライアンス**はこれから先の農業経営に必須です。急にすべてを用意することはできなくても、足りないと気づいたものから早急に対処しましょう。

#033

CHAPTER4

労務

正確で素早い給与計算をITで導入しよう

給与計算ソフトを活用する

阿部梨園に給与明細がなかった当時、勤務時間×時給≒給与支給額というシンプルな給与計算を、ノートに手書きで書き残していました。しかし、労働保険や社会保険の導入、正規雇用などで給与計算が複雑化し、負担が大きい状況になりました。

内容

- ✓クラウド給与計算ソフトを導入する

勤怠記録を入力すると、各種控除を含めて給与を計算しつつ、給与明細や各種帳簿を作成してくれるソフトです。クラウドであるメリットは、他社の打刻ソフトや労務管理サービスなど外部サービスと連携できる点です。

阿部梨園では「人事労務freee」を活用していますが、**「会計freee」**（#024）と連携して、給与支払いに関する取引データを自動送信しているので、仕訳がスムーズです。

結果

- ✓給与計算の所要時間が大幅に削減された
- ✓源泉徴収や社会保険料の控除など、複雑な給与計算に対応できるようになった
- ✓社会保険料率や税率など、各種法令の更新にタイムリーに対応できるようになった
- ✓「法定三帳簿」（#032）など、労務に必要な帳簿を簡単に出力できるようになった

家族経営で事業主と専従者のみであれば簡単ですが、従業員の人数が増えたり、正規雇用を導入したりしてからが給与計算ソフトの本領発揮になります。

社会保険料率や税額の計算式は、毎年と言っていいほど頻繁に変わるので、情報を仕入れて手計算に反映させるのは大変です。給与計算ソフトなら、そこは自動的に設定を更新してもらうだけで済むので安心です。

労働保険や社会保険を導入すると、給与計算から会計への反映も複雑になります。天引きした保険料の従業員負担分を**預り金勘定**したり、支給した通勤手当は基本給とは別に**旅費交通費勘定**にしたり、仕訳が増えます。会計ソフトと人事労務ソフトが連動している freeeでは、これらをシームレスに同期できるので便利です。

コメント

1年目は給与計算ソフトを使わず、私がExcelで全員分の給与計算を行いましたが、実に骨が折れました。勤怠記録から勤務時間の集計、税額や社会保険料控除などの計算、給与明細の出力、賃金台帳の更新、年末調整、源泉徴収票の発行など、すべてマニュアルでは時間がかかりすぎです。給与計算ソフトに移行してよかったと心から思いますが、手計算も個人的には勉強になりました。自分で最低限はわかっていないと、従業員に説明できなかったり、場合によっては損をさせてしまうこともあり得ます。

発展

社会保険労務士の支援を仰ぐ

給与計算ソフトは非常に便利ですが、労務に関する最低限の知識が必要なので、荷が重く感じる方もいらっしゃると思います。そんな場合は労務のプロである社会保険労務士さんの手を借りるのがよいでしょう（人事労務freeeはインターネットを介して社労士さんと共同で管理することも可能です）。

参考 **人事労務 freee**：給与計算から各種帳票出力まで、労務管理に必要な機能が網羅されたクラウド人事労務ソフトです。スタッフのパソコンやスマートフォンから各自に勤怠を打刻してもらったり、給与明細をメールで一斉送信したりできるのは、クラウドの利点です。他社の外部サービスと連携することで、柔軟な機能拡張も可能です。「会計 freee」（#024）とも連携できます。

#034

労務

CHAPTER4

スタッフの社会保障を肩代わりしよう

労働保険、社会保険に加入する

労災保険、雇用保険の2つを労働保険、健康保険と厚生年金保険の2つを狭義の社会保険といい、事業主と本人の折半で労働者の社会保障がまかなわれる仕組みです。個人経営の農家では導入が進んでおらず、他産業に比べ従業員に対する保障が手薄です。

内容

- **労働保険（労災保険、雇用保険）に加入する**
- **社会保険（健康保険、厚生年金保険）に加入する**

法人と常時5人以上の従業員を使用している個人事業はいずれも加入義務がありますが、**農業の場合は個人事業で常時5人以上であっても社会保険の加入義務がない**ことになっています。いずれも、申請して条件を満たせば任意加入事業所となることが可能です。労災保険は専従者を除く全従業員が対象ですが、雇用保険と社会保険は、それぞれ労働時間などの条件を満たした従業員のみの加入です。

結果

- **雇用保険に加入し、スタッフが退職時に保障を受けられるようになった**
- **労災保険に加入し、スタッフの傷病に対して保障を受けられるようになった**
- **健康保険に加入し、スタッフが医療保険を受けられるようになった**
- **厚生年金保険に加入し、スタッフの年金受給額が手厚くなった**

社会保険は事業主の保険料負担があります。人件費（正確には法定福利費）が増えるのは予算的に厳しいかもしれませんが、従業員にとって多大なインパクトがありますので、これから正規雇用を増やしていく方は必須だと思ってください。**社会保険が未整備では、他業界に対して圧倒的に不利**だからです。**社会保険にともなう事務手続きは、想像されているほど煩雑ではありません。**毎月の業務は給与から保険料を控除する程度で、後は年に1度の労働保険料更新／標準報酬月額の定時決定と、随時行う従業員の加入・脱退手続きくらいです。わからないことがあっても、労働局や年金事務所が丁寧に教えてくれます。

コメント

1年目は未導入だったので、私も給与から国民健康保険と国民年金の保険料を自ら納付していました。所得も低かったので保険料は安かったですが、**人生の薄着感が否めません**。幸いにも1年目に売上が増えたので、増分の一部を社会保険料の事業主負担分の予算として取り分けてもらいました。

解説
労働保険料率

令和2年9月現在の雇用保険料率は事業主負担7／1000、労働者負担4／1000（農林水産業）です。労災保険料率は事業主負担のみで13／1000（農業）です。ときどき変更されることがあるので、最新の情報をご確認ください。

解説
社会保険料率

社会保険料は都道府県によって異なり、毎年少しずつ上がってきましたが、健康保険料率が給与支給額の約10%、厚生年金保険料が給与支給額の約20%と言っていいでしょう。それらを合計した約30%の半分の**約15%を事業主が負担し、残りの約15%を従業員の給与から天引きします**。こちらも都道府県ごとの最新情報をご確認ください。

035

CHAPTER4

労務

基本給以外の報酬を増やそう

手当を制度化する

以前の阿部梨園は近所のパートさん中心のチームだったので、通勤手当の支給はほとんどありませんでした。正規雇用を始めてからは、まず正規従業員から通勤手当を設定しましたが、それも一貫したルールや計算式は定められていませんでした。

内容

✓通勤手当、役職手当等を設定する

✓時間外手当を割増で支払う

通勤手当は距離の区分で支給額を段階的に設定しました。**役職手当**は現場リーダーに支給します。**時間外手当**は労働基準法に準じて25%割増で支払っています。

結果

✓通勤手当、役職手当、割増の時間外手当等が支給され、スタッフの手取りが増えた

時間外手当は農業なら免除される（適用除外）ところを、一般企業と同水準で支払うことにしています。**割増にすることで、雇用側にとっても残業（代）を抑えることが生産性向上のモチベーションになりますし、やむを得ず発生した残業ではスタッフを割増しでねぎらうことができます。**

コメント

企業では住居手当、扶養手当、資格手当など、各種手当が装備されていることも多いです。スタッフと一緒に長く働くためにも、真剣に業務効率化や販売促進に取り組んで予算を捻出しましょう。

#036

CHAPTER4

労務

大切なパートナーを迎え入れよう

正規従業員を雇用する

1人で管理できる生産規模には限界があります。通年のフルタイム雇用を導入すれば、経営規模を大きくしたり、組織化を進めたりできます。阿部梨園では2014年にハローワークで求人（#037）を出し、正規雇用の従業員を初めて募集しました。

内容

✓月給制の無期雇用で正規従業員を雇用する

当初は正規雇用といっても、パートさんやアルバイトと扱いがどう違うかもはじめはよくわかっておらず、条件や手続きも色々と未整備でした。有給休暇、年末調整、雇用保険など、季節雇用のみであればあまり考えなくても済むことが増えますので、一つひとつ確認して整備していきました。

結果

✓正規従業員を雇用できた

✓現場を任せられるスタッフが増えて、代表の阿部に自由が生まれた

✓中級以上の技術をスタッフと共有することで、業務の標準化が進んだ

✓雇用条件や労働環境を改善するきっかけになった

パートさんやアルバイトと比べて労働単価が高いのであれば、それだけの存在価値を示してもらいたいところです。**どんなスキルや役割分担を期待するかあらかじめ考えておきましょう。**通常業務だけで習得できないことは**「目標管理」**（#041）、**「フォロー」**（#042）、**「教育」**（#043）も必要です。長く一緒に働いてくれることを期待するのであれば、**スタッフが人生設計できるようサポートしてあげましょう。能力や年齢に応じた昇給は必須です。**昇給に値するだけの利益を創出してもらえるよう、しっかり指導しましょう。農園にとって必要な利益とスタッフにとって必要な昇給を両立するために、協力して経営改善に取り組んでください。

コメント

通年のフルタイム雇用を導入することで、業務の柔軟性は飛躍的に向上します。パートさんやアルバイトには頼めない高度な仕事を任せたり、現場でリーダーになってもらったり、不在時の代役を務めてもらったりできます。観察の守備範囲や気づくことも2倍になります。負担は大きいですが、**正規雇用でないと望めない、投資に見合った利益があります。**

解説

正規雇用、非正規雇用

正規雇用とは、期間を決めずに、本人が望めば定年まで雇用する形態です。長期間を前提とした雇用によって、**①従業員は労働や生活の安定が期待できる、②長期的視点で従業員の能力を開発できる、③能力開発の結果、報酬が高まっていく**、といった利点があります。最近は非正規雇用の割合が増え、雇用の流動化も進みつつありますが、正規雇用が基本です。

解説

月給制

月給制は月単位で基本給を定め、毎月一定額の給与が支給されます。欠勤・遅刻・早退があった場合であっても、会社所定の休日や有給休暇の取得があっても、**月の勤務日数に関わらず満額が支給されます。**雇用によって得られる利益は保証されないのに、従業員の給与は保証しなければいけないので、やはり事業主にとって雇用は投資でもあります。

#037

CHAPTER5

スタッフ

工夫して効果的な仲間集めをしよう

求人を出す

新しいスタッフを招き入れるためには求人が必要です。ハローワーク、自園ウェブサイト、SNS、有料媒体などさまざまな方法があります。採用活動に伴うスタッフとのマッチングは、その後の業務進行や経営を左右する重要なプロセスです。

内容

- ✓ 労働条件や採用条件を見直す
- ✓ ハローワークに求人を出す
- ✓ 自園のウェブサイトやSNSに求人情報を掲載する

まずはハローワークに求人を出すことで、自園の採用力を知り、不足があったら補いましょう。**どんな条件でどれほどの人が応募してくれるか知るだけでも意味があります。労働条件の見直し、面接の対応、採用の判断、入職後の教育やフォローま**で、改善できるポイントは尽きません。阿部梨園では途中から、知人の紹介や自園ウェブサイトの求人への応募で十分になったことで、ハローワークでの求人は止めました。

結果

- ✓ ハローワークの求人からスタッフを採用できた
- ✓ 知人からの紹介、ウェブやSNS閲覧者の応募で採用が完結するようになった
- ✓ 知り合い採用で、相性のいい優秀な人を採用できるようになった

「知り合い採用」が最強です。紹介してくださる方が農園と合うかどうかを検討した上で、推

薦してくださるからです。ミスマッチの確率が大幅に下がり、定着率が上がります。紹介してもらうためには、安心して働ける職場として周囲に認知してもらう必要がありますが、これにはウェブサイトやSNSでの日々の情報発信が有効です。

採用基準は、**「農業に関心があるかどうか」**が格好のリトマス紙になります。「農園が好き」「農業をやってみたい」という方は、畑仕事にも熱心に取り組んでくれる傾向があり、定着率も高いです。目先の能力よりも、農業に対するモチベーションのほうが長期的には有利です。逆に、労働条件や待遇のみが志望理由だと、いずれより良い条件のところへ転職されてしまう可能性が残ります。

コメント

農業は、労働集約型の産業ですから、生産性に占める「人」の割合が必然的に高くなります。つまり、**パフォーマンスの高いスタッフを採用できるかどうかは、農園の生産性を大きく左右します。**経営にとって採用活動はそれだけインパクトがあります。

発展

労働条件を整理する

契約期間や就業場所、勤務時間や休日休暇の取り扱い、賃金の計算方法や支払い方法などの労働条件は労働基準法によって通知が義務付けられています。事前に**労働条件通知書**としてまとめておきましょう。通知書に沿って説明すれば、食い違いを防ぐことができます。

コツ

面接対策する

良い方とマッチングできるかどうかは面接が重要ですが、**慣れていない方は対策から取り組みましょう。**質問をあらかじめまとめる、想定問答を用意する、事前に採用基準を決めておくなど、事前に準備しておくと当日の負担が軽くなります。

#038

CHAPTER5

スタッフ

ミーティングでスタッフと情報を共有しよう

スタッフ会議を定例開催する

日々の業務を振り返り、学びを得たり次の行動を考えたりするには、作業の指示や報告・連絡・相談だけでは不十分です。現場から離れてミーティングの時間をもつことでスタッフの意見をすくい上げ、情報や意識を同期することが可能です。

内容

- ✓ **定例スタッフミーティングを開催する**
- ✓ **ミーティングの開催ルールを決め、円滑に会議を進める**

毎週もしくは隔週でスタッフミーティングを開催しています。コアメンバーが集まり30分を目安に、主にはKPT（#011）で1週間の業務の振り返りに時間を割き、他には**改善アイデアを持ち寄ったり**（#004）、**改善の実施報告**（#003）をしたり、必要な情報を共有したりしています。ミーティングの進行役と議事録係は佐川が担当しています。ときにはスタッフの**レポート報告**（#044）などもあります。

結果

- ✓ **1週間の活動を振り返り、PDCAできるようになった**
- ✓ **お互いの着眼点や考え方を共有できるようになった**
- ✓ **若手スタッフが報告、発表をする場ができた**

毎週のミーティングでKPTを実施することで、1週間の営みからの学びを漏らさないようになりました。誰かのKeep（＝よかったこと）を全員で共有し、Problem（＝よくなかったこと）の分析や、Try（＝これから取り組むこと）の洗い出しも、意見を出し合うことで深まります。

　スタッフに業務や経営へ主体的に関わってもらうことが目的でもあるので、スタッフの意見を尊重したり、発言や考察を促したりしましょう。事業主側の意見や考えを披露することに時間をかけすぎてしまったり、押し付けてしまったりすることは、生産的な会議の妨げになるので注意してください。

コメント

せっかく農作業ができる天気の良い日中に、わざわざ室内でミーティングをすることに、抵抗ある方もいらっしゃると思います。**無駄な会議をするくらいなら畑で仕事を進めたほうがいい**のも事実なので、**かけた時間分だけの実りあるミーティングにする**よう、内容の充実を心がけましょう。

コツ　議論しない

　ミーティングというと議論をするものだと思われるかもしれませんが、私たちはミーティング中には議論をせず、簡単な報告と確認にとどめています。終わりの読めない議論に全員の時間を使ってしまうよりも、**当事者のみで集まって少人数で仕切り直して議論したほうが効果的**だと考えるからです。大人数では、結論に着地できなかったり、意見が割れて揉めてしまったりという弊害もあります。

コツ　議事録を残す

　ミーティングを雑談で終わらせないためにも、議事録を残しましょう。会議終了後に議事録を書き起こすのでは時間がもったいないので、会議中にホワイトボードに書き起こしたり（写真に撮ればそのまま共有できます）、パソコンで入力したりしたものを共有するようにしましょう。**議事録をまとめる作業自体が思考力や表現力のトレーニングになる**ので、積極的に議事録係を割り振ってください。

#039
CHAPTER5

スタッフ

農園が大切にしていることを明文化しよう

スタッフのしおりを作る

スタッフに知っておいてもらいたい情報や、理解しておいてもらいたいことをまとめて伝える機会はありますか。特にアルバイトスタッフの出入りが多い農業では、新入スタッフに基本的なことをまとめたテンプレートがあると便利です。

内容

- **新入スタッフ用の情報共有事項を「しおり」にまとめる**
  →勤務初日にオリエンテーションを実施し、「しおり」の内容を説明する

結果

- **入職前に仕事のイメージができて、初日の心理的ハードルが下がった**
- **しおりに目を通してもらった上で説明するので、口頭での説明を短縮できた**
- **スタッフが必要に応じて、自分でしおりの内容を確認できるようになった**

誰でも、はじめての職場では慣れるのに時間がかかるものです。どんな雰囲気で、どんな人たちがいるのか。どんなルールや指示に従って仕事を進めていくのか。どこに何があるのか。探るエネルギーや時間を節約するために、伝えるべきことをまとめたものが「しおり」です。内容は次ページで紹介しますが、業務や勤務に関するルールや、大切にしてほしいこと、事務手続きについての情報まで記載しています。

必要なときに必要な箇所だけ情報共有するよりも、一度にまとめて説明したほうが効果的です。「〇〇さんには△△を教えたっけ？　え、済ませた？　誰が？　いつ？」ということが少なくなります。「しおり」が台本のような機能を果たしてくれるので、説明漏れが少なくなり、誰でも説明できるようになります。「言った言わなかった」のトラブルも防げます。

農園に関する情報や農業への思いを温かく書き加えておけば、歓迎している姿勢が伝わりますし、**「どんな農園で何のために仕事をするのか」**がはっきりすることでモチベーションを喚起することもできます。スタッフ紹介や栽培品目、年間作業など、外部向けに発信している情報をまとめることからはじめましょう。

コメント

ルールブックとして厳しく運用するのではなく、**お互いが気持ちよく働くための気づかいとして活用**しましょう。ちなみに、入職前に「しおり」に目を通してもらうのは強制ではありません（業務時間ではないですから当然です）。初日にオリエンテーションとして口頭で改めて説明します。

コツ

オリエンテーションを実施する

初日に小一時間をとって、オリエンテーションを実施しましょう。「しおり」の内容を説明したり、場内を案内したり、質問を受けたりしておけば、後がスムーズです。唐突に業務指示から入ってしまうと、ドライに受け取られてしまう可能性があるので注意してください。

スタッフ用しおりの項目例

- メンバー紹介
- 役割や分担
- 1日のタイムスケジュール
- 相談窓口
- 休憩時間
- シフトや勤務調整について
- 作業指示について
- 作業記録について
- 日報について
- 物品や道具の扱い
- 事務所の使い方
- 圃場の紹介
- 圃場マップ
- お願いしたいこと
- 給与支払について
- 緊急連絡先　など

#040

CHAPTER5

スタッフ

スタッフの貢献を言葉にして伝えよう

スタッフを人事評価する

チームづくりにとって、各スタッフの能力や日々の様子を把握するのは重要です。視点や感じ方は異なります。業務の技術や知識の評価（#060）に加えて、取り組み方や個人的な性質も評価しましょう。

内容

- スタッフの人事評価基準を作る
- 各スタッフを評価し、結果を教育や配置、給与査定などに反映させる

会社の人事考課制度のような、堅苦しいものを作ったわけではありません。阿部や私が考える、**「こんな行動は農園を助けてくれる」**をまとめたものです。阿部と一緒に仕事をしながら、阿部が大切にしていることを言語化しつつ、私の考え方も加えました。

結果

- 評価基準を元に、従業員を人事評価できるようになった
- 評価を共有し、細やかな対応や教育ができるようになった
- どんなタイプのスタッフと働きたいか、考え直せた

評価項目を作る過程で、**「こんなことを大切にしてもらいたいと思っていたのか」「この人のこんな行動に安心感を覚えていたのか」**と、評価側の価値観や考え方にも内省が多く得られます。複数人で同じ評価をして結果を見比べたり、スタッフ本人の自己評価と照らし合わせたりすると、考察が深まります。

「成長⇕評価⇕報酬」は三位一体ですから、プラスの評価は昇給やボーナスなど報酬に反映してください。それが次の成長につながり、成長が次の評価アップと農園の利益につながり、好循環が回ります。マイナスの評価項目があれば、相談して一緒に改善プランを考えましょう。

コメント

はじめて実施した当時、代表の阿部は全員を褒めてあげようと思ったのか、ほとんど5段階中の5ばかりで採点していました。これは性格の良さゆえですが、差がないと意味がないので、バランスをとった配点にしてください。

発展

性格診断を活用する

スタッフに性格診断や適性検査を受けてもらうのも良いでしょう。客観的な外部評価は、業務の適性やお互いの関わり方を見直す材料になります。上司が部下を直接評価するよりも、建設的に話を進められるかもしれません。数千円で受けられるテストも多いです。

発展

ストレングスファインダーを活用する

各人のもつ強みを分析するツールとして、ストレングスファインダー®という診断テストが有名です。「短所を改善するよりも、長所を活かすことでパフォーマンスを最大化する」という考え方に基づいたもので、広く一般に活用されています。『さあ、才能（じぶん）に目覚めよう 新版 ストレングス・ファインダー2.0』（日本経済新聞出版社）を購入すると、インターネットテストのアクセスコードが付いてきます。

人事評価項目の例

- 経験した業務の内容をよく覚えている
- 観察力、想像力がある
- チームを鼓舞できる
- スケジュール意識、納期感覚がある
- 道具や消耗品を大切にできる

など

#041
CHAPTER5

スタッフ

目標を立てて能力をストレッチしよう

スタッフの年次目標を決める

特に正規雇用のスタッフは、農園でキャリアを形成していくことになります。雇用主側は、農業のプロとして一人前に成長してほしい願いがあるでしょう。かしこまったキャリアプランはなくても、1年ずつの目標設定を取り入れましょう。

内容

✓スタッフ個々の年次目標を立てる

↓スタッフ本人が翌年の目標を考える

↓上司もリクエストを考え、両者で話し合い内容をすり合わせる

↓目標を達成するためのアクションを考える

達成に必要な**行動計画**も同時に考えてください。**定期面談の時間**（#042）に状況に応じて行動計画を軌道修正すると、達成確率が高まります。目標は多すぎても意識し続けられないので、**最大5つ程度**にとどめておくといいでしょう。

結果

✓年次目標を意識しながら業務に取り組めるようになり、成長が促された

目標の達成度を給与査定の材料にします。評価や報酬はモチベーションにつながります。

コメント

若いスタッフは、目標がないとキャリアや人生計画を見失ってしまいがちです。スタッフ各自が成長し、その成長が報われる未来を見せ続けてあげることは事業主の責任です。

#042

CHAPTER5

スタッフ

スタッフの本音と向き合う姿勢を見せよう

スタッフ面談を定期開催する

阿部梨園では、定例ミーティング（#038）で、現場やビジネスについて踏み込んだ話ができるようになりました。しかし、スタッフの個人的な希望や普段は言えない悩み、思いまで汲み取ることは、業務中ではなかなかできません。

内容

主力スタッフと定期的に面談の時間を設ける
↓年次目標のメンテナンスをする

面談の第一目的は、**「スタッフが話したいことに耳を傾ける」**です。こちらが伝えたいことは控えめにしてください。まずは上司側から、**「希望や意見を受け止める姿勢があるよ」というメッセージを伝える**ことが本質です。

結果

定期面談を実施し、スタッフの本音に触れることができた

スタッフの希望を業務内容や指導に反映できた

目標管理（#041）を見直す時間にもしましょう。調か、達成に向けて行動できているか、新しく盛り込むべき要素はあるか、中間地点で軌道修正すると実現に近づきます。

コメント

ITベンチャー業界を起点に、1対1の面談のことを**「1on1」**と特別に呼ぶことが浸透しつつあります。部下から申し出ればいつでも社長と1on1できる会社もあります。組織の風通しをよくする効果があります。

#043
CHAPTER5
スタッフ

スタッフの成長に必要な材料を用意しよう

スタッフの研修機会を増やす

農家は生産者部会の各種研修や技術指導など、新しい知識やスキルを入手する様々な機会がありますが、従業員は一般企業ほどの教育研修制度もなく、必ずしも農業の専門教育を受けているわけではありません。

内容

✓スタッフの研修機会を増やす
- ↓業務に関する書籍や農業系の雑誌などを充実させる
- ↓スタッフを外部研修に送り出す／同伴する
- ↓教育資料を用意し、座学を実施する

まずは**「阿部梨園文庫」**と称して、スタッフに学んでもらいたいことや、スタッフが興味を持ってくれそうな内容が載っている書籍・雑誌をまとめて購入しました。ビジネス書と農業書が中心です。他にも先進地研修や勉強会にスタッフを同伴したり、外部研修を受けてもらったりもしています。また、梨の生育や農業に関する座学資料も作成し、**雨の日**（#054）に講座を実施したりもしました。

結果

✓主力スタッフが時間のあるときに自学自習するようになった

✓外部研修や座学で、農業に関する知識をより深く提供できるようになった

オリジナルの研修制度を作るのはハードルが高いので、まずは**自学自習できるように教材を調達する**ことから取り組むといいでしょう。少なくとも、**「勉強したい人が勉強できる環境」**

は用意してあげたいところです。座学や指導で手取り足取り教えてあげることも有効ですが、「自習」も一生使える大切なスキルなので、介入しすぎずにサポートしてあげましょう。

座学資料を制作する過程で、栽培管理の知識が整理されたのも大きな収穫でした。まずは自分の知っていることや考え方をまとめるだけでも意味があります。足りない情報を補うための勉強の機会にもなります。一度作ってしまえば長く使えますし、集大成としてまとめてみましょう。スタッフの自習用教材としても活用できます。

コメント

農作業に関する専門的な知識やスキルだけでなく、「段取り」や「コミュニケーション」、「トラブル対応」など、一般的な業務遂行スキルも、スタッフには身につけてもらいたいところです。日々の業務でもそれらの指導を心がけつつ、ビジネス書などで客観的な情報を補強して、一人前の社会人になってもらいましょう。

コツ

教育機会を共有する

受けてきた外部研修の内容を共有したり、自分のために購入したビジネス書を共有の文庫にしたりするなど、自分が得た情報をオープンにするだけでも教育機会は増えます。独り占めしてしまっていることはないか、振り返ってみましょう。

発展

資格試験や検定を受験してもらう

体系的な知識やスキルを身につけるために、資格や検定は有効です。スタッフに受験をすすめて、取得したら積極的に評価してあげましょう。本人にとっても一生モノの実績になります。農業や食に関する資格や検定は数多く存在しますので調べてみてください。

#044

CHAPTER5

スタッフ

アウトプットで知識を地固めしよう

スタッフにレポートを書いてもらう

スタッフを外部研修に連れて行くにあたり、単なる見学では散漫な学びになってしまうので、レポートにまとめて農園内で共有するように宿題を出しました。

内容

✓**スタッフにテーマを与えてレポートを書いてもらう**

様式は自由で、Ａ４用紙１枚程度でと思っています。実験レポートなどのように、「背景」「内容」「結果」「考察」などを盛り込んで**テンプレート**（＃０２１）を用意してもいいでしょう。

結果

✓**素晴らしいレポートが続々提出されるようになった**

✓**スタッフの表現力が向上した**

✓**スタッフの理解度を把握できるようになった**

上手で立派なレポートを作ってもらうことが目的ではありません。現時点での表現力で無理なくまとめられる内容を共有してもらえばいいのです。

コメント

言語化能力は、一朝一夕では育ちません。レポートにまとめることで、「何をメッセージにするか」、「どんな構成、文量にするか」、「新しい発見や考察はないか」「どんなふうに伝えるか」など、考える力が養われます。提出や発表の機会を積極的に設けて、活用してもらいましょう。

#045

CHAPTER5

スタッフ

デジタルに対する苦手意識を軽減しよう

ブラインドタッチできるようになる

これからの農業はデータによる生産管理、経営管理が不可欠です。阿部も含めて、当時のスタッフはみんなパソコン操作が苦手でした。まずは入力に苦心しており、ブラインドタッチができないことをストレスに感じているようでした。

内容

ブラインドタッチを習得するまで練習する

ブラインドタッチは、タイピング能力を診断してくれるウェブサイトで、ランクを競い合いました。ゲーム感覚で、みんなで練習に精を出しました。それぞれ入力のストレスから開放される程度にはスキルアップし、その後のパソコンを使った業務もスムーズになりました。

結果

ランクを競うことで、ゲーム感覚でタイピング能力を伸ばすことができた

パソコンへの苦手感がやや緩和された

ブラインドタッチをバカにしてはいけません。パソコンをストレスなく使えるようになったことで、農園の各活動を数値化し分析できるようになりました。

コメント

ゲームの原則や設計手法を持ち込むことを「ゲーミフィケーション」といいます。堅苦しい改善ばかりでは気疲れしてしまいますので、楽しく続けられる仕組みも取り入れましょう。

#046
CHAPTER5
スタッフ

スタッフの心の声に耳を傾けよう

スタッフ向けのアンケートを実施する

パートタイムスタッフが満足して働いてくれているか、雇用側は気になります。希望や不満があれば汲み取りたいところですが、面と向かって質問しても、はぐらかされたり、社交辞令的になったりします。そこで変化球のアプローチを提案します。

内容

✓従業員アンケートを実施する
→季節ごとに、パートタイムスタッフ向けに実施する

次ページに例示したような内容で、スタッフの農園や勤務に対する満足度、希望や不満をヒアリングしました。

結果

✓スタッフの本音をうかがい知ることができた
✓アンケート結果を勤務条件や人材配置、コミュニケーションなどに活かすことができた

アンケート結果を基に、実際の業務やチーム運営を改善することが目的です。役割分担や業務内容にスタッフの要望を反映しましょう。何でもスタッフの思いどおりにすればいいわけではありませんが、**「望む働き方を叶えることで能力を最大限引き出すことができる」**と考えれば、検討に値します。

スタッフの待遇を一律でベースアップすることも必要ですが、個々の要望に個別に対応することもまた効果的です。とはいえ、アンケートの回答内容が本音であるかも吟味しなければなりません。正直に回答してもらえるような関係構築を心がけつつ、アンケートには書けない本音が背後にある可能性も考慮しましょう。

コメント

スタッフの本音に触れることは、勇気が要ります。私たちも評価の低い項目があれば、やむを得ないとわかっていることであっても、ガッカリします。しかし、それを農園の改善点として直視し、なるべく早く解消していくことが、成長を加速させます。アンケートの結果を早く反映させれば、スタッフも意気に感じてくれるでしょう。

アンケートの項目例

- 労働環境
- シフト、勤務時間
- 指導、指示
- 待遇、給与
- 雰囲気、人間関係
- 充実感、達成感
- 仕事の難易度　など

（以下、自由記述）

- 農園のいいところ
- 農園の改善できるところ
- 今回の仕事のよかったところ
- 今回の仕事の微妙だったところ　など

コツ

翌シーズンの勤務希望も確認する

たとえば季節雇用で、農閑期に長期のお休みがある場合、翌シーズンにも来てもらえるかどうか確定していないのは不安ですよね。**雇用期間の終盤に、従業員アンケートと合わせて翌シーズンの勤務希望を確認しておきましょう。**早く計算が立てば安心できますし、間違った期待を回避することもできます。

解説

ES（Employee Satisfaction、従業員満足度）

ES（従業員満足度）は、従業員がどれだけ満足しているかの度合いで、アンケート調査などによって数値化されるものです。従業員の満足度が高いほど生産性や組織の安定性も高くなる傾向にあり、ESは事業を支える重要な指標の一つとされています。

スタッフにとって居心地のいい職場環境を用意しよう

アメニティを整える

作業場や事務所、休憩室などは、スタッフにとって一定の時間を過ごす生活空間の一部でもあります。職場の過ごしやすさや快適感は、従業員の満足度やモチベーション、ひいては定着率にも影響があります。

内容

- ✓**スタッフ用ロッカーを設置する**
- ✓**「テレビ」「電子レンジ」「コーヒーメーカー」などを揃える**
- ✓**休憩室（＝事務所）内を「禁煙」にする**

アメニティとは「環境の快適さ」のことです。休憩スペースの充実や飲食物の無料提供などに力を入れている先進企業が多いのも、職場のアメニティが従業員の満足度やモチベーションを左右する要因の１つになるからです。阿部梨園では、まず従業員の荷物置き場がなく、休憩室の椅子／机の上に置く形式で雑然としていたので、ロッカーを導入しました。お弁当を温めるための電子レンジを購入したり、休憩中の娯楽にとテレビを設置したりもしています。テレビはパソコンの外部ディスプレイとして、**ミーティング**（#038）での画面共有にも使っています。

結果

✓**アメニティ（快適さ）を改善して、スタッフが過ごしやすい休憩室になった**

そもそも休憩室は喫煙ＯＫでタバコ臭く、壁もヤニ色、過ごしやすさどころではなかったので、非喫煙スタッフのために**「分煙」**にしてもらいました。今は、屋外に出て喫煙してもらっています。当時はベテランに喫煙者が多く、新参者の私が分煙を提案するのははばかられましたが、丁寧に説明して理解してもらいました。

阿部梨園で言えば、今なお足りていないのは、**男女別の更衣室**です。現状ではスペースの都合で設置は難しく、男女共有の個室トイレで着替えてもらっているので、心苦しく思っています。欲を言えば、畑仕事で汚れたり汗をかくので、シャワー室も欲しいところです。

コメント

Google社のような福利厚生的アメニティまで充実されているわけではありませんが、最低限は整ったと感じています。ここで言う最低限とは、少なくとも環境（の悪さ）が理由で辞められてしまうということはなさそうなレベルという意味です。せっかくスタッフに長時間過ごしてもらう空間ですので、少しでも快適になるようおもてなしの気持ちで環境整備に取り組みましょう。もちろん、事業主本人が仕事しやすい環境にするのも効果的です。

解説

動機づけ要因、衛生要因

ハーズバーグの二要因説では、「あるとモチベーションを引き出す要因」を**動機づけ要因**、「ないとモチベーションを阻害する要因」を**衛生要因**と定義しています。アメニティは仕事における衛生要因の代表例で、これを高めることは不満の解消にはなりますが、モチベーションを高めるには「承認」や「達成感」などの動機づけ要因が別途必要とされています。

#048

CHAPTER5

スタッフ

おそろいの作業着で一体感をアピールしよう

スタッフにユニフォームを支給する

当時の阿部梨園はスタッフに動きやすい自由な服装で出勤してもらっていたのですが、現場作業で私服が消耗してしまうのも申し訳ないので、作業着を支給すると決めました。農園のロゴをプリントすれば、お揃いの「ユニフォーム」になります。

内容

- **農園のオリジナルユニフォームを制作してスタッフに支給する**

Tシャツ、パーカー、つなぎなど、好きなものや作業に合ったものを選びましょう。背中に阿部梨園の**品種ロゴ**（#086）をプリントしています。

結果

- **お揃いのユニフォームで一体感が高まった**
- **ユニフォームを店頭販売した**

ユニフォームをみんなで着れば、来店されたお客様が「誰がスタッフかわからない」ということも回避できます。ちなみに、ユニフォームを着て店頭接客したらお客様から「欲しい」というリクエストがあったので、試しに販売してみると、すぐに数十着も売れました。喜び勇んで追加発注したら売れ残り、償却に数年かかりました。

コメント

統一されたオリジナルのユニフォームはメディアの取材や宣材に**「映え」ます**。「あのTシャツは……やっぱり○○農園だ！」と、近隣の方に認知してもらえるようになれば、宣伝効果も期待できます。

#049

CHAPTER5

スタッフ

スタッフに事務仕事も任せられるようになろう

スタッフ用パソコンを用意する

スタッフに任せることで事務の雑事から解放されるだけでも、経営改善は加速的に進みます。PC仕事も多いと思いますが、自分のPCをそのままスタッフに使ってもらうのはちょっと……と抵抗のある方は、共用PCを新しく用意しましょう。

内容

✓共用PCを用意する

共用PCは主に、作業記録の入力や注文データの出力などに使います。主力スタッフには、作業計画や段取り、作業データをまとめるなど、応用的に使ってもらうこともあります。事業主PCなど他端末とのデータ連動はDropbox（#017）を使って実現しています。

結果

✓スタッフと事務作業を分担できるようになった

✓スタッフのPCスキル、データ管理スキルが向上した

「事務仕事の経験がある、農作業以外の仕事もしてみたい」というスタッフがいるかもしれません。学生時代や前職で、実はPCに慣れ親しんでいたという人も案外います。隠れた才能や可能性を探してみましょう。自分よりも得意な人がいれば御の字です。

コメント

もちろん1人1台支給が理想ですが、まずは共用からでいいと思います。お客様や従業員の個人情報も含まれる場合には、アカウントの管理やセキュリティに気をつけてください。

#050

CHAPTER6

生産

先々の見通しを立てて、安定運航しよう

作業計画を立てる

1年間の作業計画が阿部の頭の中にしかなかったので、通年の勤務経験がないスタッフは、どの時期にどんな作業をするかわかりませんでした。いま取り組んでいる作業をいつまでに終わらせるか、今月はどの作業まで進めるかを共有しましょう。

内容

✓作業計画を立てる

年次→月次→週次→日々の**作業指示書**（#051）と、階層的に管理します。期間が短いものほど行動内容やスケジュールを細く設定し、状況に応じて調整します。**作業記録**（#052）や**作業時間集計**（#053）を基に週間→月間→年間で、予定どおりの進捗だったか、差異が何に起因しているか分析しています。これは行動の予実管理（#007）と言えます。

結果

✓スタッフが先の業務内容を知れるようになった

✓作業計画を活用することで、作業の進捗管理ができるようになった

一度作ってしまえば、翌年以降は微調整するだけで済みます。一念発起して作りましょう。段取りに対するスタッフの理解が格段に上がります。

コメント

天気の都合があるので先々のことを決めるのは憚られるかもしれませんが、計画があったほうがイレギュラーな出来事への対応もスムーズです。状況に応じて随時修正しましょう。

#051

CHAPTER6

生産

毎日の作業を全て書き出そう

作業指示書を出す

阿部梨園では、その日の作業指示を、朝礼の時に口頭で説明していました。これには「言った言わなかった」や勘違いが起こりやすいこと、スタッフが後から自分で指示内容を確認できないことなど、さまざまな課題がありました。

内容

その日の全業務を作業指示書としてまとめる

作業指示書の主な内容は「**誰が**」「**どの作業を**」「**どこで**」「**何時から何時まで実施するか**」です。道具や機械の割り振り、作業上の注意点や進捗の目安なども書き記します。

阿部が前日までに翌日分の指示書を作成して印刷し、スタッフ閲覧用のバインダにセット。出勤したスタッフは朝礼前後に自分でも目を通し、必要に応じて現場にも持っていきます。

結果

円滑に作業指示できるようになった

指示の内容をスタッフが自分で振り返れるようになった

過去の作業指示書が記録として残るようになった

コメント

前日に段取りをつける習慣づくりに有効です。**小学生が、翌日のランドセルの中身を前夜のうちに準備できるかどうかと同じ**です。悪天候が予想されるときは、パターンBとして雨プランも用意しておくといいでしょう。

#052

CHAPTER6

生産

スタッフ全員の勤務記録を残そう

日報で作業記録を残す

阿部が全員の出勤記録を残しているだけで、スタッフ個々の日報のようなものはありませんでした。誰がいつ何の作業をどこで何時間行ったかの記録がないので、生産性の分析や労働時間の予測を立てるための材料がない状態でした。

内容

- **スタッフ各自に日報を書いてもらう**

全員に、終業時に日報を書いてから提出してもらっています。阿部が毎日、全員の内容を確認し、必要に応じてコメントを返すことで、勤怠記録の確認とコミュニケーションを同時に図っています。様式は、**時間が帯状になっているバーチカル型の手帳**と同じです。備考欄に、気になったことや確認したいこと、その日に学んだことを書き残せるようになっています。

結果

- **スタッフ全員の作業従事時間が記録されるようになった**
- **コメント欄で阿部とスタッフがコミュニケーションをとれるようになった**
- **作業時間にこだわる姿勢が全体に浸透した**

まずは、自分が勤務時間中にどれだけ時間をかけて何の仕事をしたのか、スタッフ自身が説明できるようになることです。1分1秒にこだわって厳格に時間管理することまでは求めなくても、内容の充実した日報になるよう心がけるだけで、仕事の生産性も上がります。

数字を記録することで自然と結果が改善されていくのは、レコーディングダイエット（体重計に乗り続け結果を記録するだけで減量できるというダイエット理論）と似ています。自分の作業スピードが、周りのスタッフや前年の自分と比べて早いか遅いか、どうしたら数字を更新できるか、思い巡らせる材料になるからです。

コメント

導入当初は日報をわずらわしく思うスタッフもいました。丁寧な説明と周囲のサポートの結果、今はみんな理解して丁寧に記録してくれています。阿部梨園では（給料が発生している）勤務時間中にも短い休憩時間があるので、体を休めながら、作業記録も書き残してもらっています。終業時に振り返るより、記憶も新鮮です。

コツ

15分単位で記録する

1分単位でこだわると窮屈なので、15分単位で十分です。畑の移動時間やスタッフ同士の相談を作業時間に含めるか含めないか、のようなわずかな差異にこだわっても面倒ですし、みんな嫌がります。その代わり、15分単位では漏れなく記録を残せるよう念を押しておきましょう。阿部梨園では、作業記録を書き残すために、**屋外用のメモ帳**（#057）をスタッフに支給しています。

発展

農業日誌アプリ

最近ではスマートフォンやパソコンで操作できる便利な農業日誌のウェブサービスやアプリが増えました。「Agrion（アグリオン）」や「アグリノート」などが有名です。スタッフごとのアカウントを作成して、各自に入力してもらえます。

地図上の圃場データとリンクしていたり、スタッフ全員分の集計が簡単にできたりするなど、デジタル管理ならではの便利な機能が満載です。

#053

CHAPTER6

生産

体重計に乗って生産性を分析しよう

作業時間を集計、分析する

スタッフの日報（#052）で、誰がどの作業に何時間従事したかの記録が残るようになりました。これを集計すれば、過去の作業の生産性を分析できますし、翌シーズンの作業計画を立てるとき、数字ベースで予測することもできます。

内容

✓すべての作業時間を集計する

元データの日報が手書きなので、それをパソコンでExcelに入力し直しています。時間はかかりますが、**雨の日**（#054）に手の空いているスタッフに打ち込んでもらうことも可能です。「作業名」「作業日」「作業者」「作業時間」でデータ化しておけば、「8月の全員分の作業ごとの従事時間を合算で集計」「12月の佐藤くんの作業ごとの従事時間を1日単位で一覧」といったように、自由に計算できます。

結果

✓全ての作業時間を集計した
✓作業時間を分析し、工程の改善や、翌シーズンの作業計画に反映できるようになった

「去年は500時間かかっていた人工授粉作業が、今年は450時間で終わった！」というように、計測してはじめてわかることがあります。そこから「さらに50時間削って400時間で終わらせるには、工程や人材配置をどう変えたらいいだろう？」「目標400時間に対して550時間かかってしまった。敗因は何だろう？」と結果を分析したり、次のアクション

を考えたりする格好の材料になります。ぜひスタッフを巻き込んでください。

ちなみに、Excelの集計ファイルを作って、1年分の全員の作業記録をポチポチ打ち込んだら、1週間かかりました。効率の悪さを振り切ってでも手に入れる価値はあったと思っていますが、これは大変ですし、Excelのファイルは数式や書式が崩壊しやすいので、Agrionなどの市販の**農業日誌アプリ**(#052参照)などのほうが入力も集計も圧倒的に便利でおすすめです。

コメント

私は梨の栽培技術について無知なので、技術レベルや作業品質を向上する改善提案はできません。そこで、**一定の技術や品質が保たれているという前提で、「作業時間が短くなれば、生産性は改善したと言える」**と考えて、作業時間の管理はサポートすることにしました。ここで削った時間は、さらなる品質向上や別な施策に充てることができます。

解説

QCD (Quality, Cost, Delivery)

製造業における品質管理の重要な要素として、品質(Quality)、コスト(Cost)、納期(Delivery)が挙げられます。「品質は高く、コストは低く、納期は短く」というのが高い生産性を表します。農業の場合は納期よりも時間の有限性に影響されるので、「所要時間」を挙げてもいいかもしれません。

解説

計測できないものは制御できない

“You can't control what you can't measure”(=計測できないものは制御できない)はIT業界の格言です。言い換えるならば、**「体重を計らないとダイエットできない」**です。経営改善も闇雲な努力では成果に結びつきません。現在の状態が良いのか悪いのか、何が要因でどう変化しているかを数字で把握した上で、効果的な箇所から改善しましょう。

054

CHAPTER6

生産

お天道様次第だからこそ、雨の日を有効活用しよう

雨の日の業務をリストアップする

雨が降れば、パートさんは休んでもらいやすいかもしれませんが、正規スタッフは定められた出勤日数も多く、出勤日調整には限りがあります。特に梅雨の時期は、雨でも出勤してもらわなければいけないことが増えます。

内容

✓ **雨の日でもできる業務リストを作成する**

「生産量データや作業時間データの入力」「書類やデータの整理」「道具や機械の整備」「倉庫の整理」「在庫の確認」「不要品の処分」「次の作業の前準備」など、雨の日でもできる仕事をリストしておき、雨の日の仕事不足を防ぎます。

結果

✓ **雨の日でもできる業務は、雨の日に消化するようになった**

✓ **急な降雨に対して、すみやかに作業内容を変更できるようになった**

「雨ではできない作業」と「雨でもできる作業」を実施する順番を**入れ替えた**だけですが、立派な改善です。業務を減らしたり内容を変えたりできない場合でも、順序を入れ替える効率化ポイントがないか探してみましょう。

コメント

大切なのは、**目的意識をもって時間をムダにしないこと**です。教育やトレーニングの時間にしたり、スタッフに自由に時間を使ってもらうのもいいでしょう。

#055

CHAPTER6

生産

根幹になる数字は、実数で押さえよう

生産量を集計、分析する

生産量や反収は、売上概算する農家の大切な経営指標ですが、生産量を実数で計ったことのない生産者さんも多いのではないでしょうか。生産量の正確な数字がないと、売上増減の理由が、生産量の増加なのか営業努力の成果なのか、見極められません。

内容

✓収穫してきた梨をすべて重量計測する

収穫してきたコンテナを、すべて人力で「はかり」に載せて計測しています。表示された重量を読み取り、用紙に手書きで記録し、後ほどExcelデータとして打ち込みます。コンベアで自動化したり、重量データをデジタル保存できるようにすればいいわけですが、予算がなかった頃にまずは取り組んでみた施策です。

結果

✓生産量データを入手できた

✓生産量データを元に、収量の増減を分析できた

✓前年までの生産量データを、畑の残数予測などに活かすことができた

収穫量の分布が数年分貯まると、収穫量を予測する頼もしい材料になります。「●日目までに●トン採れているということは、全体で●●トン採れる見込みで、あと●●トン残っているはず」と、前年までの生産量データと当年のデータを見比べて、見当をつけられるようになるからです。データが貯まれば貯まるほど、パターン予測の精度も上がります。

阿部の**体感と実測データが異**

なっていることが多いこともわかりました。例えば、5～10％程度の収量の違いは、畑を見回しただけではわかりません。

収穫コンテナ数でも推測できますが、コンテナ内の入り数にバラつきがあれば誤差が生まれます。小さな差異に見えても、出荷管理や販売には大きく影響が出る数字なので、正確な数字を押さえることで安心できるようになりました。

コメント

作業時間の集計、分析（#053）にも言えることですが、紙に記録してからデジタルに打ち直すなど、勝負どころでは**人海戦術的なデータ取得**もしています。計ってみないと実態は掴めませんし、データを取ってみてから気づく使いみちもあるので、時間的な費用対効果を疑う声には耳をふさぎつつ、まずは泥臭く数値化にチャレンジしましょう。

発展
等級ごとの生産量も取得する

阿部梨園では全等級まとめての数字しか取得していませんが、「秀品」「優品」「選外／規格外」などの等級ごとの生産量がわかると、販売計画や品質管理をさらに高度化することができます。サイズも揃っている選果後であれば、玉数を数えたり、入り数を決めてコンテナ数を数えたりするだけでも概算できるのですが、工程の都合で今のところ見送っています。

発展
生産量データ取得を自動化する

梨は重量作物なので、コンテナの上げ下げが肉体的な負担になります。データを1件ずつ入力するのもそれなりの時間を要します。コンベアと直結できる重量計を導入して上げ下げの回数を減らしたり、デジタルデータ保存できる重量計を導入して入力の工数を減らしたりするなど、負担を軽減したいところです。

056

CHAPTER6

生産

観察眼を増やして、畑を細やかに管理しよう

スタッフに畑を観察してもらう

畑や作物が時々刻々と変わる農業では、変化を敏感に感じ取る「観察」が重要なスキルです。不良果や病虫害など即座の対応が求められるものは、いかに早く見つけられるかが肝心ですから、スタッフの目も動員すれば守備範囲が広くなります。

内容

✓畑の観察項目を共有し、スタッフ全員が作業中に畑をよく観察する

「枝」「実」「樹全体」「土、下草」「網、棚」など、部位に分けて観察項目を列挙します。例えば「葉」ひとつとっても、「縮れていないか」「虫に食べられていないか」「色が薄くないか」「不自然な模様が出ていないか」など、確認事項は意外と多いです。**漫然と眺めるだけでは見落としやすいので、ポイントをあらかじめ定めて共有しましょう。**

結果

✓樹や畑の変化を把握し、素早く処置できるようになった

✓スタッフの観察力が向上し、観察範囲が広くなった

観察をとおして、生育具合や病虫害について学びを深める材料になります。観察して発見された異常や変化を、サンプルや写真で共有するのもいいでしょう。

コメント

一人ですべての畑を細かく見回りするのは時間の限界がありますが、スタッフの目が行き届けば細やかな管理作業が可能です。

#057

CHAPTER6

生産

畑で必要な情報を漏らさないようにメモを残そう

畑用のメモ帳を支給する

指示や指導の内容、作業記録、畑で気づいたことや見つけたことなど、スタッフに畑で作業をしながら意識してもらいたいことは色々とあります。人の記憶力には限りがありますから、スタッフにメモを持ち歩いて使ってもらえば確実です。

内容

✓野帳（屋外用のメモ帳）を支給する

単なるメモ帳なので何でもいいのですが、阿部梨園では「測量野帳」を購入してスタッフに支給しています。ポケットに入るサイズですし、ハードカバーで型崩れしにくく屋外にも持ち歩きやすいです。

結果

✓スタッフが現場での指示や指導を書き取るようになった

✓スタッフが細かい作業記録を書き残すようになった

✓スタッフが畑で気づいたことや見つけたことをメモして報告してくれるようになった

メモは畑で頭を使った証なので、数冊並べて宝物のように大切にする人（阿部）もいます。

コメント

筆記用具はスタッフ各自で用意して持参してきてもらうようにしてもいいのですが、そうすると持ってこない人がいたり、使い方がバラバラになったりします。**共通のものを一斉に支給して、使い方や目的をはっきり伝えるほうが効果的**だと考えました。

#058

CHAPTER6

生産

用語を統一してコミュニケーションを円滑にしよう

業務リストを作る

「作業名が覚えられない」「何を指しているかわからない」という声を新しいスタッフが加わるたびに耳にします。1つの作業に複数の呼び名があったり、1つの用語が複数の作業を指していたりすると、混乱や取り違えが発生します。

内容

- 専門用語を統一する
- 作業リストを作成する

「人工授粉」と「交配」のように同じ作業を指していればどちらかに統一します。逆に、「摘果」を「予備摘果」「仕上げ摘果」「補正摘果」のように区分することもあります。

結果

- 作業名が統一されて、連絡ミスや勘違いが少なくなった
- 統一された作業名をもとに、作業の記録や作業時間の集計ができるようになった

作業時間の集計（#053）のためには、「機械整備」や「見回り」、「納品」「会議」「清掃」など、周辺業務もリストアップしておきましょう。「農作業＋周辺業務」で全体最適することが大切だからです。

コメント

名称や暗黙のルールなど、農家にとっては当たり前でも、一般の人には理解できないものがあります。説明が不十分で、わかる人にしかわからない会話が進むと、経験が浅い人にとっては不親切な職場だと感じられてしまうかもしれません。内輪の情報や雰囲気には気をつけましょう。

CHAPTER 6

経営
総務
会計
労務
スタッフ
生産
商品
販売
PR

#059

CHAPTER6

生産

作業を標準化して効率アップしよう

作業マニュアルを作る

阿部梨園は、作業の指示は現場での口頭説明が中心で、手順書はありませんでした。口頭だと毎回イチから説明する、説明の内容が安定しない、言い漏らしや聞き漏らしが発生する、スタッフが後に自分で確認できないなどの課題があります。

内容

✓作業マニュアルを作成する

もちろん「作業手順の内容」が一番大切ですが、他にも「作業の目的」「必要な準備、道具」「作業中の確認事項」「仕上がり基準」「トラブル対処法」などをまとめることで、誰でも同じように作業できるようになります。「備考」や「コメント」で細かいコツや注意事項などを書き残し、実用的なマニュアルを目指しましょう。

結果

✓マニュアルを作成し、効率的に作業指示できるようになった

✓スタッフが自分で作業内容、仕上がり基準を確認できるようになった

すべての作業のマニュアルを完璧に作らなければいけないわけではありません。むしろ、マニュアル作成に時間がかかりすぎるのはナンセンスです。**従事時間や従事者が多い作業など、効果の高い手順から順に、作れる範囲で増やしていきましょう。**立派なマニュアルを作ろうとすると過剰に悩むこともあります。まずは実用性重視で簡素なものを作成し、使いながら加筆修正していきましょう。

ある程度経験を積んだスタッフにマニュアルを作ってもらう

といいでしょう。未経験者目線でわかりやすくなりますし、園主とは違う説明や表現を取り入れられて多様性が出ます。スタッフも教える側に回ることで、伝える力やまとめる力が育ちます。スタッフの作れるマニュアルが、農園の現時点の実力と言ってよいかもしれません。

コメント

私が勤めていたデュポン社は、作業手順書を厳しく重視していました。素材メーカーなので、品質問題はお客様の製品で重大なトラブルを引き起こす恐れがあり、取り返しのつかない過失になり得ます。「先にマニュアルを作らないと新しい作業をしてはいけない」というルールがあり、マニュアルの審査や監査もかなり多かったです。

発展

マニュアル作成ソフトを活用する

WordやExcelで作ることもできますが、どちらもマニュアルの作成、更新、管理には本来不向きです。最近では「Teachme Biz」のようなマニュアル作成ソフトが市販されており、マニュアルに特化した機能が充実していて大変便利です。複数のスマートフォンやタブレットから閲覧・更新できるのでスタッフとの共有や畑での内容確認も簡単です。

作業マニュアル項目リスト例

- 作成者/更新者
- 作成日/更新日
- 分類
- マニュアル名/タイトル
- 目的
- 必要な準備
- 必要な道具
- 手順①
- 手順②

⋮

- 確認事項
- 仕上がり基準/終了基準
- トラブル対処法
- 備考/コメント
- 参照する他のマニュアル

など

参考 **作業標準化**：仕様や構造、形式を同じものに統一することを標準化と言います。作業を標準化すると、手順や知識、道具や資材などを共有化することで効率が上がり、成果物や仕上がりの品質を安定化させることが可能です。作業標準化は業務改善、品質管理の根幹です。工業規格のように、業界レベルで標準化が進んでいる分野もあります。

#060
CHAPTER6
生産

星取表でスムーズにスキルアップを進めよう

スタッフの作業を評価する

農業にはたくさんの作業があり、どれ1つとっても、それぞれに確認事項や発展的な知識、例外処理があります。「どのスタッフに何をどこまで教えたか、誰が何をどこまでできるか」をチーム内で共有しておくことは大切です。

内容

✓作業ごとにスタッフのスキルや習熟度を評価する

評点の付け方は自由ですが、「トヨタ式の5段階」が参考になります。**「①経験なし」「②一人で作業ができる」「③時間どおりに作業ができる」「④トラブル時に対応できる」「⑤改善や部下指導ができる」。**

結果

✓スタッフのスキルや習熟度が見える化され、滞りなく教育できるようになった

✓的確に役割分担できるようになった

「○○さんは△△ができると思って任せたら、うまくいかなかった」「□□さんが××できると知っていたら、任せたかったのに」という事態を避けましょう。

コメント

スタッフ側も、自分が今どのレベルで、今後どのようなスキルアップが求められているか気になっています。星取表はスキル習得のロードマップ（行程表）になり、スタッフのモチベーション向上にも一役買ってくれます。

#061

CHAPTER6

生産

畑や樹の配置を地図にしよう

圃場マップを作る

阿部梨園には100本前後の梨の樹があります。果樹農家の頭の中には樹の位置や品種構成が入っているものですが、経験の浅いスタッフはそうもいきません。樹を特定するための情報がないと、違う樹同士を指した会話の食い違いも発生します。

内容

- 圃場マップ（梨の樹の配置図）を作成する
- 樹が植えられている行と列に連番を振り、座標のようにあつかう
- A-1、B-4など、座標を基に梨の樹にID（個体番号）を割り振る

まずGoogle Mapの航空画像をなぞり、畑の輪郭を紙に書き起こします。それに実際に畑で歩きながら梨の木の位置を書き込んでいき、最終的にはパソコンで圃場マップを作り直します。樹の列が微妙に歪んでいたり、一部に例外的な配置があったりなど、実態に即したマップを完成させるまで何度も畑とパソコンを往復して確認しました。

結果

- 経験の浅いスタッフでも梨の樹の位置や品種情報を把握できるようになった
- 梨の樹にIDを振ったことで、作業指示や引き継ぎ、記録の取り違えが少なくなった

阿部梨園ではデザインの専門ソフト（Adobe Illustrator）で作成しましたが、使えるもので作ればいいでしょう。工夫すればExcelでも作れますし、位置や情報が正確であれば、紙に手

書きしたものを複写して活用するのでもいいと思います。必要なのはスマート感ではなく、実用性です。

若木を密に植えて後で間引いたりするために、部分的に「0・5列」や「0・5行」があって頭を悩ませます。列になっていなかったり、等間隔を無視している箇所があったりするのも、マップ作成の難易度を高めました。**細部はどうしても歪みが生じてしまうので、多少の不整合は許容して、心の目でマップを読むようにしましょう。**

コメント

樹の位置や品種の分布に法則性がないと、経験が浅いスタッフほど戸惑ったり間違えたりするリスクがあります。ルールに基づいて整然と配置されていれば必要のなかった判断コストと言えます。後から樹の位置を調整し直すのは現実的ではありませんから、新しい圃場に苗を定植するときや、既存の圃場を改植するときの設計が肝心です。

コツ

畑に圃場マップを持ち込めるようにする

畑で活用するためのツールなので、**縮刷版や小さいカードタイプの圃場マップ**を用意して、いつでも持ち運んで確認できるようにしましょう。マップのデータをスタッフに共有して、スマホの画面でいつでも圃場から確認できるようにするのも有効です。

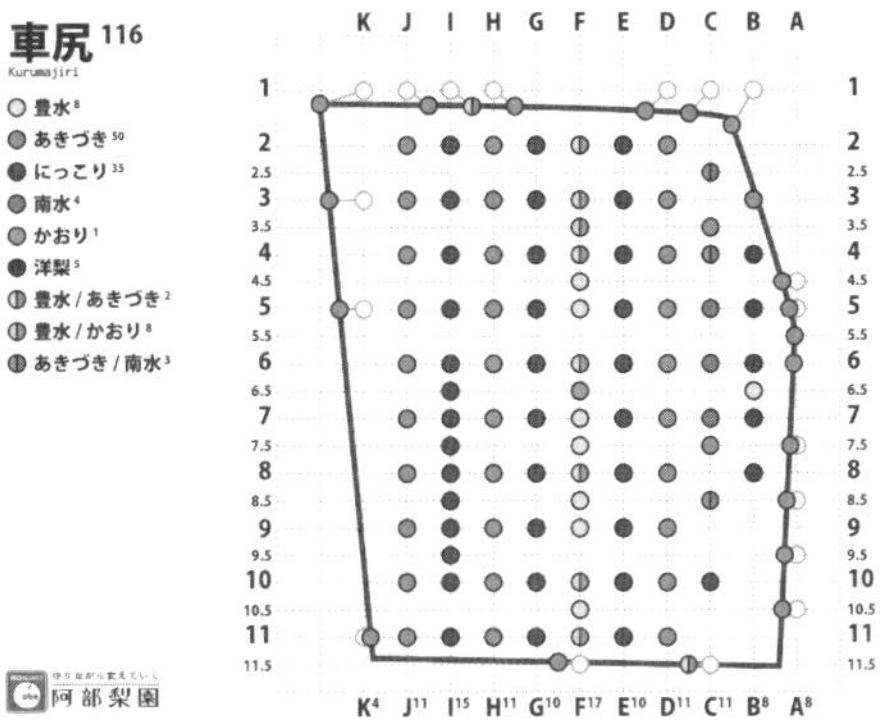

参考 **Agrion 果樹**：樹ごとにQRコードのついているツリータグをぶら下げて、スマートフォンで管理作業を記録できるシステムを開発した、もりやま園さんという青森のリンゴ生産者さんがいらっしゃいます。機械化やIT化がなかなか進まない、露地の果樹栽培では最先端の生産管理事例です。このシステムはライブリッツ社が「Agrion 果樹」というウェブサービスで一般向けに提供されています。

#062

CHAPTER6

生産

畑の管理をカルテ化しよう

圃場ごとに管理記録を残す

作業記録（#052）や作業時間の集計（#053）は作業時間にフォーカスした記録なので、特定の圃場（畑）の管理作業を一貫して振り返ったり、畑の細かい情報を蓄積するには不向きです。圃場ごとの管理記録は別途に用意する必要があります。

内容

✓圃場ごとの管理記録を残すための台帳を作る

各圃場ごとにバインダファイルを用意して、作業記録を蓄積しています。圃場マップをベースに樹ごとの作業の進捗記録を残したり、除草や薬剤散布などの圃場単位で実施する管理作業を記録したりしています。

結果

✓圃場ごとの管理台帳を誰でも自由に閲覧・管理できるようになった

田畑の枚数が多い方こそ、管理台帳が真価を発揮します。**土地の権利情報や、ポンプやハウスなどの圃場に付帯する設備の情報も一緒にまとめておくといいでしょう。**

コメント

畑のことや作物のことを深く理解し、生育状況や気象に応じて柔軟に手入れされていると思います。ぜひ、**その知見を管理台帳に残し、農園内の他のスタッフも活用できる共有知にしていただきたい**です。そうすることでスタッフの知識レベルも向上し、活躍できる場面が増えます。

#063

CHAPTER6

生産

作業効率を最大化する最適配置を考えよう

作業場のレイアウトを変更する

阿部梨園の作業場は、梨の選果、箱詰め、発送作業を行うスペースです。作業台やコンテナ、包装資材などが無造作に置かれ、人や物の動線が入り乱れていました。観察すると、置き場所を変えるだけで作業効率を改善できそうだと考えました。

内容

- **作業場を整理整頓し、レイアウトを変更する**

まずは不要な物品を断捨離しました。空間を圧迫していた使わなくなった資材や道具は倉庫に移し、スペースを確保しました。次に、動線を短くする目的で、作業の流れに沿って設備や物品を配置し直しました。これを「フローショップ型レイアウト」と言います。資材や道具の保管エリアを壁側に寄せることで、作業エリアを以前より広く確保しています。

結果

- **作業工程に合わせてレイアウトを見直し、作業効率を改善した**
- **整理整頓によって必要最低限、快適で実用的な作業場になった**

それまでのやり方にとらわれないために、スタッフ各自、新しいレイアウトを図面に書いて持ち寄りました。削れない必要なものは決まっているので、それらの配置をパズル感覚で組み直し、「ああでもない、こうでもない」と楽しく議論しました。寿司詰めでは自由度がありませんので、柔軟なレイアウトパターンを導き出すためには、スペースの余裕が必要です。「作業エリア」「倉庫エリア」「一時保管エリア」「移動エリア」「事務エリア」など、**目的に応じてエリアを使い分ける**と、物の配置がスムーズになりますし、ルール崩壊で乱れるのを食い止めることができます。物品を探す手間や紛失してしまうリスクも少なくなります。床にテープを貼って区分するのもいいでしょう。

コメント

なるべく**「人を動かさず、物を動かす」**が基本です。サッカーでいうところの「ボールは疲れない」と一緒です。

ちょっとした往復の動作なども積み重なると、疲労につながります。時短のためだけでなく、肉体的な負担を軽減するためにも、最適配置問題に取り組みましょう。

コツ

足元に物を置かない

足元に物を置くと、つまずいてしまう危険がありますし、土足エリアであれば砂ぼこりで汚れがちです。足元はクリーンにして、物品は収納に保管しましょう。足元に邪魔なものがない状態であれば、最近流行りのロボット掃除機も使えるようになります。

解説

フローショップ型レイアウト

工程の流れに沿った配置のことを、こう呼びます。阿部梨園で言えば、「梨の搬入」→「重量計測」→「選果（目視）」→「選果（機械）」→「箱詰め」→「出荷」と、一連の動作がコの字になっています。逆に、流れではなく機能でグルーピングしたレイアウトを「ジョブショップ型レイアウト」と言います。自動車整備工場のジャッキアップする場面などが、それにあたります。

阿部梨園のフローショップ型レイアウト

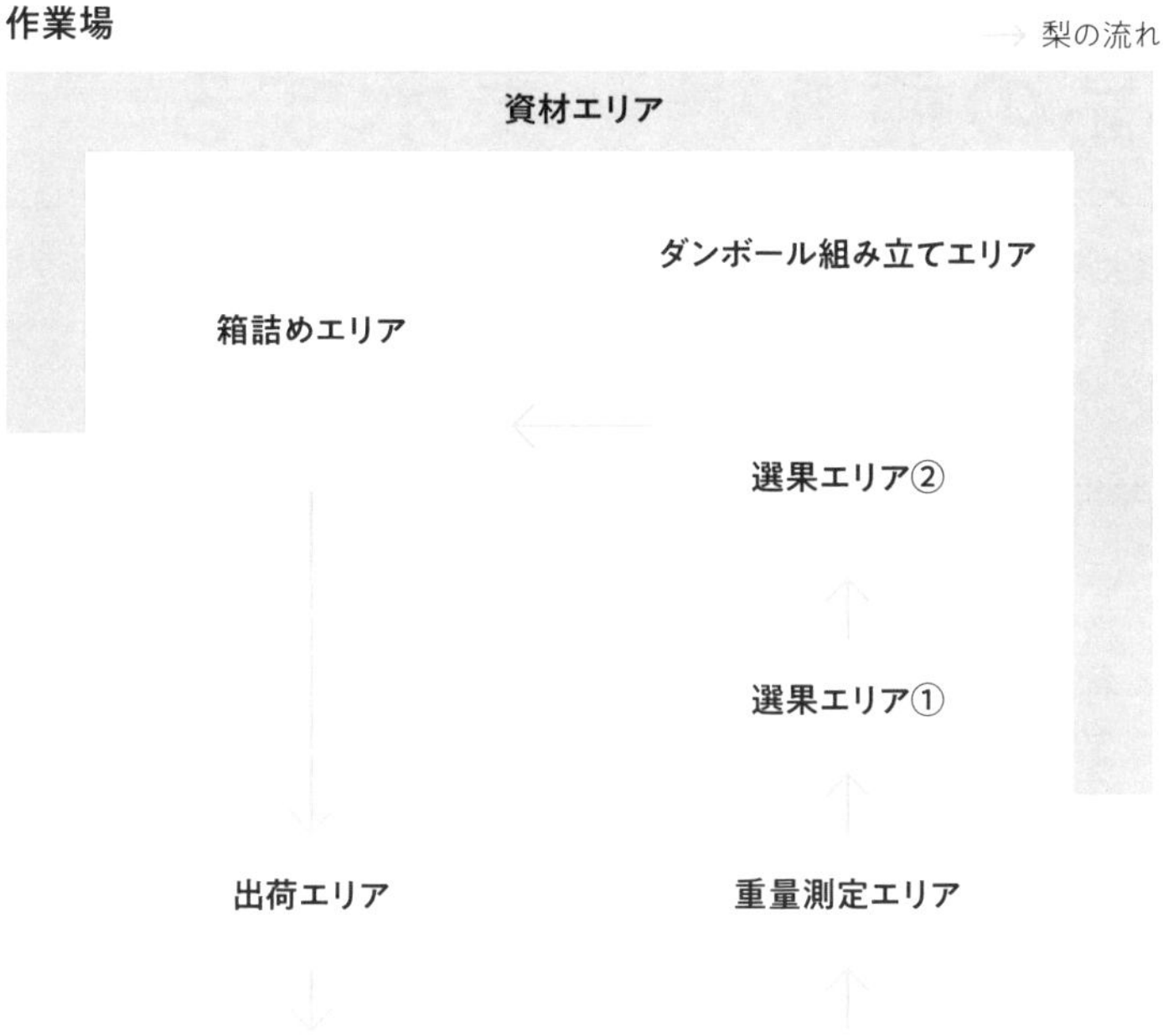

#064

生産

CHAPTER6

置き場を決めて、物品を速やかに探し出せるようにしよう

物品の置き場を表示する

道具や資材の置き場に表示がなかったので、どこに何があるか口頭でやり取りすることが多く、取り違えもよく発生していました。そもそも名前の決められていない道具や資材が多く、探して行動するまでに時間がかかっていました。

内容

✓道具や資材の名前をわかりやすく表示する

ラベルプリンターやラミネーターを使って、置き場に一箇所ずつ表示を付けていきます。箱や袋に入った状態で納品される資材は、外装の上からラベルを貼るとよいでしょう。プリンターで印刷できるラベル用紙を活用すれば、ラベルを量産しておくことができます。

結果

✓道具や資材の置き場が定められ、ミスなく速やかに使えるようになった

道具や資材自体にも名前を書きましょう。置き場の表示とペアになれば、定位置に戻すときに迷うことがなくなります。持ち出しが多い道具や、一人ずつ支給する道具は、リストを作って誰がどれを持ち出しているかわかるようにすると便利です。

コメント

とにかく、中身がわからない箱や袋、資材の山をできるだけ減らすことです。**引き出しや道具箱の外にも中身を表記しておきましょう。物品リスト**（#065）に置き場を記載しておくのも有効です。

#065

CHAPTER6

生産

在庫を一覧にして管理しよう

物品リストを作る

棚卸しの際に資材の見落としがあったり、使いたいときに必要な備品が見つからなかったり、せっかく買った便利な道具が忘れ去られて不良在庫化してしまうことはありませんか。物品の適切な管理には一覧が欠かせません。

内容

✓資材、農薬、肥料などの一覧を作る

まずはあらゆる資材の名前を書き出して一覧にしましょう。「メーカー名」「仕入先」「商品名」「型番」「単価」「ロット」などの情報もリストに書き加えます。この一覧は、在庫棚卸しの基礎情報にもなります。

結果

✓資材の一覧を作り、在庫量が把握できるようになった

✓資材の置き場を把握できるようになり、探す手間が軽減された

スタッフが資材を管理できるようにしましょう。農家の収納場所は多岐にわたり、ヘソクリのように知らないところから在庫が出てきます。農業者本人は頭の中に入っているかもしれませんが、スタッフは一覧がないと辛いです。「あると知っていたら使ったのに！」という機会損失をなくしましょう。

コメント

それぞれの設備や機械、道具、資材がきちんと利益を生み出すために活用されているかどうか、見直してください。

#066

CHAPTER6

生産

1分1秒にこだわって、高い生産性を実現しよう

作業時間を管理する

作業時間の短縮は経営改善に不可欠ですが、作業の能率や時間の使い方はスタッフによってバラつきがあります。このバラつきを分析して作業スピードを改善できれば、農園の利益を増やすことにも、スタッフの休みを増やすことにも繋がります。

内容

✓あいまいになっていた休憩時間をきちんと管理した

✓ストップウォッチや腕時計、メトロノームなどで1分1秒の作業時間短縮を試みた

阿部梨園では、お昼休憩に加えて、15分休憩があります。皆、休憩室に戻ってくるのですが、この際の移動時間がややバラバラで、作業時間の実態が人によって異なっていました。10時に作業を終えて畑へ向かう人と、10時の時点ですでに休憩室に到着している人とでは、往復で10分ほどの違いがあります。そこで、**「休憩の始まりと終わりを、畑起点にする」**というルールに統一しました。

結果

✓休憩時間を管理できるようになり、実作業時間が一定になった

✓休憩時間の使い方が明文化され、体を休めつつ業務のために活用する意識が浸透した

✓作業時間を1分1秒の単位で見直すことができた

ストップウォッチ、メトロノーム、腕時計着用は、作業時間やテンポを計って改善の目安にするために導入しました。ス

トップウォッチは作業動作の所要時間を計測するために、腕時計着用は作業時間の開始時間と終了時間を意識したり、記録してもらうために導入しました。メトロノームは、テンポに合わせて作業すればスピードが落ちないかもしれないと考え、スマートフォンのアプリで試してみました。トヨタ式などでも有名ですが、製造業では0・1秒の作業時間短縮にこだわって最適化を進めています。農業の現場も同じ目線で作業を見直せば、効率アップできる余地は大きいはずです。

闇雲に「スピードアップしましょう!」とだけ言われても、指示を受けた側は何をどのようにしていいかわからず困ります。動作単位に落とし込めば、「どの動作のどの無駄を排除できるか」「早い人が実践しているコツ」「望ましい標準作業時間」など、具体的な議論や具体的な改善策が浮き上がってきます。作業を要素分解して、動作あたりの所要時間を計測してみましょう。

コメント

動作の改善と同じくらい大切なのは**「スタッフの集中力の管理」**です。たとえ能力が高くても、スタミナが一日持続しなかったり、途中で気を抜いてしまったりすると、高いパフォーマンスを保てません。**「集中力を持続させて高い生産性を保つことが利益を生み出し、各人の給与にも反映される」**という共通意識を浸透させましょう。

コツ

タイムキーパーを立てる

時間管理や進行スピードに責任をもってチームを統率するゲームキャプテン、タイムキーパー役を設置しましょう。スピードが落ちているスタッフをケアしつつ、全体のスピードアップを鼓舞する人がいれば、高い生産性を維持することができます。ときには人の配置を組み替えたりするなど、全体最適でチーム内のスピードアップを図ることも有効です。

参考　**標準作業時間**：平均的な作業者が、ある作業を完了するまでに必要と見込まれる所要時間を標準作業時間といいます。動作や時間の使い方を見直して、標準時間を短縮することは生産性アップに有効です。標準作業時間に先立って必要なのは、標準的な作業手順、すなわち「標準作業」です。まずはマニュアル（#059）を作成して手順を定式化し、そこから所要時間の目安を求めましょう。

#067

CHAPTER6

生産

スタッフの健康や安全を死守しよう

保護具を着用する

農作業は危険がつきもの。機械仕事や高所作業はもちろん、劇毒物指定されている農薬もあります。にもかかわらず、農業は作業中の事故率が高いのです。特に従業員を雇用しているみなさんには、スタッフの安全や健康に絶対的な責任があります。

内容

- **安全に作業するためのルールを見直す**
- **必要な保護具を取り揃え、作業中に着用する**

「作業着」「ヘルメット」「帽子」「手袋」「ゴーグル」「安全靴」などを状況や目的に合わせて使い分けます。**素材や構造によって防御性能は変わります。**「農薬を取り扱うときは耐薬品手袋」「カッターやノコギリを使うときは耐切創手袋」など、同じ道具でも目的に合わせて種類を使い分けましょう。

結果

- **安全に配慮した作業ルールを設けた**
- **作業中に必要な保護具を着用するようになった**

コメント

作業手順、保護具、危機対応を確実なものにするために、まずは作業の安全性を検証しましょう。これは**リスクアセスメント**と呼ばれ、労働安全衛生法で努力義務にも定められています。また、万が一事故が起きてしまった場合の被害を軽減するためにも、救急セットを設置し、対応を決めておきましょう。

#068

CHAPTER7

商品

商品の取り扱い方法を正しく伝えよう

商品に注意書きを添える

梨はナマ物ですので、適切に保管をしないと傷んだり、味が落ちたりします。贈答品として受け取られた方は生鮮青果物の取り扱いに理解があるとは限りませんし、宅配便の業者に丁寧に扱っていただけずに箱や中身が傷むケースが稀にあります。

内容

- **速やかな開封をうながす注意喚起シールを作る**
- **宅配便で丁寧に取り扱ってもらうようケアマークを箱の外面に印刷する**

「速やかな開封」を促す文言を添えて、赤や黄色の警告色で箱に**注意喚起シール**を貼り、ダメ押しで同じ内容を箱の外面にも印刷しています。

同様に「取扱注意」「横積み禁止」「なまもの」などのケアマークを表示しています。加えて、配達員の方に丁寧な取り扱いをお願いするメッセージも掲示しています。

結果

- **注意喚起シールによって、速やかに開封してもらえるようになった**
- **ケアマークを表示して、丁寧な取り扱いでの宅配を念押しできるようになった**

事故やトラブルを減らすことが目的の表示ですが、**真意は「おいしい梨を確実に楽しんでもらえるよう最善を尽くす」姿勢をお客様に感じ取っていただくことです。**お客様の口に入るまでのプロセスに責任を持ちましょう。

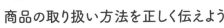

コメント

このタイプの表示は必ず見てもらえるとは限りませんし、むしろ見逃されがちなので、口頭や同封物など再三再四のコミュニケーションが大切です。

コツ

注意書きを入れる

外箱の表示はご覧にならないお客様もいらっしゃいますので、商品に関する注意点は、箱の中に改めて注意書きを入れておきましょう。お客様のトラブルを回避することはFAQ（#091）同様、こちらの対応コストを軽減することにもなります。

ドライバーの方へおねがい
いつも配達ありがとうございます。
この荷物は大切なお届けものです。
丁寧な取り扱いをお願いいたします。
なまもの

左上から右へ「リサイクル」「天地無用」「水濡れ注意」「こわれもの」「ドライバーへのお願い」「なまもの」

お客様へおねがい
梨は生ものです。速やかに開封して冷蔵庫で保存し、お早めにお召し上がりください。

#069

CHAPTER7

商品

新しい商品でお客様のニーズに応えよう

新商品を企画する

ダンボール包装材の相見積もり（#071）をとったところ、従来の業者より安くなりました。業者を乗り換える場合は印刷の「版」を作り直すことになるので（＝デザインを変えても変えなくても同料金なので）、どうせならとデザインを一新しました。

内容

- **新デザインのダンボール商品を企画する**
- **個包装の包装紙や緩衝材、箱の留め具などを見直す**

「レギュラー商品」のダンボールのデザインを新しく更新しました。阿部梨園のアイデンティティとして人気の**品種ロゴ**（#086）を全面に出しつつ、お客様向けのメッセージや、**ケアマーク**（#068）などをプリントしています。ダンボールの紙厚や素材なども再検討しました。

結果

- **新しいデザインになってお客様から好評を得た**
- **包装紙や緩衝材なども見直して、商品の完成度とコスト低減を両立した**

ダンボール以外の包材も見直しています。個包装紙も品種ロゴを採用してリニューアルしました。青果物専用の緩衝材から汎用の一般的な緩衝材に切り替えて、コストも圧縮しています。ダンボール商品は専用の大きいステープル（ホチキス）で封をしていましたが、開封するときに金具が危ないので、テープに置き換えることにしました。

箱の新商品を作るときには、「デザイン代」「印刷の版代」「抜き型代」などが初期費用として十万円単位でかかります。完全オリジナルのパッケージを作ろうとすると、原価が高くなりがちですし、納期も長くなる傾向にあります。**既に世の中にある規格品パッケージを活用して印刷だけオリジナルにする、無地の規格品パッケージに農園や商品のシールを貼るだけにする**など、安価に済ませる工夫も検討しましょう。

コメント

パッケージは製造ロットによって単価が異なり、現実的な価格になるにはおそらく1000個以上は必要です。年に数十個しか売れないようでは償却に10年以上かかりますので、ちゃんと販売手段や売れ行き見込みなどを固めてから発注に踏み切りましょう。

解説

カスタマーエクスペリエンス

(Customer Experience、CX：顧客体験価値)

顧客が製品やサービスに接するときに感じる体験を**カスタマー・エクスペリエンス（CX）**といいます。商品やサービスの機能のみならず、顧客の体験を重要視する商品設計は、現代のマーケティングの基本です。単に新規パッケージを作るだけではなく、商品情報やメッセージ、注文時のサービス対応、箱を開けてお召し上がりいただく体験までも含めて設計するのが、CX目線です。

コツ

商品を減らす

逆説的ですが、商品を減らすことも時には改善になります。商品点数が多すぎるとお客様も選ぶのに苦労しますし、接客時の対応や出荷作業、販売管理などが商品点数に比例して複雑化するからです。多すぎると感じたらラインナップを削減して合理化を図りましょう。**プロダクトライフサイクル**といって、商品の売れ行きがいずれ下降線をたどるのは自然なことです。

#070

CHAPTER7

商品

価格調整を断行して、粗利を確保しよう

商品の価格を見直す

肥料や資材、燃料などの価格は上昇基調。最低賃金も同様。新栽培方式の導入や設備の更新も折り込みつつ、経営や組織まで整えようと思えば相当な予算が必要です。一方、青果物の相場は地を這っている。そんな状況下、値決めをどうするか。

内容

✓販売データ（#073）を基に、商品の価格調整を行う

基本的な戦略は**「売り切れるほど売れている商品から値上げする」**です。需要が供給を上回れば理論上、価格は上がっていいはずです。販売減のリスクが高いので、売れ残っている商品の値上げは見送りましょう。まずは販売促進に力を入れ、完売を目指します。完売できるようになった品種や商品は、少し値上げします。値上げによる需要減が見込まれますが、それを埋め合わせることがまた、翌シーズンの販売促進活動やサービス改善の目標になります。

結果

✓毎年少しずつ梨の単価を上げることができた

✓価格と需要のバランスがとれるようになった

急に1箱1000円も値上げしたりできないので、完売できるギリギリのラインを目指して100～300円ずつ調整してきました。3－5年計画で目標価格に向けて調整幅を設定すると、お客様に急激な負担をかけずに済みます。高単価の新商品を打ち出して、低単価の商品からの移行を促す作戦もあります。

売れ行きと価格を見比べることが肝なので、販売データを活用することは必須条件です。**レジ**（#072）や**インターネットショップ**（#094）の**販売データを集計**（#073）して、妥当な価格を見極めましょう。

コメント

値上げというと悪や罪のように思われるかもしれませんが、事業を持続的に運営していくために資金が必要であれば、価格は上げるべきです。少なくとも、スタッフに十分な給与を払うためだけにでも、チャレンジする価値はあります。上がった価格差以上に、品質やサービスを向上させて、それをお客様がご納得いただければそれでいいと考えています。

コツ

贈答用と家庭用の価格差を詰める

「見た目は気にしないから、味が同じなら安いものを」というお客様の声が年々強くなっているように感じます。家庭用等級（贈答用等級と品質・味の差はないが、外見がB級のもの）を贈りものに利用されるお客様も増えています。そこで、阿部梨園では、**家庭用等級の値上げ**を行いました。**外見の差が求められなくなってきているということは、価格差も無用になるだろう**という考えです。

コツ

送料も見直す

通常、宅配便の送料区分はサイズごと、送り先地域ごとに細かく区分されています。お客様も接客スタッフも確認に時間がかかったり、計算を間違えてしまうトラブルもありました。

送料一律、送料無料とまではいきませんが、「本州・それ以外」「Aサイズ、Bサイズ、2箱以上」と2×3＝**6とおりの区分**にまとめました。電話受注や店頭接客もスムーズになり、間違いも少なくなるなど、抜群の効果がありました。

#071

CHAPTER7

商品

業者や仕入れ条件を見直して、資材を安価に調達しよう

資材のコストダウンを図る

規格品の農業資材や包装資材は、今お付き合いのある業者さんの提示価格が最安値とは限りません。相見積もりをとって安いところに乗り換えればコストダウンできます。インターネットで遠方から取り寄せることも可能です。

内容

- 資材を取り扱っている業者をリストアップする
- 相見積りをとって最安値の業者に乗り換える
- ロットや納期なども見直して、コストダウンと好条件を探る

まずはインターネットで検索したり、仲間にヒアリングして業者一覧を作るところから始めます。相見積もりで一番条件のいい業者に乗り換えつつ、ロットや納品条件なども見直しましょう。

結果

- 一部資材の仕入れ価格を下げることができた
- ロットを見直してさらに単価を下げ、納品条件を改善した

大ロットで注文をすると、在庫の余裕ができ、納品対応の回数が少なくなり、会計の手続き回数を減らしつつ単価も下げることができるので、各方面の業務改善になります。

コメント

条件のいい業者さんがいるかもしれないので、県外も調査してみましょう。

#072

CHAPTER8

販売

最新のレジで商品ごとの販売データを取得しよう

タブレットレジを導入する

阿部梨園のレジは「レシートを出力する電卓」のようなタイプでしたが、販売データ（#073）をデジタル出力できないことや、登録可能な商品点数が少なく、商品設定も不便でした。商品ごとの販売情報を分析したかったので、新システムを導入しました。

内容

- **タブレット端末で使えるクラウドタイプのPOSレジシステムを導入する**
- **上記システムの導入に伴い、クレジットカード決済や電子マネー決済を導入する**

iPadのようなタブレット端末で使えるPOSレジを、タブレットレジと言います。阿部梨園ではリクルート社の「Airレジ」というシステムを採用しました。スマートフォンでも使えます。レシートプリンタとキャッシュドロワ（現金引き出し機）を導入すれば、一般のレジと同様に使えます。**パソコンから販売データを閲覧・ダウンロードしたり、一括で商品設定をしたりすることができるのも**便利です。

結果

- **タブレットレジを導入して、商品ごとの販売データを取得できるようになった**
- **商品登録数を増やしつつ、パソコンから素早く設定変更できるようになった**

姉妹サービスの「Airペイ」を活用すれば、クレジットカード決済や電子マネー決済を導入することも可能です。決済手数料は若干かかりますが、クレジットカードや電子マネーの利用率は年々増えているので、お客さまのニーズに答えることができます。バーコードリーダーに対応していたり、**会計freee（#024）**に売上データを自動転送してくれるなど拡張性も魅力です。

シンプルでフレンドリーな画面設計なので、操作も難しくありません。阿部梨園では既に5年使っていますが、大きく困るようなトラブルは一度もありませんでした。月ごと、日ごと、商品ごとなど、販売データのレポートをいつでもすぐ画面上で確認することができます。タブレットと周辺機器を10万円強で揃えられるので、低予算で最新のPOSレジシステムを実現できます。

コメント

ちなみにみなさん、**レジ締め**はしていますか？ レジ締めとは、**レジ内売上データの合計金額と、実際の現金残高が一致することを確認する作業**です。金額にズレがあれば、お客様の会計に過不足があったり、現金が紛失してしまったりしている可能性があります。現金残高だけでは売上金の証明にはなりません。毎日必ず売上金を勘定し、記帳するようにしましょう。

コツ

Air レジ

リクルート社の提供するタブレットやスマートフォンで使用できるPOSレジシステムです。無料ながら「会計」「レシートや領収書の出力」「バーコードリーダーとの連携」など、レジに必要な機能は網羅しており、操作感も快適で大変便利です。インターネット上にデータを蓄積するので、パソコンから販売データや商品設定に関する操作を一括でできるのも大きな利点です。

解説

Air ペイ

リクルート社の提供するAirレジと連携して使用できるクレジットカード／電子マネー決済

システムです。以前はクレジットカード決済のシステム導入費用やカード会社の審査は小規模事業者にとってハードルが高かったので、これだけ簡単かつ安価に導入できるのは時代の進歩です。最近話題のQRコード決済などにも対応しています。

「Airレジ」の入力画面

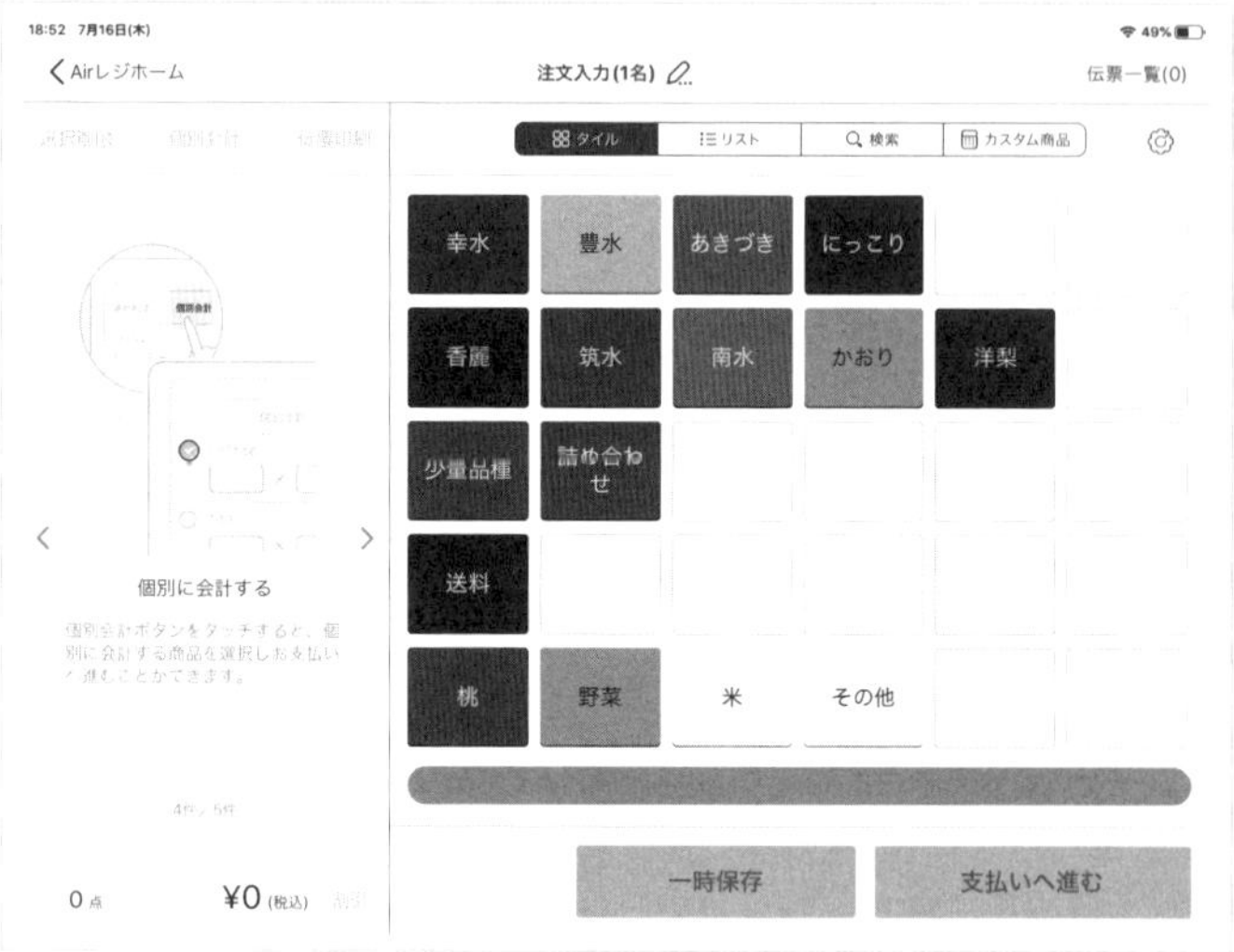

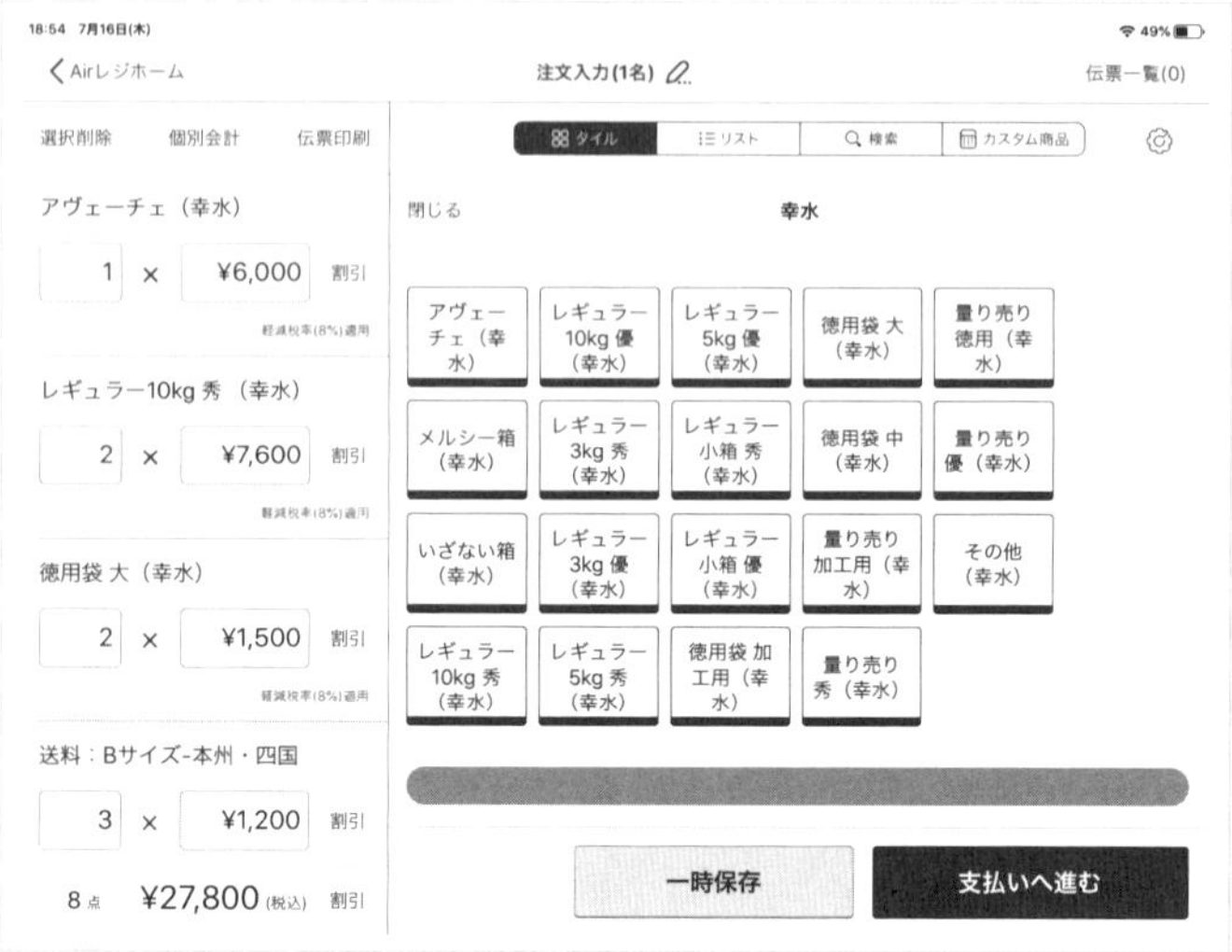

#073

CHAPTER8

販売

商品の売れ行きを把握して精度の高い販売計画を立てよう

販売データを分析する

売上の内訳分析、翌年の販売計画の立案、商品価格の決定（#070）には、商品ごとの販売データが必要です。注文販売の販売データを合算すれば、農園全体の販売データを網羅できます。

内容

- **店頭販売、オンラインショップ、注文販売の販売データを取得して集計する**
- **販売データを分析し、得られた情報を翌年の販売計画や商品の値決めに反映する**

オンラインショップの販売データと、クラウド請求書サービス（#078）上にある注文販売のデータと、店頭レジのデータを用意します。それらの売上や販売点数の情報を集計し、前年と比較します。品種ごと、等級ごと、箱商品と袋商品の比率など多角的に比較すると、変化の大きいところや特徴的なポイントが見つかります。それらについて考察して、私から阿部への分析レポートで共有しています。

結果

- **販売データを集積し、商品ごとの売れ行きを分析できた**
- **販売データの分析結果を基に、翌年の販売計画や商品の価格を決定できた**

数字や分析は苦手という方も多いかもしれませんが、ちょっと試しにやってみてください。**これは、知りたくなる数字、分析したくなる数字です。**「順調に○○が売れている！」「予想に反して△△が売れてない……」「なんで？！」がいっぱい湧いてきます。

売れ行きの分析は因果関係を読み解いてみてください。「○○は値下げしたから売れるようになった」「△△は□□が不調で売れなかった」などと考察することで、販売予想や販促施策の精度が上がります。ただし、因果関係を取り違えると、間違った結果に誘導してしまうので、慎重に推察してください。

コメント

タブレットレジ、オンラインショップ、クラウド請求書サービスのデータ形式がそれぞれ違うので、統合には少し手間取ります。特に阿部梨園が使っているクラウド請求書サービスの「Misoca」は商品ごとの販売データを取得できないので、タブレットレジの第2アカウントを取得し、そこに注文販売データを打ち込み直すことで、店頭販売と同じ形式でデータを取得する荒業を経て活用しました。

コツ

リアルタイムで販売データを集計する

私たちはオフシーズンにまとめて集計していますが、本来は販売シーズン中にリアルタイム集計できると最高です。在庫管理や販路の割り振りに役立ちます。タブレットレジやオンラインショップではいつでも確認できるので、大変便利です。

解説

POS (point-of-sale、ポス)

レジなどの販売データを管理するシステムのことをPOS(point-of-sale、ポス)システムといいます。POSレジのおかげで、商品の販売時に商品名、数量、金額を情報化し、在庫管理や売上管理にデータ供与できるようになりました。一昔前のPOSレジなら数十万円する機能が、タブレットレジで安価かつ簡単に導入できるようになったのは、我々のような小規模事業者にとっては追い風です。

#074

CHAPTER8

販売

注文内容を即座に確認できるようにしよう

注文情報を管理する

阿部梨園では、店頭販売やオンラインショップ以外にも電話、FAX、郵便、メール、SNS で注文を受け付けています。これらの情報は散逸しやすく、一元管理しないと、注文情報との照合に手間取ったり、間違いや漏れが発生する確率が高くなります。

内容

- **注文ファイルを作る**
- **注文受注番号を割り振って管理する**

FAXや郵便で届いた注文用紙はそのまま綴じ、メールやSNSの情報は印刷し、電話注文は注文用紙に書き取ったものをファイリングしています。受注番号を振って出荷伝票や請求書、入金通知などと一対一対応させることで、確認作業もスムーズになります。

結果

- **注文情報を素早く確認できるようになった**
- **受注番号を割り振ることで、発送業務や請求業務と円滑に連携できるようになった**

「昨年と同じ商品、送り先で今年もよろしく！」「先月注文した内容を変更したいのですが……」と、注文対応をしながら過去の注文情報を照会する機会は多いです。お客様をお待たせしないよう、情報をすぐ取り出せる状態にしておきましょう。

コメント

お客様のことをよく知っている事業主本人や家族なら簡単な注文応対でも、従業員としては難しく感じるポイントです。

#075

CHAPTER8

販売

様式を決めて、発注も受注も楽にしよう

注文用紙を用意する

阿部梨園には注文用紙がなく、郵便やFAX経由のお客様は、自由な様式でご注文くださっていました。注文用紙がないと、「郵送やFAXで注文できることに気づかれない」「電話番号や住所などの不可欠な情報が抜け落ちやすい」などの弊害があります。

内容

- **専用の注文用紙を作成する**
- **注文用紙をダイレクトメール（#093）や商品への同梱でお客様にお届けする**

送り主、お届け先の「氏名」「住所」「電話番号」はもちろん、「商品名」「品種名」「商品点数」「梨の大きさ」「お届け希望時期」「お支払い方法」「請求先」などの記入欄を用意しています。**商品コードや品種コード**も決めて記入してもらうようにすると、取り違えが少なくなり、文字が判別できないときの助けにもなります。

結果

- **注文用紙を利用してもらうことで、注文確認がスムーズになった**
- **郵送やFAXでの注文が増え、電話注文が少なくなった**

年に1回、梨の収穫が始まる頃に、過去にご注文いただいたお客様へダイレクトメールをお送りしています。ダイレクトメールには**農園パンフレット**（#087）や**商品カタログ**（#088）と一緒に、注文用紙と注文用封筒を同封しています。宅配便の商品にも同様のセットを同封しているので、大半のお客様

には注文用紙が行き渡っていることになります。

注文用紙を新設したことで、**郵送やＦＡＸの注文が増え、電話注文が少なくなったことには少し驚きました。**忙しい時期に電話で1件ずつ注文情報を聞き取って書き取るのは大変ですし、電話口だと落ち着いた確認ができず間違いも起こりやすいので、郵送やＦＡＸ（加えてオンラインショップ）に移行したことで注文対応の負担が減りました。

コメント

注文用紙を作った方、作ろうと検討された方は、体裁に悩まれたのではないかと思います。WordやExcelでも作れるのですが、**レイアウトに融通がきかないのでイマイチな構成になりがち**です。デザインツールを使えば注文用紙をいかようにも作ることが可能ですので、実は**プロのデザイナーさんに制作依頼するのがオススメです。**

コツ
電話注文の書き取り用紙としても使う

注文用紙はそのまま電話注文の書き取り用紙にも使えます。用紙の空欄に沿って電話で質問すればいいので、「あと何を確認しなければいけないんだっけ……？」と迷うこともなくなります。そのまま**ファイリング**（#074）すれば、郵送やＦＡＸで受け取った注文用紙と同じ様式で注文管理できるのも便利です。

解説
注文用封筒も作る

お客様が封筒を用意して、宛名を書いて、切手を貼って注文情報を郵送していただくのは申し訳ないので、注文用封筒も作りました。注文用紙とセットで配布しています。郵便局で**受取人払**の申請をすれば、届いた分だけの郵送料が後ほど一括でこちらに請求されます。これはお客様からも好評です。

阿部梨園の注文用紙

阿部梨園ご注文書（FAX・郵送兼用）

必要事項をご記入の上、FAX または郵送にてご送付ください。
送料を含めた合計金額を折り返し連絡いたします。
※ボールペンで、はっきりとした濃い文字を枠内にご記入ください。

▲ FAX送信先：028-648-9695 ▲

郵送先：〒321-0346 宇都宮市下荒針町 3409 阿部梨園 注文受付係

インターネットでもご注文いただけます。オンラインならクレジットカードでの決済も可能です。▶▶▶ http://shop.abe-nashien.com/

ご依頼主様

- お名前：フリガナ／姓／名
- 電話番号：（必須）市外局番から左詰め、-（ハイフン）なしで記入
- FAX番号：市外局番から左詰め、-（ハイフン）なしで記入
- ご注文経験：□ はじめて　□ 注文したことがある　□ 毎年注文している
- 住所：〒（郵便番号）　-　／フリガナ／都道府県　市区郡／フリガナ

ご請求先（ご依頼主様と異なる場合のみ記入）

- お名前：フリガナ／姓／名
- 電話番号：（必須）市外局番から左詰め、-（ハイフン）なしで記入
- 住所：〒（郵便番号）　-　／フリガナ／都道府県　市区郡／フリガナ

お支払い

手数料はお客様のご負担になります	請求書をご持参ください	手数料はお客様のご負担になります
□ 郵便振替 / 銀行振込	□ 店頭支払い	□ 代引き

可能なかぎりご希望に応えられるよう、ご相談を承ります。わからない点や確認したい点がございましたら、お気軽にお問い合わせください（028-648-9695）。

【注意】誠に申し訳ございませんが、気象条件や梨の生育状況、販売状況によっては、どうしてもお客様のご希望に添えない場合がございます。ご了承ください

確認事項

お届け先の件数　□ ヶ所

ご注文の商品点数（合計）　□□ 箱

（商品コード）商品名

▼こだわり商品	▼レギュラー【贈答用】	▼レギュラー【自宅用】
01: アヴェーチェ	21: レギュラー 10kg（秀）	41: レギュラー 10kg（優）
02: メルシー箱	22: レギュラー 5kg（秀）	42: レギュラー 5kg（優）
03: いざない箱	23: レギュラー 3kg（秀）	43: レギュラー 3kg（優）
	24: レギュラー 小箱（秀）	44: レギュラー 小箱（優）

（品種コード）品種名

01: 幸水　02: 豊水　03: あきづき
04: にっこり　05: 筑水　06: 南水
07: かおり　08: 香麗
21: 洋梨
99: 詰め合わせ … 商品カタログの品種ごとの収穫時期をご確認の上、備考欄に品種の組み合わせをご記入ください

お届け先①

- □ 贈答用　□ 自宅用…お届け先省略可
- お名前：フリガナ／姓／名
- 法人・団体：法人名、団体名、部署名など
- 電話番号：（必須）市外局番から左詰め、-（ハイフン）なしで記入
- 住所：〒（郵便番号）　-　／都道府県　市区郡／市区郡以下　※マンション名、アパート名もご記入をお願いいたします
- お届けの商品
  - 商品：商品コード／商品名　※正しくご記入ください／品種：品種コード／品種名
  - 数量：品数（箱）／梨の大きさ：商品や品種によって選べる梨の大きさ（数）が異なります。詳しくはカタログをご確認ください　お任せ・大きめ・小さめ・指定（　　）個入り
  - お届け時期：特にご希望がなければ、旬のおいしい時期に発送いたします　お任せ・至急・時期 / 日時の希望（　　　）
  - 備考：その他ご希望がございましたらご相談ください。例：詰め合わせの組み合わせ、熨斗など

お届け先②

- □ 贈答用　□ 自宅用…お届け先省略可
- お名前：フリガナ／姓／名
- 法人・団体：法人名、団体名、部署名など
- 電話番号：（必須）市外局番から左詰め、-（ハイフン）なしで記入
- 住所：〒（郵便番号）　-　／都道府県　市区郡／市区郡以下　※マンション名、アパート名もご記入をお願いいたします
- お届けの商品
  - 商品：商品コード／商品名　※正しくご記入ください／品種：品種コード／品種名
  - 数量：品数（箱）／梨の大きさ：商品や品種によって選べる梨の大きさ（数）が異なります。詳しくはカタログをご確認ください　お任せ・大きめ・小さめ・指定（　　）個入り
  - お届け時期：特にご希望がなければ、旬のおいしい時期に発送いたします　お任せ・至急・時期 / 日時の希望（　　　）
  - 備考：その他ご希望がございましたらご相談ください。例：詰め合わせの組み合わせ、熨斗など

お届け先③

- □ 贈答用　□ 自宅用…お届け先省略可
- お名前：フリガナ／姓／名
- 法人・団体：法人名、団体名、部署名など
- 電話番号：（必須）市外局番から左詰め、-（ハイフン）なしで記入
- 住所：〒（郵便番号）　-　／都道府県　市区郡／市区郡以下　※マンション名、アパート名もご記入をお願いいたします
- お届けの商品
  - 商品：商品コード／商品名　※正しくご記入ください／品種：品種コード／品種名
  - 数量：品数（箱）／梨の大きさ：商品や品種によって選べる梨の大きさ（数）が異なります。詳しくはカタログをご確認ください　お任せ・大きめ・小さめ・指定（　　）個入り
  - お届け時期：特にご希望がなければ、旬のおいしい時期に発送いたします　お任せ・至急・時期 / 日時の希望（　　　）
  - 備考：その他ご希望がございましたらご相談ください。例：詰め合わせの組み合わせ、熨斗など

コメント

その他のご要望、阿部梨園へのメッセージなどございましたら、自由にご記入ください

裏面もご利用ください

阿部梨園記入欄　お客様はご記入にならないでください　#：　受付日：　担当者：　電話・FAX・メール・郵便・他（　　）

ステータス：□ 注文内容確定　□ 発送伝票記票　□ 請求　□ 入金

2019.07 阿部梨園

#076
CHAPTER8

販売

発送伝票の手書き地獄から抜け出そう

発送伝票をパソコンから印刷する

阿部梨園は宅配便での地方発送が中心の商売です。注文販売で発送伝票を書き起こす際に、以前は全て手書き伝票でした。オンラインショップ（#094）を開設するにあたって、発送伝票を印刷できるようにする必要がありました。

内容

✓発送伝票出力ソフトを導入する

阿部梨園は日本郵便の「ゆうパック」を使用していて、発送伝票出力ソフトも公式の「ゆうパックプリントR」を活用しています。

結果

✓発送伝票をパソコンから印刷出力できるようになった

✓オンラインショップの注文をまとめて出力できるようになった

インターネットでの販売を検討されている方にとっては必須のツールです。お客様の注文を全てデジタル化することは難しくても、「オンラインショップの注文だけ」「毎年送っている親戚宛の分だけ」と、**部分的に始めてみる**のもいいでしょう。

コメント

手書きと印刷の伝票が混在すると、用紙のサイズが合わずに整理整頓できなかったりうまくファイリングできなかったり、何かと不便ですが甘んじて併用しています。本当は**すべてデジタルデータ化し、受注管理ソフトで一元管理するのが理想**です。

#077

CHAPTER8

販売

FAX注文の対応を半自動化しよう

FAXの返信テンプレートを作る

FAXでご注文くださったお客様には、FAXで返信をしています。それまでの阿部梨園では、白紙に手書きでご注文内容の確認や連絡事項を記入してFAXしていたため、返信に時間がかかっていました。

内容

FAXの返信テンプレートを作成する

見積もり用の表を予め用意しておいたり、あいさつ文や農園の連絡先などの定型文をテンプレートに埋め込んでおけるので、記入する文量が少なくて済みます。用紙が決まっているだけで、何を書こうか考える負担が軽減されます。

結果

速やかにFAXの返信ができるようになった

文書のテンプレート化も並行して進めましょう。**送り状やあいさつ状、お客様へのご案内など**は、ひな型を用意して必要な箇所だけ手書きで書き込むとスムーズです。

コメント

「今どきFAXなんて……」「メールに統一したほうが便利」と思われるかもしれませんが、FAXのほうが慣れていたり、安心感を感じるお客様もいらっしゃいます。FAX好みのお客様を敬遠するよりも、柔軟に対応しつつ負担軽減を図るほうが、老舗の直売農家にとっては現実的ではないでしょうか。

#078

CHAPTER8

販売

請求書の手書き地獄から抜け出そう

クラウド請求書サービスを活用する

阿部梨園は、電話やFAX経由の注文に対して、手書きの請求書を発行していました。繁忙期にまとまった量の請求書を手書きするのは大変です。「時間がかかる」「間違いや変更があるたびに書き直し」「字に自信がないと辛い」などの課題があります。

内容

- ✓オンライン請求書発行サービスを活用する

クラウド型オンライン請求書発行サービスはパソコンやスマートフォンの画面から、請求書を作成できるソフトです。阿部梨園では「Misoca」というサービスを使用しています。梨の商品が商品×品種×等級で100種類以上あるのですが、それだけの数の商品登録が柔軟にできる安価なクラウドサービスは現在もMisocaだけなので、それが決め手でした。

結果

- ✓請求業務を省力化できた
- ✓オンライン請求書発行サービス上で入金管理できるようになった

Misocaの画面上で請求書を作成し、印刷して支払い用の郵便振替用紙と一緒に封筒に入れて郵送しています。ご自宅宛のご注文の場合は、郵送料を節約するために、商品と同梱でお届けします。Misocaの画面上で「請求済」「入金済」等のステータス管理ができるので、お支払状況をすぐ確認できます。シーズン終了時に一括で印刷して、証憑書類として保管しています。

窓付き封筒を用意すれば、Misocaは対応したテンプレートがあるので、請求書に住所を入力するだけで、封筒の宛名書きは不要になります。窓付き封筒導入前の1年目（2015年）は、1年分の請求書数百部の宛名を私がすべて手書きしました。やってみたからこそ余裕のなさ、不毛さがわかります。付加価値のない手作業は、どんどん取り除いていきましょう。

コメント

欲を言うと、オンライン請求書発行サービスと**オンラインショップ**（#094）を統合したウェブサービスの登場を願っています。注文販売とオンラインショップで、別々に商品登録をしたり、別々のフォーマットで出力される販売データを後から結合したりするのは、二度手間だからです。さらに**タブレットレジ**（#072）も統合してくれたら何も言うことはありません。

コツ

Misoca

Misocaは会計ソフトの弥生株式会社の提供するクラウド型オンライン請求書発行サービスです。端末を選ばず、パソコンでもスマートフォンでもタブレットでも請求書を発行できます。商品登録ができるので、**商品名や金額の入力が簡単で間違いも少なくなります**。入金状況の管理や顧客ごとの売上管理もウェブ上で完結できます。請求書の郵送代行や売掛金の回収保証、クレジットカード決済での支払い機能など、オプションも充実しています。

発展

請求書の郵送代行

Misocaに限らず、各クラウド請求サービスは、追加料金を払えば郵送代行もしてくれます。切手代も含めて、1件あたり～200円程度です。「請求書を印刷する→封筒に入れて封をする→切手を貼る→ポストへ投函する」というプロセスをすべて省略できます。

#079
CHAPTER8
販売

事務仕事をスタッフと分かち合おう

事務専門スタッフを雇う

直売農家の場合、繁忙期は収穫作業や出荷作業だけでなく、事務作業も多くなります。注文の確認、伝票起こし、取引先との連絡、資材の補充、購買……接客や電話番までしていると、日が暮れてから事務作業に追われて後手後手になりがちです。

内容

✓事務専任のスタッフに仕事をお願いする

以前から知り合いの近所の方に、繁忙期のみパートタイムで、事務作業専任で手伝いに来てもらうことにしました。主に注文管理の仕事をお願いしています。

結果

✓事務作業の負担が少なくなった

はじめから専任スタッフをフルタイム雇用するのは大変です。まずは時短勤務で希望条件がマッチする方を探してみるといいでしょう。**「畑仕事はちょっと……でも事務の軽作業なら！」という方は案外いらっしゃいます。**事務職の経験がある方に、逆に仕事を教えてもらえれば、業務改善さえ進みます。

コメント

事務や軽作業を外注することは効果的です。クラウドソーシングというインターネット上で仕事を発注できるサービスを活用すれば、比較的安価で仕事を依頼できます。地域の福祉作業所に仕事を依頼すれば、**農福連携**で社会貢献にもなります。

#080

CHAPTER8

販売

思わず買いたくなるような店頭にしよう

店頭のPOPを充実させる

阿部梨園の販売スペースを初めて見た時、陳列に商品名や価格、品種名は書いてあるものの、商品に関する詳細な情報や注文方法は情報が少ないように感じました。お客様も注文しにくく、お店側も口頭での説明に時間がかかってしまいます。

。内容。

- **商品ごとのPOPを作り直す**
- **品種紹介のPOPを充実させる**
- **主要な商品の紹介や、商品一覧をパネルにして大きく掲載する**

POPとは、Point-Of-Purchaseの略で、**小売店の店頭や商品に掲示されている宣伝情報のこと**です。目線を集めるPOPや買いたくなる内容のPOPがあると、お客様の購入を促進できます。阿部梨園では注文できる品種や、品種ごとに詰められる玉数が箱によって異なるので、まずはそれらの情報も網羅したPOPを新しいデザインで作成しました。アクリルのPOPスタンドも新調しています。

結果

- **POPを導入して、お客様が触れる情報が増え、接客がスムーズになった**
- **パネルを導入して、お客様に伝えたい情報を強調できるようになった**

パネルはお客様の目に飛び込むような情報や写真、画像を掲示するのに便利です。ネットプリントで発注すればポスターと同程度の価格で発注できるだけでなく、厚みがあり強度も高い

経営
総務
会計
労務
スタッフ
生産
商品
販売
PR

ので、**ポスターよりも扱いやすく長持ちなのでおすすめ**です。阿部梨園では注目していただきたい化粧箱の紹介をパネルで大きく掲示しています。

コメント

手書きPOPも手作りならではの味や温もりがあるので、印刷のPOPと組み合わせて活用するといいでしょう。手書きPOPの書き方もルールやコツがあるようなので、書籍やネットで調べてみてください。

内容量・価格等を伝えるパネル

「筑水」の POP

#081

CHAPTER8

販売

無償提供の実効性、副作用を見直そう

お客様へのサービスを管理する

農家の方々はサービス精神旺盛です。お客様が喜んでくださるサービスはもちろん良いことです。しかし、外に気前良く振る舞う一方で、従業員が給与に不満を抱えていたらどうでしょうか。他のお客様にとっての不公平になっていないでしょうか。

内容

- **お客様にサービスする際の目安を作る**
- **お客様に提供したサービス商品の記録を残す**

阿部梨園では、まず、**どのお客様にもできるだけ公平にサービスすること**を前提としました。「えこひいき」の現場に他のお客様が立ち会えば、不満に思われてしまうかもしれません。全員一律なら、お客様のことを知らないスタッフでも対応できるようになります。また、在庫管理の観点から、**値段がつかない規格外の梨をサービス品としています。**値段がつく梨を無償提供した場合は、すべて記録を残します。

結果

- **店頭で接客する際のサービス基準が明確になった**
- **一家以外のスタッフでも接客できるようになった**

サービスで無償提供すると、そのせいで売り切れてしまった場合には、せっかく店頭まで来てくれた他の「対価を払ってでも買いたい人」が買えなくなったことになってしまいます。まずは、できるだけ多くの購入希望者に行き届かせることが、販売者としての誠意だと考えています。

値段が付く商品をサービス提供した場合は、記録を残します。無視できる小さな割合かもしれませんが、販売成績や在庫管理にも影響があるからです。また、商売と関係なく、単に親戚や知人に贈答する場合は本来、事業主の家事消費に当たります。確定申告時に家事消費として計上しています。

コメント

スタッフは常連のお客様の情報をすべて把握できているわけではないので、サービスの加減がわかりません。**個別対応は大きな負担になります。園主やその家族しか接客できないと、業務改善はなかなか進みません。**ルールに基づいた公平なサービスがあれば、誰でも同じように対処できるようになります。

コツ

サービス増量や値引きは慎重に

無償のサービス提供が常態化すると、いずれ当然のものとして期待されるようになります。「去年より／他店よりサービスが少ない」と言われることもあります。サービス分を計算して購入量が少なくなってしまうなど、**実質単価を押し下げるリスクもあります。**もちろん満足度が高まって再来店してくださる確率を高めるかもしれませんが、サービス増量や値引きはよく考えてから実施しましょう。

解説

例外処理

「○○さんには特別に××のサービスをする」ということは、例外的な対応です。例外は個別の判断を要するので、それを覚えて運用する負担が発生します。**例外を作らず、「誰でもできる仕事（＝業務標準化）」を増やしましょう。**

同様に、お客様ごとのカスタマイズも例外対応です。満足度を高めますが、あまり増やさないようにしておきましょう。後から廃止しにくいという難点もあります。

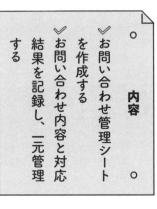

#082

CHAPTER8

販売

お客様の生の声を改善の材料にしよう

お問い合わせを記録する

最大限に配慮しているつもりでも、毎年大量の商品をお客様にお届けしていると、稀にトラブルが起こります。お問合わせやクレーム情報が一元管理されていないと、誰がどのように対応したか把握できず、対応の遅れや漏れが起こりやすくなります。

内容

- ✓**お問い合わせ管理シートを作成する**
- ✓**お問い合わせ内容と対応結果を記録し、一元管理する**

お問い合わせ管理シートには、次ページで紹介する通り、注文情報、お客様の状況、因果関係、対応結果などを書き込みます。

結果

- ✓**お問い合わせに関する情報を網羅し、一元管理できるようになった**
- ✓**お問い合わせに対して複数人で柔軟に応対できるようになった**
- ✓**確認事項がまとまっているので、聞き取りがスムーズになった**

電話でのやり取りが複数回に及ぶこともありますが、初期対応者ではない人が電話を受けとったときには、この記録だけが頼りです。ご気分を害されているのか、ある程度の理解を示してくださっているのかで、対応すべき態度も変わります。そのためにも、お客様の反応まで細かくメモを残しておくとよいでしょう。

配送トラブル、品質トラブル、ご注文情報の取り違えなど、いずれにしても同じトラブルを起こさないための対策が必要です。**記録して終了ではなく、改善策を実施してから完結させる**ようにしてください。

コメント

梨の一部の品種は「芯ぐされ症」という、出荷時には目視検出不可能かつお客様のお手元に届く頃に暴発する内部不良が、一定確率で必ず発生します。梨を完熟で採っている限りはゼロにならないですが、お客様に非はありません。真摯に代品対応します。直売率が高くなればなるほど、いただくお問い合わせも比例して多くなります。直売のつらいところでもあり、存在意義でもあります。

たとえクレームであっても丁寧に対応すると、「ここまで丁寧に対応してくれるなら、気持ちは伝わった」と、逆にご理解や絆が深まることがあります。追加のご注文をいただいてしまうことさえあります。ピンチがチャンスになることもありますから、誠意をもって対応しましょう。逆に対応がイマイチだと、そのことが口コミで広がってしまう二次災害のリスクがあります。

発展

電話対応マニュアルを作る

お問い合わせもある程度パターンがありますので、あらかじめ確認事項や説明する内容を、マニュアルや想定問答集にしておくと楽になります。お問い合わせの記録を残しながら、どんどん対応策に反映させていきましょう。

お問い合わせ管理シートの項目例

- お問い合わせ番号
- ご依頼主
- お届け先
- ご注文の商品
- 発送日／到着日／開封日
- 連絡日
- 対応責任者
- お問い合わせ内容、状態
- お客様の反応
- 考えられる原因、経緯
- 実施した対応
- 学んだこと、改善が必要なこと　など

#083

CHAPTER8

販売

難しい判断こそ、ルール化しよう

代品の判断基準を決める

商品に万が一の不良があった場合は、お詫びの気持ちも込めて代品を送っています。難しいのは、私どもの過失ではない場合もあることです。配送事故や、お客様が高温で長期間放置されたなど、我々が責任を負えない場合は代品対応を見送ることもあります。

内容

✓代品の判断ルールを決める

「開封日がいつか」や「梨が何個傷んでいるか」などの情報で、原因や経緯を診断できることがあります。客観的な情報を基に、代品の可否や内容を決定しましょう。**お客様を責めるようなニュアンスでやりとりすると、気分を害されたり、エスカレートしてしまう可能性もあります。**不要な争いは避け、表現や内容には十分に注意する、謙虚な姿勢が大切です。

結果

✓速やかかつ公平に対応できるようになった

代品対応をケチっているわけでも、お客様をはじめから疑っているわけでもありません。対等な関係を築くためのプロセスです。

コメント

事実究明は、生産者としてのプロ意識やプライドにとってても重要なことだと私は考えています。お客様の言い分を鵜呑みにしたり妥協するのではなく、プロとして主張するべきことは主張しましょう。それが日々の業務品質向上にも繋がります。

#084
CHAPTER9

PR

商品を買ってもらうための作戦を立てよう

マーケティングする

作った農産物がどのように流通し、どのように販売され、消費者がどのように利用されているか、ご存知でしょうか。売れる農産物を作って生計を立てるには、市場、流通、小売の動向を知り、消費者の求めるものを研究して作る感覚が不可欠です。

内容

- **果物、梨、農家直売など、属するマーケットについて調査する**
- **同業者を調査する**
- **SWOT 分析など、マーケティングのフレームワークを用いて分析する**

まず果物全体や梨の消費動向、市場動向、直売のトレンドなどをインターネットや書籍でくまなく調査しました。また、同じ梨の直売でも、同業者と比べて提供価格や商品設計、サービスがどのように異なるか整理しました。地域内だけではなく、他県の産地なども含みます。最後にSWOT分析やファイブフォース分析など、各種フレームワークに当てはめて、顧客への提供価値や自園のアドバンテージ、販売戦略をまとめました。

結果

- **市場調査に裏付けられた販売戦略を立てることができた**

当初は、私がわからないことを調べてまとめる目的ではじめました。いろいろ調べて考えた結果、「大玉のおいしい最高級の梨を作って、消費者に直接販売する」というシンプルな結論に至り、その方向性からブレないように論理補強した感じです。
マーケティングは無数の定義があり、人によって解釈が異なるので難しく思われるかもしれませんが、**「お客様が求めるものを提供するための仕組み」**だと思ってください。つまり「顧客ニーズを調査し、それに合った商品を作り、競合ではなく自社を選んでもらうための工夫をして、価格を決めて販売する」という一連のプロセス、と言えます。

コメント

マーケティングは、いきなり売れることを約束してくれるものではありません。『マーケティングの結果、これから

は梨よりブルーベリーだ！」という結論が出たとしても、先代からの畑や顧客がいれば、急に舵を切れるわけでもありません。それでもマーケティングをおすすめするのは、**生産方針、商品設計**（#069）、**値決め**（#070）など、日々の判断の根拠になるからです。意志決定に迷いやブレがなくなるだけでかなり楽になります。

解説

フィリップ・コトラー

フィリップ・コトラーは「近代マーケティングの父」とも呼ばれるアメリカの経済学者です。市場を顧客の属性で分割する「セグメンテーション」、その中からターゲット顧客を選ぶ「ターゲティング」、ターゲット市場で競合より優位を確保する「ポジショニング」など、現在では当たり前になった販売戦略をまとめた大家です。

解説

マイケル・ポーター

マイケル・ポーターは経営戦略の基礎を確立したアメリカの経済学者です。「コストリーダーシップ戦略」、「差別化戦略」「集中戦略」と経営戦略を3類型にまとめました。市場を「業界内競争」「新規参入」「代替品」「売り手」「買い手」の5つに分けて分析するファイブフォース分析も氏の発案です。

#085

CHAPTER9

PR

お客様に伝えたい情報を磨こう

農園の情報をまとめる

農園紹介（#087）、商品カタログ（#088）、ウェブサイト（#095）、店頭接客など、お客様に情報をお伝えする機会は多いです。農園、生産者、農法やこだわり、品種などの説明文を作るわけですが、情報が整理されていないと毎回悪戦苦闘します。

内容

- 農園、生産者、農法やこだわりについて情報をまとめる
- 梨の特性、品種特性、商品の特徴について情報をまとめる

阿部梨園ではまず阿部にヒアリングして、持っている情報をすべて吐き出してもらいました。さらに一般情報を付け加えるため、書籍や雑誌、インターネット上の情報から他の農園情報まで調べて参考にしました。「この梨を買いたい」と思ってもらうために必要な表現を書き加えて完成です。一度作ってしまえば、使い回しができます。

結果

- 農園に関する情報を内部で統一できた
- お客様に過不足なく情報提供できるようになった

ホームページやリーフレットの制作を外注する際にも、これらの情報があるかないかで、工数や表現力が大きく変わってきます。卸売で小売店に商品を紹介してもらう時の情報も同様です。そう考えると、文章を作るところからブランディングの専門家やコンサルタントなど外部の人にサポートしてもらうのは有効です。

ちなみに、**梨の健康効果（効能）についての表現は、逆に削除することにしました。**効能についての表現は法令で取り締まられており、効果を正当な手続きに従って立証しない限りは表示できません。梨の健康成分もゼロではないのでしょうが、他の果物に比べて少ないので、健康目的で選ぶなら他の品日のほうが適任です。**「おいしさ」だけで勝負するために、あえて表現を減らしたと**いう意図もあります。

コメント

この作業は多少の文章力や表現力、そしてヒアリング力が求められます。せっかく商品に魅力があるのに、伝える情報が手薄ではもったいないです。ビジュアルデザインや商品開発の前に、正しく魅力ある情報の整理から着手するのがおすすめです。

コツ

主観も大切にする

たとえば、ある梨の品種を「柔らかい」と表現する農園もあれば、「シャリシャリ」と表現する農園もあります。客観的で正しい情報も大切ですが、最後は自分の主観をお客様にお伝えしましょう。**「作り手がどう思っているか」という情報こそ、お客様も求めています。**もちろん、思い入れが強すぎて逆効果な文章にならないように注意してください。

解説

優良誤認

商品やサービスについて「盛り」すぎると、実体以上に優れていると消費者に誤解させてしまう危険性があります。この誤解は優良誤認と言います。正しい情報を、正しい根拠を確認した上で、消費者へ伝えましょう。

#086

CHAPTER9

PR

視覚に訴えて、農園や商品の印象を残そう

キービジュアルを作る

直売農家は、小売の世界では小さな存在です。無数の販売店、インターネットショップがひしめく大海で小さな農家を選んでもらうのは大変なことです。知って覚えてもらうために有効なのが、ロゴやイラストなどの視覚に訴えるアイテムです。

内容

✓農園ロゴを制作する

✓梨の品種ごとのロゴも制作する

阿部梨園のロゴは、有料書体（フォント）を使用した簡単なものです。品種ロゴは家紋風のポップなデザインを意識して作ったものです。品種別のシールを作ったり、**店頭POP**（#080）で使い分けたり、品種自体の認知を高める効果も期待しています。

結果

✓ロゴやイラストなどを作り揃えて、お客様に認知してもらえるようになった

「クールでオシャレで目立って、メッセージも込めて……」とあれこれ期待をしがちですが、**シンプルで使い回せるもの、流行に左右されず長く使えるもの、身の丈に合ったものがおすすめです。**

農園全体の雰囲気や印象を統一することも大切です。この雰囲気のことを「トーン&マナー」、略して**「トンマナ」**と言います。トンマナが統一されているかどうかは、デザインがオリジナルかどうかよりも重要です。共通して使用する配色や書体を選んで決めてみましょう。

コメント

自作することもできますが、餅は餅屋で、デザイナーさんに依頼するといいでしょう。**クラウドソーシング**といい、インターネットを通して不特定多数の方に発注先を募集するサービスを活用すれば、比較的低予算で制作を依頼することが可能です。

コツ

デザインのスクラップブックを作る

突然イメージを具体化するのは難しいと思います。まずは、世の中の気に入ったデザインを収集することから始めましょう。街で見かけたチラシ、商品のパッケージ、雑誌の1コマ、ウェブサイトの一部など、気に入ったものをスクラップしておくと、いざというときの引き出しになります。「このイラストの雰囲気が好きです！」と、プロに依頼・相談する際にもスムーズです。

解説

「Pinterest」を参考にする

ユーザーが気に入った画像をクリップしておける米国発の画像共有サービスがPinterestです。とにかく、おしゃれなチラシやパッケージ、ウェブサイトなどのデザインが網羅されているので、Pinterestを眺めて気に入ったものをストックしておきましょう。

梨の各品種ごとにロゴを作成

阿部梨園のロゴ

#087

CHAPTER9

PR

お客様に農園のことをもっと深く知ってもらおう

農園紹介リーフレットを作る

阿部梨園では、農園案内と商品カタログがセットになったリーフレットを活用していました。扱いやすいのですが、紙面が限られているため、農園の概要や最新ニュース、日々の様子など、知っていただきたいことを紹介できませんでした。

内容

✓**農園紹介リーフレットを制作する**

現在は、A5サイズ12ページの冊子を作っています。紙面の制作は大変ですが、格安のネットプリントで注文すれば、実は単価10円を切ることも可能です。**商品カタログ**（#088）や**注文用紙**（#075）とセットにして**ダイレクトメール**（#093）としてご注文経験のあるお客様にお届けしているほか、商品にも同梱しています。

結果

✓**お客様に農園のことをより深く理解してもらえた**

✓**商品アピールだけではない農園だと認知していただいて、ブランド感が生まれた**

毎年一部の内容を更新しているのですが、それを楽しみにしてくださる常連のお客様が増えました。お客様が知り合いに紹介される際、リーフレットを配布してくださることもあります。遠方から毎年のように注文していただくお客様から、「**以前は商品や値段のことしかわからなかったが、今は農園や作っている人のことを知れて嬉しい**」という声をいただきました。それこそまさに、農園直売の提供価値だと思います。

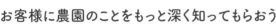

完成した農園紹介のリーフレットを手にしたとき、農園として1レベル上がったように感じました。営業活動やイベントの際にも大変心強いアイテムです。内容そのものよりも、**リーフレットを作ってまでコミュニケーションしようとする姿勢**を評価していただいているように感じます。

コメント

はじめ、「A4」サイズ12ページでリーフレットを作りました。紙面を大きくとれるので、字を大きくして年配のお客様に配慮したつもりでしたが、**これが大失敗**だったのです。郵送にも商品同梱にも大きすぎて取り扱いにくく、大量の在庫スペースに苦慮しました。翌年、サイズを半分の「A5」サイズにして、それらのトラブルは解消されています。

コツ

農園通信

毎年すべての内容を新しくするのは費用面でも工数面でも大変なので、内容固定のページと、新規情報のページを組み合わせると負担が少なくなります。そこでオススメなのが「農園通信」コーナーで、最近の特徴的な出来事を紹介すると内容にも新鮮な動きが出ます。農園通信に書けるようなことを毎年探すのは大変ですが、励みでもあります。

もちろん、「農園通信」単体でチラシなどにしてもいいでしょう。

コツ

贈答ガイド

阿部梨園は梨を贈答用にご利用いただくことが多いので、贈答ガイドのコーナーを掲載しています。「どんなときにどんな贈りものをすればいいの？」というなかなか自分では調べない疑問にお答えし、お祝いやお返し、季節のあいさつなどを紹介しています。贈り物が必要なシーンで、阿部梨園の梨を思い出していただくための導線です。

阿部梨園のリーフレットの一部

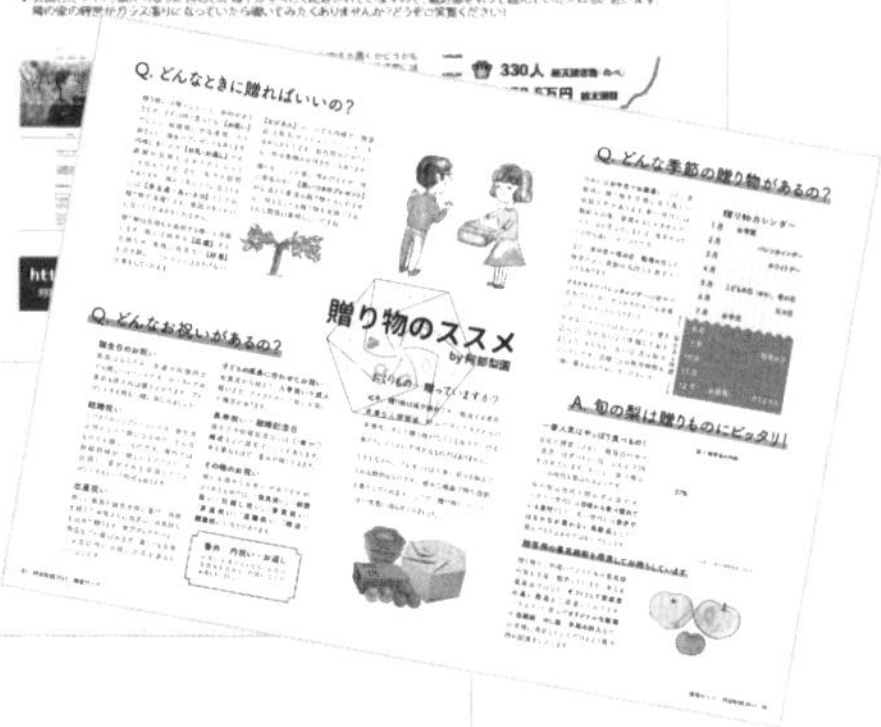

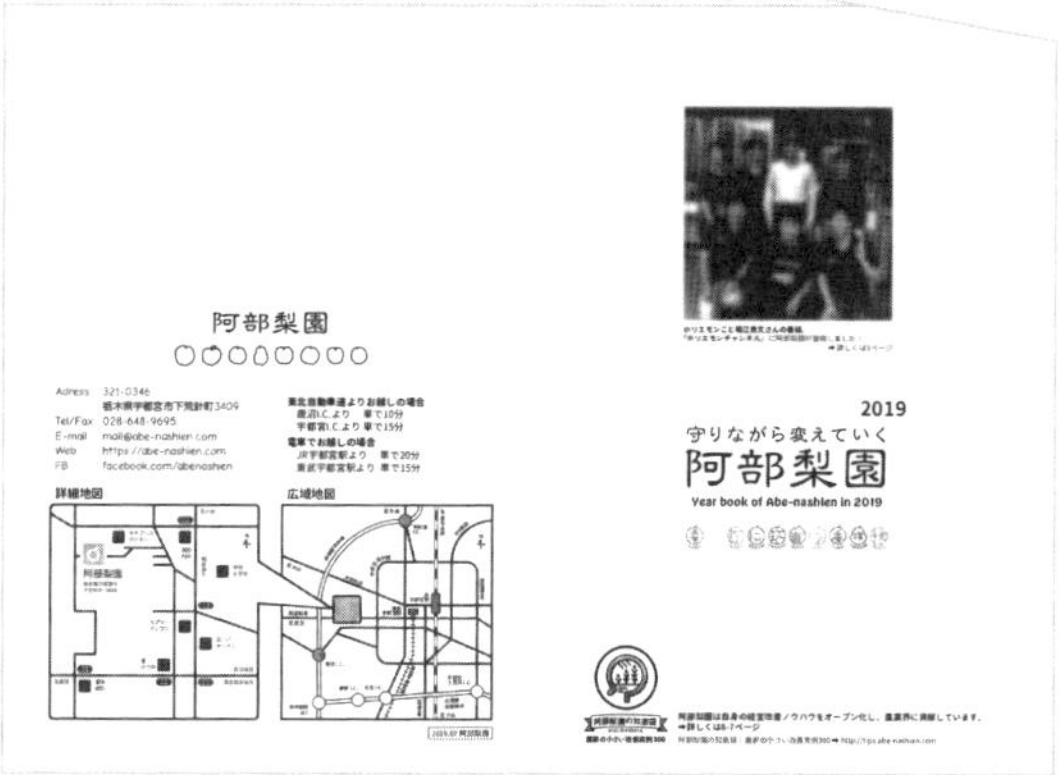

#088

CHAPTER9

PR

情報を過不足なく伝えて、購買意欲を喚起しよう

商品カタログを作る

阿部梨園には以前からリーフレットがありましたが、商品の写真はあるが商品情報がない、贈答用商品の中に同梱していたため価格を載せられない、家庭用等級が未掲載で注文対応でイチから紹介するのに時間がかかるなど、色々と情報不足でした。

内容

✓商品カタログを作り直してパワーアップする

現在は、A3サイズを正方形(短辺2つ折り×長辺巻三つ折)に折りたたんだものを使用しています。宣伝用の価格掲載バージョンと、贈答品封入用の価格非掲載バージョンがあります。**農園リーフレット**(#087)や**注文用紙**(#075)とセットにして**ダイレクトメール**(#093)としてご注文経験のあるお客様にお届けしているほか、商品にも同梱しています。

結果

✓商品カタログを作り直して、お客様が注文しやすくなった

✓商品カタログの情報が充実して、紹介や説明がスムーズになった

紙面は佐川が作っていますが、カタログに説明不足な点があると、店頭接客や電話応対で苦戦します。ちょっとした言葉の綾で、お客様に勘違いさせてしまうこともあります。接客も担当する「**中の人**」が作っているカタログだからこそ、注文をスムーズに受けやすい表現や説明になるよう細かい工夫を施しているつもりです。言葉足らずだった箇所は翌シーズン版で修正します。

カタログはデザイン勝負だと思われがちですが、**文字情報**（#085）も同じくらい大切です。自分で考えてもまとまらないようであれば、情報設計から一緒に考えてくれるデザイナーや専門家と一緒に企画してください。

コメント

お客様へのご案内をスムーズにするために、元々掲載していなかった廉価な家庭用B級品（外形が悪いだけで味に影響はない）も掲載することにしました。そうしたら、家庭用のB級品を贈答用にご利用いただくケースが増えてしまい、結果的には高価な贈答用A級品が売れなくなるリスクを抱えることになりました。配分が大きく変わるような事態には至りませんでしたが、予想外の挙動だったので不用意でした。

コツ

主張したい情報を大きく掲示する

特に知ってもらいたいことや、プッシュしたい商品を大きく掲載しましょう。面積が大きければそれだけ目に止まりやすく、印象に残りやすくなります。阿部梨園では、オリジナル化粧箱の高級商品をレギュラー商品よりも前面に押し出したおかげで、お客様から化粧箱のイメージで農園を認知してもらえるようになりました。

解説

アップセル、ダウンセル

お客様により高価格な商品をお買い求めいただくことを**アップセル**と言います。逆により低価格な商品をお買い求めいただくことを**ダウンセル**といいます。レギュラー商品から高級な商品に移行してもらえればアップセルですし、贈答用の等級から、廉価な家庭用の等級に移行されてしまえばダウンセルです。「水は低きに流る」ですからアップセルは大変ですが、重要な付加価値活動の一つです。

阿部梨園の商品カタログ

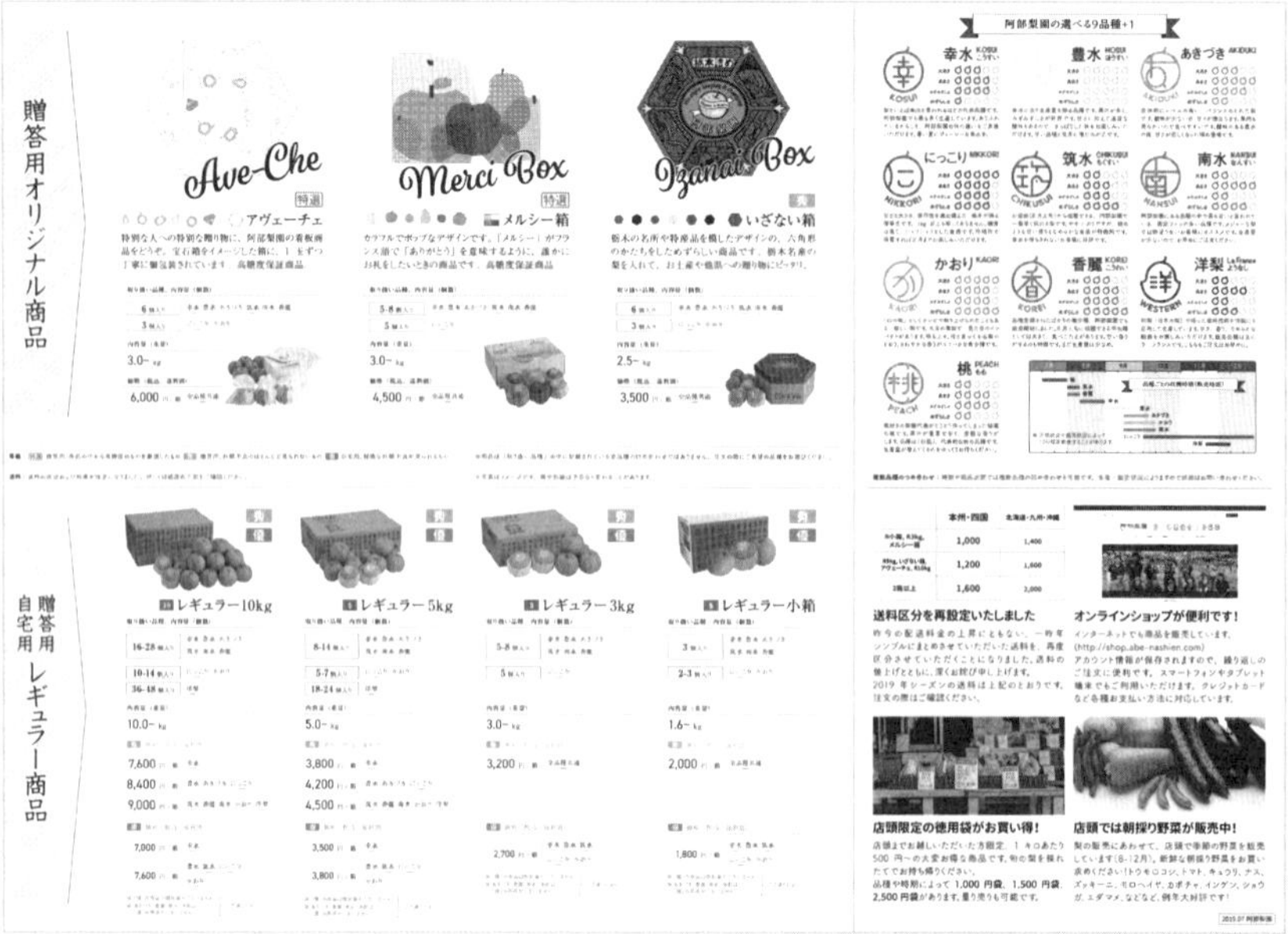

#089

CHAPTER9

PR

店舗への呼び込み、道案内を工夫しよう

店舗サインを設置する

阿部梨園は大通りから離れ、目印もない場所にあるにもかかわらず、看板やノボリも設置されていなかったので、お客様が道に迷うことは日常茶飯事でした。迷われたお客様に電話で道を案内する必要があり、対応に時間がかかっていました。

内容

✓ノボリを設置する

看板やノボリのような目印を「サイン」と言います。なるべく多くの場所に設置できるよう看板ではなく単価の安いノボリを選び、軒先直売所の敷地内に入るまでの私道や、畑の外周に常設しています。屋外に放置した場合、数ヶ月で色が落ちはじめ、1、2年で繊維がほつれて新品交換になります。

結果

✓ノボリによって来店希望のお客様を迷わせることが減った

✓農園の存在を認知されるようになり、販売促進になった

ノボリが看板に勝るメリットは、安価なので多く設置できて、更新しやすいことが挙げられます。設置も撤収も簡単なので、販売開始したらノボリを設置し、販売終了したら撤収するという使い方が可能です。つまり、**ノボリの有無がお客様に販売状況をお知らせするシグナルにもなっています。**

コメント

予算があれば、まず頑丈で長持ちする看板を作ることから始めるべきだと思います。また、道案内をするのであれば、電柱広告も検討に値します。

#090

CHAPTER9

PR

農園の外部評価をお客様に伝えよう

実績を外部用にまとめる

農産物を提供する以外にも、農園は様々な側面をもっています。「どんなレストランで取り扱われているか」「メディアにどのように取り上げられたか」「イベントを実施しているか」など、農園の全体像を理解していただけるよう活動内容や外部評価の情報をまとめましょう。

内容

- **お取り扱い実績をまとめて公開する**
- **イベント実績をまとめて公開する**
- **メディア掲載・出演実績をまとめて公開する**

実績帳（#005）に貯めてある情報をまとめなおして、足りない情報を補足しつつ、**ウェブサイト**（#095）や**農園リーフレット**（#087）に掲載しています。一覧になると、農園の足取りを振り返ることもできて感慨深いです。

結果

- **お取り扱い実績を公開し、取引先と相互送客できるようになった**
- **イベント実績をまとめて公開し、集客できるようになった**
- **メディア掲載・出演実績を公開し、次の取材につながった**

お取り扱い情報やイベント情報は**タイムリーに情報発信すること**が大切です。「〇〇さんで梨スムージーのお取り扱いが始まりました！」「△△さんとコラボで□□のイベントを実施します！」という情報を発信することで、微力ながらお取引先へこちらからも送客することになりますし、お取引先との信頼関係が深まることにもつながります。

阿部梨園はオリジナルの加工品を作ったことはありませんが、プロからの「料理やスイーツ、加工品として梨を生まれ変わらせたい」というご提案には積極的に協力させていただいています。イベントも同様で、主催することは滅多にありませんが、外部で企画していただいたツアーなどには可能な範囲で応じています。

コメント

お取引もイベント企画も取材も、実績こそ依頼者にとって何よりの安心材料になります。実績あるところに依頼が集中する傾向もあります。「相対で取引をしてちゃんと納品できる」「イベントの趣旨を理解して実施できる」「メディアの取材に対応できる」ということはアドバンテージなのです。はじめは実績がなくても、1件2件と丁寧に対応することが、次の引き合いや依頼につながります。

コツ

メディアキット

定期的に取材を受ける農園の方は、メディア向けの情報や写真素材などを「メディアキット」としてまとめておくといいでしょう。プロフィールや農園紹介、商品の特徴、メディアが使いやすいような写真などをセットにしておくと、取材時にお互いスムーズです。

解説

フロー型の情報、ストック型の情報

SNSやブログのように、時系列に並べられている情報を「フロー型」といいます。常に最新の情報が目に留まる設計は便利ですが、古い情報ほど押し流される短所もあります。一方、まとめ直して整理された情報を「ストック型」といいます。必要な情報を後から探したり、全体像を把握したりするのに便利です。**重要な情報はストック型として、ウェブサイトの固定ページなどに保存しておきましょう。**

#091

CHAPTER9

PR

お客様の疑問や困りごとを即座に解消しよう

FAQ(よくある質問)を作る

提供者はわかっていることでも、お客様なら疑問を感じる点はたくさんあります。インターネットでは特に、対面ほど丁寧に説明できません。疑問が解消されないままでは、ご注文に至らなかったり、お客様の想定と現物商品のミスマッチが起こります。

内容

✓ **FAQ**(Frequently Asked Question:よくある質問)**と、それに対する回答をまとめる**

「賞味期限はどのくらいですか」「営業時間を教えてください」など、**よくある質問**をまとめています。「届いた梨が傷んでいた」「頼んだ商品がなかなか届かない」といったトラブルに関する頻出のお問い合わせもまとめています。

結果

✓ **お客様が気になることをご自身で調べて、安心して購入できるようになった**

FAQが機能していると、お客様が疑問を自己解決してくださるため、**お問い合わせが少なくなり、対応に要する時間が浮きます。**まずはFAQに誘導し、それでもわからないことをお問い合わせフォームでご案内するようにしましょう。

コメント

FAQが丁寧で感動したと、お客様から褒めていただいたこともあります。**スタッフ向けのお客様対応マニュアルとしても使うことができます。**

#092

CHAPTER9

PR

お客様の情報を管理してリピーターを増やそう

顧客管理する

阿部梨園は常連のお客様に支えられて成り立っています。お客様にダイレクトメール（#093）をお送りする住所録をハガキ作成ソフトで管理していましたが、住所以外の情報を管理するのには不向きですし、ハガキ以外の出力ができませんでした。

内容

- 既存の顧客情報を整理する
- Excel で顧客データベースを作成した

結果

- 顧客情報をデータベースとして整理できた
- 購入履歴を基にダイレクトメールの送り先を選別できた

オンラインショップ（#094）の購入情報や宅配便の発送伝票の控えを基に、お客様の住所情報を取得しています。多量の手書き発送伝票から新規顧客を抽出し、Excelで作成したデータベースに打ち直すという人海戦術で、梅雨の農閑期に片付けています。年単位で購入があったかどうかは記録していますが、購入金額や頻度、内容などはデータ化していません。

本来は購入履歴まで網羅したデータベースにしたいところですが、店頭販売のデータ化が難しく、会員カードシステムのようなもので一元管理する判断には至っていません。オンラインショップや注文販売が中心であれば、顧客管理システム（CRM）を用いて十分実現可能です。

また、お客様の好みや詳細な情報を蓄積して、きめ細やかに活用するほどの顧客データベースでもありません。お客様の情報が多ければマーケティングも捗るのですが、年に1、2回店頭購入されるお客様が大多数なので、情報を保持するコストが合わないという計算です。例えば定期購入など、**顧客一人あたりの売上総額が大きい販売方法であればあるほど顧客管理は有効**です。

コメント

顧客の属性や購入履歴を駆使してカッコいいマーケティングをやりたいところですが、データ取得のコストが利益に見合いません。まずは基盤となる常連顧客リストをしっかり作り込みましょう。

十分な数の常連客がいれば、新規顧客獲得は必要なくなるわけですから、顧客データベースは重要です。

解説

CRM (Customer Relationship Management、顧客情報管理)

顧客1人ひとりの購入履歴や好み、性別や年齢などの情報を収集し、販売促進やマーケティングに活かすことをこういいます。顧客ごとのニーズを分析し、情報を商品開発に活かしたり、個別に販売促進したりできるので効果的です。店頭の会員カードやポイントカードの購入情報、オンラインショップのアカウント情報などを基にCRMは実施されます。

解説

セグメンテーション (Segmentation、市場細分化)

属性やニーズによって顧客をグループ化し、対象のグループ（セグメント）を選んで集中的にマーケティングすることです。地理的変数（住んでいる地域）、人口動態変数（年齢、性別、職業、所得、世帯人数など）、心理的変数（価値観や性格、ライフスタイル）、行動変数（購買動向）など様々な切り口で顧客を分けて、個別にマーケティング戦略をカスタマイズしていきます。全員に対して均一にアプローチするよりも、きめ細やかで効果的にサービス提供することが狙いです。

093

CHAPTER9

PR

お客様に商品のご案内をしよう

ダイレクトメールを送る

毎年、主力の幸水が採れ始める頃に、お客様へ郵便ハガキで挨拶状を送っていましたが、「〇〇は△月□日頃から収穫開始予定です」「ご来店をお待ちしております」というメッセージ以外、ご来店やご注文に必要な情報をほとんど載せることができていませんでした。

内容

ダイレクトメールをハガキから、封書に変更する

↓農園リーフレット（#087）
↓商品カタログ（#088）
↓注文用紙（#075）
↓注文用封筒

右記4点セットを封筒に入れ、幸水の収穫前にお客様へダイレクトメールとして発送することにしました。

封筒は、中身が見えると開封率が高まるようなので、透明なOPPフィルムの封筒を使っています。最繁忙期前の比較的余裕のある時期にパートタイムのメンバーを中心に封入、発送作業をしています。

結果

- **商品や農園の情報を過不足なく伝えることができるようになった**
- **お客様が注文に迷ったり考えたりする負担を軽減できた**
- **注文対応時に説明する当方の負担も軽減された**
- **販売促進につながった**

葉書1枚と比べて情報量が圧倒的に増えました。知らなかった商品、知らなかった品種、知らなかった注文情報など、選択の幅が増えたとお客様からも好評です。お客様のお手元にカタログやパンフレットがあると、それを基に電話応対できるので、**注文対応も楽になります。**「カタログはお手元にございますか？」「カタログの左上の商品から順に説明いたしますと……」と、参照しながら紹介できるからです。

印刷～封入～郵送と、それなりに費用がかかります。はじめは商品カタログだけのシンプルなダイレクトメールにするなど、コストを抑えた構成から着手するのがいいかもしれません。費用対効果が出るよう、注文に直結するような内容をしっかり考えましょう。

コメント

発送するタイミングの見極めは、今でも毎年頭を悩ませています。早く発送したほうが注文の集まりも早いのですが、早すぎると梨が少ない時期にご来店されて提供できなかったり、結果としてピーク時の来客が少なくなってしまったりします。タイムリーさを求めるのであればメールマガジンやLINEのほうが便利かもしれません。

発展

メールマガジン

無料もしくは安価で情報を一斉発信することが可能です。**郵送のダイレクトメールに比べて、手間も費用も圧倒的に少なく、大変便利です。**紙に比べて一覧性は劣りますが、何度も送れてタイムリーに情報を配信できる利点もあります。また、LINEのビジネスアカウントを開設すれば、メールを使わない層にもリーチできます。

解説

ダイレクトマーケティング

製造者が消費者へ直接販売する手法をダイレクトマーケティングといいます。ダイレクトメールなどで購買意欲を喚起しつつ、顧客と長く良好な関係を築くことが目的です。店舗をもったり、仲介業者を通したりしない分、販売促進費を十分にかけられます。**顧客管理**（#092）とセットで強力な武器になります。

#094

CHAPTER9

PR

インターネットから商品を注文できるようにしよう

オンラインショップを開設する

それまでの阿部梨園はインターネットでの直接販売は行っていませんでした。繁忙期は軒先の直売所や電話・FAXの注文の対応に追われ、余裕が見込めなかったからです。一方で、希望されるお客様が増えていることも年々強く感じていました。

内容

- ✓オンラインショップを開設する

オンラインショップのシステムは、「カラーミーショップ」というサービスを活用しています。商品の内容、価格、送料などはすべて店頭直売と統一しています。オンラインショップ限定商品、限定価格があってもいいのですが、「どこで注文しても同じ条件で同じものが買えるようにしたい」という阿部の意向を採用しています。2020年現在では、クレジットカード、銀行振込、郵便振替、代金引換に対応しています。

結果

- ✓注文で売上が増加した
- ✓お客様のご来店や電話の手間が減り、簡単に注文できるようになった
- ✓電話やFAXの注文が少なくなったので、注文管理が楽になった

オンラインショップを使えば宅配便の配送データを一括でダウンロードして、**発送伝票出力ソフト**（#076）でまとめて印刷できるため、電話やFAXに比べて注文管理の負担が半分以下になります。オンラインショップの利用料やクレジットカードの決済手数料は若干かか

りますが、減る手間を考えれば十二分にお得です。

オンラインショップは大雑把に、BASEやSTORESのような**「簡潔な機能で安価なネットショップ」**（松）、カラーミーショップのような**「カスタマイズもできる自由度の高いネットショップ」**（竹）、さらに**「ウェブサイトと統合された高機能なショッピングカート」**（梅）と3レベルに分けられます。松竹梅の順に完成度や難易度が高くなり、概ね費用も比例します。用途や予算、自分のレベルに合ったシステムを選びましょう。

コメント

インターネットでのショッピングや決済は、これからも増える一方でしょう。便利なAmazonやメルカリを見れば、未来がどちらの方向かは明白です。オンラインショップは開設したからといってすぐジャンジャン売れるとは限りませんが、今後の消費者動向に慣れていくつもりで、数年後を見越して今から着手しましょう。お客様の定着も受注体制の整備も年単位で時間がかかります。

解説

農産物オンライン販売サービスに出品する

近年、農産物をスマートフォンやパソコンで出品し、消費者が自由に購入できるウェブサービスやアプリが増えました。代表的なサービスには、**「ポケットマルシェ」**、**「食べチョク」**などがあります。農や食に関心の高い消費者が集まっており、温かいコミュニティにもなっています。

解説

オンラインモールに出店、出品する

楽天市場やYahoo!ショッピングのような、無数のショップが集積するオンラインモールに出店するのも一計です。モールは単独運営に比べて集客に強みがありますが、その分利用料（手数料）は高めの傾向です。

阿部梨園のオンラインショップ

#095

CHAPTER9

PR

インターネットでお客様とつながろう

ウェブサイトを作る

以前の阿部梨園はオリジナルのウェブサイトを阿部の知人に作ってもらっていました。手作りの良さもありますが、デザインや機能を変更するのに少し手間がかかります。内部で管理しやすいウェブサイトに作り直しました。

内容

- ✓ウェブサイトをリニューアルする
- ✓ウェブサイトに掲載するコンテンツを作成する

WordPressというシステムを使っています。農園や梨、商品に関する基本情報を網羅しつつ、梨の販売情報やメディア出演・掲載情報などの最新ニュースを掲載するブログのような機能も果たしています。

結果

- ✓ウェブサイトをリニューアルし、佐川がいつでも更新できるようになった
- ✓お客様が農園や梨、商品について必要な情報を調べられるようになった
- ✓ウェブサイトが好評で、ブランドイメージが生まれた

SNSやブログなど、情報発信のための便利なツールが他にも増えたので、ウェブサイトは不要だという意見も耳にします。しかし、ウェブサイトをもっているかどうか、どんなデザインや内容であるかは農園の信用やイメージに関わりますので、今でも名刺代わりのウェブサイトは有効です。消費者向けの直売をしていなくても、卸売などの取引に対しても好印象を与え

る効果があります。

農家のウェブサイトやブログでは親近感やカジュアル感が大切と言われています。実際そのとおりなのですが、逆に、基本情報が抜けていればそれは弱点です。阿部梨園ではその点を意識して、**丁寧な情報をやや多すぎるくらい掲載しています。**店頭でお客様と接した感触としては、情報が網羅されていることを「親切だ」ととらえてくださるお客様は多かったです。

コメント

ウェブサイトをご覧になりながら電話注文してくださるお客様が増えたおかげで、商品の紹介や注文方法のご案内

がスムーズになりました。これは**商品カタログ（#088）と同じ効果**です。お問い合わせのお客様に、必要な情報が記載されているページや**FAQ（#091）**のURLを送ることもできます。つまり、ウェブサイトを有効に活用することで、接客の負担も軽減できます。

コツ

記事を作り置きする

販売期間中こそ、販売促進のためにタイムリーな情報発信をしたいものです。しかし、収穫に追われる繁忙期でもあるので、情報発信している余裕がないのも農業の辛いところです。そこで、**収穫前の農閑期に「収穫期に発信したい情報の作り貯め」をしておく**のがオススメです。大半の場合、翌年以降も使い回せます。

解説

WordPress（ワードプレス）

WordPress（ワードプレス）とは、乱暴に説明すると、ユーザーがプログラムを書かなくても更新ができるウェブサイトのシステムのことです。自分で借りたサーバーにデータを設置する必要がありますが、デザインや機能をカスタマイズできる自由度が魅力です。個人から大企業まで、さらには有名なメディアなどでも世界的に広く利用されています。

阿部農園のウェブサイト

#096
CHAPTER9
PR

インターネットでの存在感を増やそう

インターネットでの露出を増やす

ウェブサイト（#095）を作っただけでは、訪問者はなかなか増えません。インターネット上に農園の情報が増えてこそ名前を覚えてもらえるようになり、来店やウェブサイトへの訪問につながります。無料ですぐ簡単に登録できることを紹介します。

内容

- ✓ **Googleマイビジネスに登録する**
- ✓ **Googleマップなど、地図情報サイトに登録する**
- ✓ **地元の情報サイトに登録する**

まずは、**Googleマイビジネス**という、Googleの検索結果で上部に表示してくれるサービスから登録しましょう。Googleマイビジネスの表示があれば、検索時に安心感を与えます。地図情報や営業時間、連絡先、写真などの情報を掲載できるので、スムーズに来店へ誘導しつつ、お問い合わせを軽減してくれる効果もあります。

Googleマップや Yahoo!ロコのような、**地図情報サイト**にも登録して、情報を掲載しましょう。最近は、検索サイトではなく、**はじめから地図情報サイトで検索する人も増えています**。迷子のお問い合わせも少なくなります。電話番号をNTTの**タウンページ**に掲載すると、その情報を引用した地図情報サイトやカーナビゲーションシステムにも掲載されます。

結果

- ✓ **インターネット上に農園の情報が増え、ウェブサイトへの訪問や来店が増えた**

無料で登録できる地元の口コミサイトやローカルメディアがあれば、そちらにも登録しましょう。特に農産物のメイン顧客層である主婦の皆さんは、地元の情報サイトを積極的に活用し、口コミなどもチェックされます。農家直売所が網羅されているようなウェブサイトもありますので、調べて登録してください。

コメント

はじめは興味がなかったり、苦手だったりしたものでも、何度も見たり聞いたりするうちに、次第に好印象になるという心理現象を「**単純接触効果**」といいます。あっちでもこっちでも見たことがあるという状態が来店や注文にもつながりますので、情報の網は可能な限り広く張っておきましょう。

コツ

検索順位対策 (SEO:Search Engine Optimization)

インターネット検索の順位が上位であれば、ウェブサイトへの訪問者が増えますので、検索順位対策（SEO）もPRに効果があります。どれだけ良いウェブサイトでも、順位が低ければ、埋もれて見つけてもらえません。逆に、ターゲット顧客がよく検索するキーワードで上位表示されていれば、自然に顧客のアクセスも、来店や注文も増えます。阿部梨園でも「宇都宮 梨」「栃木 梨」というキーワードで上位表示されるよう工夫を重ね、新規顧客の獲得につなげました。

SEOのために最も必要なことは、**閲覧者が求めている情報を過不足なく提供することです**。そういう有益な情報を検索エンジンが優先的に上位表示してくれる仕組みになっているからです。同様に、**サイトの設計もSEOに大きな影響を及ぼします**。ウェブサイトの制作はプロに依頼するほうが、手作りと比較してSEO上、有利なことが多いです。

#097

CHAPTER9

PR

最強の販促ツール、SNSを使いこなそう

SNSを活用する

阿部梨園はFacebookページを開設し、阿部の個人アカウントと併用して梨園の情報を発信していました。そこに私がPR担当として加わり、Facebookの運用方針を見直して、よりお客様に喜ばれる情報発信ができないかと模索しました。

内容

Facebookページの更新に関する方針を定める

個人アカウントと農園公式ページのどちらをメインに情報発信すればいいか、迷われている方もいらっしゃると思います。阿部梨園の更新情報は、

①：**ウェブサイト**（#095）に掲載する

②：①の情報をコピペして農園公式SNSページにも掲載する

③：②の農園公式ページの投稿を個人アカウントでシェアする

という手続きに統一しました。**ウェブサイトに情報が蓄積されることを最優先にした判断**です。

結果

Facebook上のファンが増えた

農園公式ページの情報は少しフォーマルな投稿で公式らしさを意識しています。逆に阿部や佐川の個人アカウントは個人で思い思いに表現しています。

コメント

TwitterやInstagramなど、他のSNSも販売促進に有効です。それぞれ効果的な使い方や主なユーザー層が異なりますので、農園に合ったものを使いましょう。

#098

CHAPTER9

取引先を管理してアプローチを考えよう

PR

取引先情報をまとめる

阿部梨園に関わりはじめた当初、売上データが取引先別、取扱商品別でまとまっていなかったので、販売戦略を立てられませんでした。取引条件もまとまっておらず、条件が妥当なのか改善の余地があるのかもわかりませんでした。

内容

- 取引先一覧を作る
- 取引条件や商品設計の経緯などをまとめる
- 取引先ごとの販売データをまとめる

阿部にヒアリングして情報収集しようと試みたのですが、必要な情報が集まらず、翌シーズンに取引データをすべて取り直すことで情報を網羅できました。取引条件や商品設計の情報は、決めたときに記録を残しておきましょう。忘れて思い出せなくなってしまうことがあるからです。

結果

- 取引の全体像が見えるようになった
- 取引先ごとに販売計画を立てられるようになった

コメント

外部の専門家の指導を仰ぐにしても、情報が無ければお手上げです。情報を収集するところから依頼すると、予算も時間も余計にかかってしまいます。農園の実態は自分でしっかり把握しましょう。そして、まとめた情報を元に、さらに多く注文してもらえるよう作戦を立てましょう。

#099
CHAPTER9
PR

取引先を増やす武器を作ろう

営業資料を作る

販路拡大のために、展示会に出店したり、見込み取引先へ営業に行くこともあると思います。商談の際、提案内容のまとまった営業資料があると、スムーズに話がまとまりやすくなります。消費者向けだけでなく、事業者向けの営業資料も用意しましょう。

内容

✓取引条件や提案商品をまとめた営業資料を作成する

PowerPointを用いた図表中心の資料でも、Wordを用いたテキストベースの資料でも結構です。オシャレなリーフレットでも外注制作したいところですが、内容の変更が多いツールなので、都度修正してセルフ印刷するほうが無難です。

結果

✓商談が円滑に進んだ

✓取引先に農園や商品のことをより深く理解していただけるようになった

口頭での説明に自信がない方こそ、資料を用意して頼りにしましょう。充実した提案は、主導権を失わないためにも重要です。こちらからも取引に力を加えることで、均衡した良い関係に近づけます。

コメント

営業資料が充実していれば、商談が成立した後のコミュニケーションもスムーズです。セールスポイントや注意点、よくあるお問い合わせへの返答例やトラブル対応の事例紹介などもまとめて資料にしておくと、さらに親切です。

#100

OTHER

クラウドファンディングで仲間を集めて未来を変えよう

クラウドファンディング

「阿部梨園の知恵袋」プロジェクトの制作費および活動費は、クラウドファンディングで330人以上の方から450万円のご支援をいただいて達成されました。今でも多くの相談が寄せられるクラウドファンディングについて、最後に紹介します。

内容

クラウドファンディングを企画、実行した

「阿部梨園の100件を超える小さい改善ノウハウを公開するオンライン知恵袋を作りたい」というタイトルで、目標金額1000万円、募集期間は44日間でした。CAMPFIREというサービスを利用しています。リターンは阿部梨園の梨やポロシャツ、梨園ツアー、佐川に経営相談する権利など、幅広く用意しました。リターンなしのコースも合わせると、実際の返戻率は50%以下の、寄付要素の強いプロジェクトでした。

結果

クラウドファンディングを実施し、「阿部梨園の知恵袋」を世に送り出した

クラウドファンディングによって多くの方に認知され、仲間が増えた

クラウドファンディングは人から資金提供を受けるものなので、原理的に**他力本願**です。本当に社会的な利益があるか、利己が前面に出ていないか、事業化や自己資本に対して優位性はあるか、よく内省して内容を練りましょう。人の心を動かす企画力と情報発信力が求められるので、得意な知り合いやプロを仲間に引き入れると心強いです。準備段階から色んな人に相談して力を借りてください。

始まったらとにかく、休まずに知人友人に支援のお願いを続けましょう。クラウドファンディングは**知人ファンディング**と言っても過言ではありません。知り合いに初速をつけてもらえば次第に認知が広がり、知らない一般の方にも支援してもらえるようになります。

コメント

クラウドファンディングは、**体力ファンディング**でもあります。期間中は知人に支援をお願いし、支援者にはお礼をし、SNSのシェアやコメントにもリアクションし、活動報告を更新し続け、問い合わせにも答え、ときには取材対応をすることもあります。期間中はプロジェクトに専念できるよう、可能なかぎり事前に他の仕事や用事を片付けておきましょう。盛り上がれば盛り上がるほど、睡眠時間との勝負になります。

コツ

恥を捨てる

クラウドファンディングは多くの人の協力を仰ぐ必要があり、そのためには人の目に露出し続けることが必要です。ブレーキになるような恥や外聞は捨てましょう。必死な訴えが人の心を動かします。

発展

プレスリリース

報道機関向けに提供する情報をプレスリリースと言います。私たちのクラウドファンディングはプレスリリースを送って多く取り上げていただいたおかげで話題になり、目標金額を達成することができました。取り上げてもらいたい内容をA4サイズ1～2枚のリリースとしてまとめたら、自治体の記者クラブにまとめて投函したり、メディア向けに直接送ってみましょう。記者の目に止まれば、プロジェクトを取り上げてもらえるかもしれません。有料のプレスリリース配信サービスもあります。

おわりに

　この本の発案者を紹介させてください。石田恭子さんという農業関連企業に勤める女性です。共通の知人がいる農業関係者のチャットグループにそれぞれ招かれ、簡単に自己紹介した程度の間柄。もちろんお会いしたこともありませんでした。ある日、石田さんとチャットで軽く会話していた中で、こんな提案をいただきました。

「私個人としまして、知恵袋を是非書籍化して頂きたく。私のFBの友人にもおります、今野良介に持ちかけたいと思っております。もしそのご意向がなければ控えます！」

　なんと、書籍化のために知人に働きかけてくださるというのです。「阿部梨園の知恵袋」の書籍化はもしかしたら可能性があるかもしれないと思っていたものの、真剣に検討していたわけではなく、現実味があるとは感じられませんでした。梨の繁忙期、仕事も多く重なっていた時期だったので、考える余裕もなく、私は返答しあぐねていました。

　しばらく後、石田さんのこの知人、ダイヤモンド社の編集者今野氏からTwitterでダイレクトメールが届きました。石田さんが本当に動いてくださったのです。私はこのDMも返信に悩んでいました。折角のチャンスだけど、出版の企画に向き合うほど余裕も準備もなく、今がベストタイミングだとは思えなかったからです。迷っていたら、間髪入れずに今度はTwitterのタイムラインにも今野氏から連絡がありました。これは誰からも見える公開状態なので、まだ何も決まっていないのに、周囲が反応してしまいます。

「もしかして、こちらの都合を考えてくれない馬車馬のような編集者なのでは……」と一抹の不安を覚えつつ、とりあえずタイムラインの投稿を取り下げてもらうように今野氏に連絡を取り、観念して氏の提案を伺うことにしました。

出版を丁寧に提案していただいて、私は今野氏の話に乗りました。こうして、お会いしたことのない石田さんのご尽力により、本書は誕生しました。理解者の無形の働きで物事が進んできた阿部梨園の知恵袋プロジェクトらしい進展です。この原稿をかきあげた時点で、私はまだ彼女にお会いしていません。

今野氏は私にとって、あらゆる編集者の中でベストな担当者でした。企画段階から、「誰に何をどう伝え、どうなってもらいたいか」だけを愚直に追求させてくれたので、雑念に惑わされずに筆を走らせることができました。私がエモいと思ったことをエモいと思ってくれる人なので、擦り合わせも不要でした。

今野氏は「文章術」に関する書籍をいくつも担当しています。『10倍速く書ける 超スピード文章術』、『1秒でつかむ「見たことないおもしろさ」で最後まで飽きさせない32の技術』、そして『読みたいことを、書けばいい。人生が変わるシンプルな文章術』。過去の担当書が私の課題図書になり、無言のプレッシャーを感じつつ、原稿を書き進めました。

「こんな文章で面白いと思ってもらえるでしょうか」

「こんな内容で果たして売れるのでしょうか」

経験のない私は、想定読者の感覚がまったくわからず、途中で何度も今野氏に相談しました。

そのたびに返ってきた言葉は、

「まずは佐川さんの書きたいことを書き切ることだけを意識してください」

ということでした。私も「読みたいことを、書けばいい。」を地で実践することになったわけです。おかげで「想定読者である農業者のみなさんがどんな情報を求めているか」を求道者のように自問自答し続け、このような本に至りました。農業経営の右も左も分からず、どこから着手していいか途方に暮れた、阿部梨園に飛び込んだときの私に向けて書いたつもりです。

こま切れに提出した原稿は全部、ゴーサインで返していただきました。阿部と出会ったことで運を使い果たしたと思っていた私は、今野氏との相性の良さに、自分のくじ運の強さを感じずにはいられませんでした。

◉

この本の執筆中、ある出来事がありました。エース従業員の退職です。スタッフの定着を願って経営改善に邁進してきたわけですから、無力感もあります。阿部梨園の未来、農家の従業員の未来、そして阿部梨園の知恵袋の体現者だと思っていたので、とても残念です。

しかし、どんな状況であっても梨園の営みは続きます。経営改善を経て「変化に強い農園」になっていました。結果として、抜けた穴を意識させない、新しい阿部梨園を感じさせてくれました。特に若手主力スタッフの田村が急成長を遂げて、阿部の左腕として梨園を支えてくれています。既に5年目ですが、1年目から「梨の声が聞こえる」と豪語してきた男です。彼の要領の良さ、能力の高さに助けられつつ、梨園の今後を楽しみにしています。

◉

初稿を書き終えてしばらくした頃、「さぁ校正を……」というタイミングで新型コロナウイルス（COVID－19）の流行が起こり、世界をひっくり返したようなパンデミックになりました。感染者が右肩上がりで増え、医療の限界が現実味を帯び、自粛により経済は急停止、社会不安の真っ只中です。

そんな中で農業は、国民の食を支える重要なインフラとしての機能を果たしています。一部の流通経路はストップし、自粛で消費も細り、大打撃を受けた産地や生産者もいます。阿部梨園も高齢の来店客の贈答利用が中心ですから、どれほど影響があるかはまだわかりません。

新型コロナウイルスが今後の世の中をどう変えるかについては、私は予言できません。しかし、生き残っていけるのが柔軟に変化できる経営体であることは間違いありません。日常的にチャレンジを続けてきた経営体こそ、クイックにオンライン販売に切り替えたり、新しい販路で在庫をさばいたりできたのではないでしょうか。

Withコロナ、Afterコロナに適応していくためにも、「守りながら変えていく」力が求められます。コロナ騒動には私も、小さな改善の意義を改めて深く問われました。小さな改善をきっかけにして、環境の変化を受け止められる柔軟な農業経営体が増えるよう、引き続き働きかけていきたいと思います。

「無謀なチャレンジをしたもんだな……」

これが本書をしたためた、正直な感想です。阿部梨園での4年間を振り返ると、楽しいこと、嬉しいことが数え切れないほどありましたし、しんどいことも同じくらいありました。29歳、無職で手ぶらだったおかげで、何も考えずに農園の経営改善にすべてを突っ込みました。35歳になった今から同じような挑戦をできるかといったら、もうできない気がします。もし29歳に戻れたとしても、同じ道を選ばないかもしれません。それだけ体を張った濃い体験でした。

私の人生も変わりましたし、性格すら変わりました。今できることのほとんどは梨園で身につけたもので、「人生に必要なことはすべて梨園が教えてくれた」と言っても過言ではありません。

阿部梨園の知恵袋運動が全国に広まって、農業に関わるネットワークが爆発的に広がりました。各地の志ある農業関係者と行動を共にできることに、大きな希望を感じています。愛すべき個性的な農業者さんたちと触れ合っているときが、たまらなく幸せです。この人たちが農業を存続できるよう、私のこれからの人生を使いたい所存です。

この運動を進めるためにも、ファームサイド株式会社では講演や講義、セミナーのご依頼を随時受け付けています。現場のリアルや経営の理論はもちろん、知恵袋で扱っているような幅広いテーマでご依頼いただいています。登壇の機会を通して直接知り合い、語り合うことで、一緒に経営改善を続ける仲間になっていただければ嬉しいです。もちろん経営相談やコンサルティングも受け付けています、お気軽にご連絡ください。

お問い合せ先：https://farmside.co.jp/contact/

→ ◉

阿部には感謝してもしきれません。阿部と仕事をすることが自分の人生にとって重要かもしれないと直感したことは、間違いではなかったと裏付けられました。色んなことに振り回したり、負担をかけたりしていますが、いつも「佐川くんのためになるなら」と言ってくれる神上司には感謝しかありません。私は十分にいい思いをさせてもらっているので、阿部には一層幸せになってもらいたいです。一生の恩人です。いつもおいしい梨を作り、畑を守ってくれる阿部梨園スタッフのみんなも同様です。ありがとうございます。

クラウドファンディングの支援者のみなさまにも御礼申し上げたいと思います。皆さんのお力添えのおかげでウェブ版「阿部梨園の知恵袋」は生まれ、本書に至りました。この本を「オレが作った」「ワタシが作った」と思ってくださったら嬉しいです。そしてこのプロジェクトの行く末を、楽しみに見届けてください。そして、恩師の森尻利明先生、卓球部で指導してくださってありがとうございました。先生には人生を学びました。先生にとって一番自慢の生徒になることは私の一生の目標です。これからもがんばりますね。
最後になりますが、こんな無策な人生に寄り添ってくれる妻と愛息、両親、弟、そして私の人生を創り愛してくださった救い主イエス・キリストに、本書を捧げたいと思います。

佐川友彦

2020年8月

［著者］

佐川友彦（さがわ・ともひこ）

1984年生まれ。ファームサイド株式会社代表取締役。阿部梨園マネージャー。東京大学大学院農学生命科学研究科修士課程修了。

デュポン株式会社の研究開発職、創業期のメルカリのインターンなどを経て、2014年9月より栃木県の阿部梨園に参画。 生産に携わらず、農家が苦手とする経営管理、企画、経理会計、人事労務など経営全般を統括し、ブランディングやデザイン、販売、広報など営業面も担当する。組織開発や生産性を大幅に進歩させ、小規模ながらブランドを確立し阿部梨園の直売率を100%に引き上げる。

阿部梨園で積み重ねた小さな経営改善、業務改善は3年で500件を数え、2017年に改善実例300件を公開する農業界では前代未聞のクラウドファンディングを実施。300人以上から440万円（達成率440%）の支援を集めて目標超過達成。「阿部梨園の知恵袋｜農家の小さい改善実例300」として無料公開されている。実践的かつ詳細な内容が、多くの農業関係者から支持を得る。

日本経済新聞、NHK、日本農業新聞などメディア掲載・出演実績多数。農業経営の専門家として年間数十件の講演、セミナー活動を行う。「農業ビジネス ベジ」、「地上」などで連載記事執筆。2020年、農業経営のコンサルティングなどを行うファームサイド株式会社を立ち上げ、代表に就任。

2020年6月「第3回とちぎ次世代の力大賞」大賞受賞。

本書が初の著書になる。


東大卒、農家の右腕になる。

――小さな経営改善ノウハウ100

2020年9月1日　第1刷発行
2024年9月12日　第6刷発行

著　者――佐川友彦
発行所――ダイヤモンド社
〒150-8409　東京都渋谷区神宮前6-12-17
https://www.diamond.co.jp/
電話／03･5778･7233（編集）　03･5778･7240（販売）

装丁――――杉山健太郎
本文デザイン・DTP――高橋明香（おかっぱ製作所）
カバー写真――湯澤千知
校正――――加藤義廣（小柳商店）
製作進行――ダイヤモンド・グラフィック社
印刷――――堀内印刷所（本文）・新藤慶昌堂（カバー）
製本――――ブックアート
編集担当――今野良介

ISBN 978-4-478-10811-6

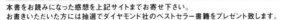